面向
全国大学生
电子设计竞赛
系列教材

21世纪高等学校
电子信息类
专业核心课程
工程型规划教材

微处理器技术

——MSP430单片机应用技术

郑煊 主 编
刘萌 张鹍 副主编

清华大学出版社
北京

内容简介

本书是兼顾课堂教学和全国大学生电子设计竞赛的特点和需要而编写的。书中以 TI 公司的 MSP430 系列 16 位超低功耗单片机为核心，用 C 语言作为编程语言，通过任务驱动介绍单片机的应用与调试技术。

全书共分 12 个项目。其中项目 1～3 为基础内容，分别介绍 MSP430 单片机的基础知识、C430 基础以及 MSP430 常用开发环境；项目 4～11 为项目实训部分，依据 CDIO 理念，把 MSP430 相关知识融入任务中，提供了大量应用实例；项目 12 为一个综合性项目，介绍 MSP430 单片机在 GPSOne 个人定位终端中的应用。

本书内容精练，实践性和针对性强，实例丰富，既可作为电子信息类专业学生参加电子设计竞赛、技能大赛前的培训教材，也可作为高等专科和职业院校电子类专业学生的教材与参考书。

图书在版编目(CIP)数据

微处理器技术：MSP430 单片机应用技术/郑煊主编. --北京：清华大学出版社，2014(2024.1 重印)
21 世纪高等学校电子信息类专业核心课程工程型规划教材
ISBN 978-7-302-37244-8

Ⅰ. ①微… Ⅱ. ①郑… Ⅲ. ①微处理器—高等学校—教材 Ⅳ. ①TP332

中国版本图书馆 CIP 数据核字(2014)第 154101 号

责任编辑：梁 颖 薛 阳
封面设计：傅瑞学
责任校对：焦丽丽
责任印制：沈 露

出版发行：清华大学出版社
网　址：https://www.tup.com.cn，https://www.wqxuetang.com
地　址：北京清华大学学研大厦 A 座　　邮　编：100084
社 总 机：010-83470000　　邮　购：010-62786544
投稿与读者服务：010-62776969，c-service@tup.tsinghua.edu.cn
质量反馈：010-62772015，zhiliang@tup.tsinghua.edu.cn
课件下载：https://www.tup.com.cn，010-83470236
印 装 者：三河市龙大印装有限公司
经　销：全国新华书店
开　本：185mm×260mm　　**印　张**：15.75　　**字　数**：378 千字
版　次：2014 年 10 月第 1 版　　**印　次**：2024 年 1 月第 10 次印刷
定　价：34.50 元

产品编号：056320-01

编 委 会

序言

全国大学生电子设计竞赛是由教育部发起,教育部高等教育司和信息产业部人事教育司组织的,面向全国各类、各层次大学生的学科竞赛,是在大学生中开展最广泛的赛事之一。竞赛的组织运行模式尊遵循“政府主办、专家主导、学生主体、社会参与”16字方针。截至目前,全国大学生电子设计竞赛已经有20年的历史。20年来,全国大学生电子设计竞赛在促进我国高等学校电子信息、自动化和计算机等类专业和相关课程内容的改革,加强大学生创新能力、动手能力和协作精神的培养,提高学生的业务素质,以及针对实际问题进行分析解决的综合能力等方面发挥了重要作用,也为优秀人才的脱颖而出创造了良好条件,因而全国大学生电子设计竞赛备受社会关注。各高校也都非常重视,除了在相关课程的日常教学中加大训练力度外,还在选拔参赛队员前后组织相关辅导和强化训练。近年来,参加全国大学生电子设计竞赛的高职高专院校学生逐年增多,急需适合这类学生的竞赛培训教材。

另外,目前全国每年都有大批大学毕业生毕业后找不到工作,而大批用人单位却苦于招不到理想的人才。其中原因是多方面的,但大学教育与社会需求严重脱节是非常重要的原因之一。为此,各高校都在积极进行教学内容和教学方法等方面的改革,以尽快适应行业发展和社会对人才的需求,因此,迫切需要一批适用于应用型工程技术人才培养的教材。

为满足高等职业院校和高等专科院校学生电子设计竞赛培训和应用型电子工程技术人才培养的需要,2012年,全国大学生电子设计竞赛山东赛区组委会组织了一批有多年指导电子设计竞赛经验的老师,编写了适合高职高专类学生的《全国大学生电子设计竞赛培训教程》。2013年,在总结前期教材编写出版经验的基础上,组委会又组织编写了这套既可用于全国大学生电子设计竞赛,也可用于电子信息类专业电子产品设计与制作核心能力培养的工程型系列教材,以期推动大学生电子设计竞赛和高等学校电子信息类专业的教学改革和教材建设。

该系列教材由清华大学出版社出版,被列为“21世纪高等学校电子信息类专业核心课程工程型规划教材”和“面向全国大学生电子设计竞赛系列教材”,具体包括《模拟电子技术》、《数字电子技术》、《微控制器技术——MSP430单片机应用技术》、《传感器应用技术》、《电子产品制作技术》和《FPGA/CPLD应用技术》。

鉴于目前各高校对参加电子设计竞赛学生的培训多半是在完成计划内课程教学的基础上再补充一些与竞赛有关的内容,并进行适当的强化训练,该系列教材的定位是首先满足课堂教学,同时兼顾电子设计竞赛培训的需求。如果学生学完这套丛书的内容,参加电子设计竞赛前只需要再强化实践技能的训练即可;如果学校教学计划中没有安排这套教材中的全部课程(如“传感器应用技术”、“电子产品制作技术”和“FPGA/CPLD应用技术”等并不是所有学校都开设),竞赛培训时就要补充有关内容。

该系列教材的适用对象是高职高专和应用型本科电子信息类专业的学生，因此，没有列选"嵌入式系统"和"DSP技术"。虽说这两门课程也是电子设计竞赛和电子产品设计与制作所必需的课程，但由于其难度较大，高职高专学生学习起来比较困难，所以这套丛书中没有包括这两门课程的教材。

该系列教材体现了基于CDIO的项目化教学的工程教育理念。目前，为了使高等教育特别是高等工程教育很好地适应社会需求，各高校都在积极进行人才培养模式方面的探索。但由于各学校学生的基础、教师水平、教学经费投入和教学条件都有很大差异，其他学校成功的做法，拿到自己学校就不一定的行得通。纵观国内外高等学校成功的教学改革经验，我们认为基于CDIO(构思、设计、实现、运行)的项目化教学模式对二、三类本科和高职高专的工程类专业具有一定借鉴价值。因为它提倡基于CDIO的理念，以项目为主线组织教学内容和教学活动，把"学科导向"变为"项目导向"，把"学以致考"变为"学以致用"，把强调学科知识的完备性与系统性变为注重项目训练的系统性与完整性；让学生在做项目的过程中学习必要的专业基础知识，基础知识以"必需、够用"为度；加强学生学习能力的培养，注重培养学生应用所学知识解决实际问题的能力，指导学生循序渐进地完成好一个个精选的、适合于多数学生的工程项目，使学生在做项目的过程中提高项目构思、设计、实现、运行的能力，然后再运用这种能力去解决新的工程实际问题，从而提高适应工作环境和技术的发展变化的能力。这种教学模式体现在本科与高职、学校与学校之间的差异关键在于如何选好符合学生实际的项目。基于这种考虑，我们在这套教材的编写过程中尽量体现这种理念。

该系列教材打破了传统的理论体系，采用基于CDIO工程教育理念的项目化教学模式，将每门课程的核心内容融入到一个个项目中，根据项目的需要，按照项目内容、必备知识、项目实施和扩充知识的架构对传统教材内容进行了重组，把每个项目的实施过程归纳为"构思、设计、实现、运行"4个步骤，以加强对学生进行工程项目实施能力的培养。所选项目的难度科学合理，一般难度、中等难度、较高难度的项目各占一定比例。每部教材都编入了一两个有代表性的综合项目，所选综合项目覆盖了本课程的主要内容，而教材中的其他项目基本上就是这些综合项目的子模块(子项目)。

该系列教材兼顾了高职高专学生电子设计竞赛和电子设计与制作核心能力培养的需要，以工程应用为重点，尽量淡化基础理论的难度，基础知识以"必需、够用"为原则；结合电子产品设计与制作的工程实际，突出重点与主流技术，如《数字电子技术》、《模拟电子技术》和《电子产品制作技术》突出历年电子设计竞赛中常用的电路模块和技术，《微处理器技术》以竞赛赞助商TI公司的430系列单片机为主，《FPGA/CPLD应用技术》选用业内著名商家Altera公司提供的主流芯片和开发系统等。

在该系列教材编写过程中聘请了行业企业的工程技术人员参与，每部教材的编者中至少有一位是来自行业企业的一线工程技术人员。行业企业一线工程技术人员有着丰富的工程实践经验，他们最清楚相关专业中哪些课程是最有用的，传统教材中哪些内容是工作中必需的，哪些是可有可无的，哪些是很少用到甚至是没用的。聘请行业企业工程技术人员参与教材编写，使教材的编写得到了更多先进技术的支持，获得了更多来源于工程实际的案例资源。他们把自己丰富的工程实践经验引入教材，使教材内容更具有新意，更贴近行业企业的应用实际。

该系列教材的主编、副主编和其他作者均有丰富的教学和工程实践经验，多数作者还具有指导大学生电子设计竞赛的经历，有的作者指导的学生代表队还获得过全国奖。他们有着强烈的责任意识、质量意识和创新意识，对教材编写过程中每个细节的工作都精益求精，使教材的质量达到了较高水平。

该系列教材编写过程中得到了德州仪器(TI)公司和Altera公司的大力支持，公司提供了许多宝贵的资料供在教材编写时选用。教材的编写中还参考了部分兄弟院校教师和学生的作品，由于这些作品有的还没有正式发表，因而无法在参考文献中一一列出，在此一并表示感谢。

张有志

2014年4月于济南

前 言

MSP430系列单片机是TI公司推出的一款高效的16位微处理器系统，由于具有超低功耗、丰富的模拟和数字接口等优势，近年来在各种电子类竞赛中被广泛应用。

MSP430单片机以其高性能、低功耗的特点，越来越受到关注，但适用于高职高专学生的教程却很少，本书基于高职高专类学生参加电子设计竞赛的需要，针对高职高专电子信息类学生的知识结构，本着"必需、够用"和精讲多练的原则，介绍MSP430单片机的技术知识。首先介绍MSP430单片机的入门知识，然后以CDIO模式分模块对内部资源进行讲解，知识点围绕某一项目展开，使学生在做中学，做到"理论与实践"一体化。

本书特色主要有以下几个方面：

(1) 兼顾高职高专学生电子设计竞赛和电子设计与制作专业方向人才培养的需要，突出应用，基础知识以"必需、够用"为原则。所选项目难度合理，实用性强。

(2) 体现基于CDIO的项目化教学的工程教育理念。以项目为主线，把每个项目的实施过程分为"构思、设计、实现、运行" 4个步骤。使学生在做项目的过程中提高项目构思、设计、实现和运行的能力，然后再运用这种能力去解决新的工程实际问题，从而提高适应工作环境和技术的发展变化的能力。

(3) 结合实际，突出重点与主流技术。选用目前大赛使用较多的MSP430系列单片机为核心，C语言作为编程语言。

(4) 行业企业工程技术人员参与教材编写。聘请行业企业工程技术人员参与教材编写，可得到更多的先进技术的支持，获得更多的来源于工程实际的案例资源。把他们的丰富工程实践经验引入教材，使教材内容更具有新意，更贴近行业企业的应用实际。

本书紧密结合高职高专学生的实际，选材精练，突出实践，讲究实用，不仅可以作为高职高专类学生的教材，还可作为高职高专学生全国电子设计竞赛的培训教材，对电子信息类专业的工程技术人员也有较高的参考价值。

本书项目1、3、5～9及附录部分由郑煊编写，项目2、4、10、11由刘萌编写，项目12由张鹍编写，郑广欣、宋换荣在模块的程序调试和硬件制作方面做了大量工作，郑煊负责全书的统稿和校稿。

山东大学张有志教授、张平慧教授以及TI公司的王沁、钟舒阳两位工程师为本书的完成提供了很大支持和帮助，在此表示感谢。

由于编者水平有限，且时间仓促，教材中难免有不妥或错误之处，敬请大家予以批评指正。

编 者

2014.4

目录

项目 1 了解 MSP430 单片机

1.1 MSP430 单片机的特点

MSP430 单片机是 16 位的微处理器系统，不但可以超低功耗运行，而且还具有强大的数字/模拟信号处理能力，被广泛应用于要求低功耗、高性能、便携式的设备上。

1.1.1 MSP430 的主要特点

MSP430 的主要特点如下。

1. 超低功耗

MSP430 系列单片机的电源通常采用 1.8～3.6V 电压，在 1.8V 以上的电压下 CPU 都可以正常工作。最新系列的 MSP430 单片机甚至可以把这个数值再降低至 1.1V，在 1MHz 的时钟条件下运行时，芯片的电流最低会在 165μA 左右，RAM 保持模式下只有 0.1μA。

另外，系统有 7 种可配置的低功耗模式，待机电流最低可达 360nA。由于 MSP430 单片机引入了“时钟系统”的概念，系统运行时开启的功能模块不同，选择的工作模式也可不同，可以最大限度地降低功耗。

2. MSP430 单片机建立的时钟系统概念

由于不同模块的运行速度各不相同，如果采用高速时钟频率会导致功率浪费，而采用低速时钟频率又会无法满足需求。

MSP430 单片机时钟系统提供了 3 种时钟：主时钟、子系统时钟、活动时钟。通过时钟系统不但可以切换时钟源，还可以通过软件设置倍频、分频系数，随时更改 CPU 运行速度，为各种模块和 CPU 提供多样的选择，不同速度的设备可以采用不同速度的时钟，还可以关闭某些暂时不工作的模块的时钟以降低功耗。

基于这样的时钟系统，MSP430 单片机将 CPU、外围功能模块、休眠唤醒三者时钟彼此独立，可以实现不同深度的系统休眠，让整个系统以间歇工作的方式，最大限度地节约能量。

3. MSP430 单片机强大的 16 位 CPU

MSP430 单片机具有丰富的寄存器资源、强大的处理控制能力和灵活的操作方式。内核采用 16 位 RISC(Reduced Instruction Set Computer，精简指令集计算机)处理器，单指令周期，使用的指令有硬件执行的内核指令和基于现有硬件结构的仿真指令，具有很强的运算能力、运行速度和实时处理能力。某些型号的 MSP430 单片机内部带有硬件乘法器和 DMA(Direct Memory Access)控制器，能实现更强的运算功能。

4. 片上丰富的接口电路和高性能模拟电路资源

MSP430 集成的数字接口有通用的 SPI、UART 和 I^2C 接口，模拟接口主要有 ADC(Analog-to-Digital Converter，模数转换器)、比较器和温度传感器，还有部分 MSP430 集成了运放和 DAC(Digital-to-Analog Converter，数模转换器)等功能。采用 MSP430 可以实现模拟和数字信号的混合处理，以"单芯片"完成模拟信号的产生、变换、放大、采样和处理等任务，大幅提高集成度和生产效率的同时有效地控制了成本。

5. 采用模块化结构

MSP430 采用模块化结构，每一种模块都具有独立完整的结构，在不同型号单片机中，同款模块的功能结构使用方法都是完全一样的。使用时每个模块都可以由软件单独开关，用到某一模块时打开，任务完毕之后关闭，这样也能节省不少的电能。这样的设计还有诸多其他好处，同一家族不同型号的 MSP430 单片机，实际上就是不同功能模块的组合。这样，在学习和研发中便于知识迁移，对于学习者而言，使得 MSP430 单片机学习一通百通，对研发者而言，更换更高级的 MSP430 单片机芯片时，程序移植得心应手。

6. 采用冯·诺依曼结构

MSP430 单片机的存储空间采用冯·诺依曼结构，代码存储器和数据存储器由同一组地址及数据总线放在一个地址空间中，统一编址。代码在 RAM 里同样可以运行，每款 MSP430 单片机都有 Flash(或 FRAM)控制器，通过它可以对 Flash 和 ROM 区的代码进行擦写。这种机制可以很方便地实现设备在线升级功能，无须重新烧写程序。

7. 方便高效的开发环境

MSP430 系列有 OPT 型、Flash 型和 ROM 型三种类型的器件，这些器件的开发手段不同。对于 OPT 型和 ROM 型的器件是使用仿真器开发成功之后烧写或掩膜芯片，对于 Flash 型则有十分方便的开发调试环境。因为器件片内有 JTAG 调试接口，还有可电擦写的 Flash 存储器，因此采用"先下载程序到 Flash 内，再在器件内通过软件控制程序的运行，由 JTAG 接口读取片内信息供设计者调试使用"的方法进行开发。这种方式只需要一台计算机和一个 JTAG 调试器，整个开发在一个软件集成环境进行，而不需要仿真器和编程器。

TI 在程序库 MSP430Ware 中给出了每一种芯片的参考示例代码，囊括了几乎所有模块的功能函数和例程，利用这些例程，只需自行编写很少量的代码，就能让自己的 MSP430 跑起来，把工程师从底层烦琐的代码编写工作中解放了出来，同时还保证了底层函数的效率和稳定。

1.1.2 LaunchPad 实验板

本书选用 LaunchPad 实验板，适用于 MSP430G2XX 系列产品。该实验板主要特点有以下几点。

(1) 板上集成仿真器，可提供为全系列 MSP430G2XX 器件开发应用所必需的所有软、硬件，无须外接仿真工具。

(2) 集成 USB 仿真器，通过 Mini USB 接口连接。

(3) 支持所有采用 DIP 14 和 DIP 20 封装的 MSP430G2XX 和 MSP430F20 器件。

(4) 通过 Spy Bi-Wire(2-Wire JTAG)协议可以对所有 MSP430 Value Line MCU 进行烧写和调试，可以用 LaunchPad 作为烧写器，支持所有 Spy Bi-Wire 兼容的 MSP430 型号。

(5) 板上集成 TI eZ430-F2013 和 eZ430-RF2500 目标板接口。

1.1.3 MSP430G2XX 的特性

本书将以 MSP430G2553 作为学习 MSP430 单片机的载体。G2XX 是 TI 的超值系列，价格较低，且提供丰富的模拟和数字接口，功能较全。现以 G2XX 的特性为例，来了解一下 MSP430 单片机的丰富资源和强大功能。

(1) 电源电压：1.8～3.6V。

(2) 超低功耗：运行模式电流 230μA(在 1MHz 频率和 2.2V 电压条件下)；待机模式电流 0.5μA；关闭模式(RAM 保持)电流 0.1μA。

(3) DCO 可在不到 1μs 时间里，从待机模式唤醒时间。

(4) 16 位 RISC 处理器，指令周期 62.5ns。

(5) 片上程序存储器 Flash(16KB)及 Flash 控制器。

(6) 片上随机存储器 SRAM(512B)。

(7) 通用并行输入输出端口 GPIO(16 位/24 位)。

(8) 两个 16 位 TA 定时器，分别具有 3 个捕获/比较寄存器。

(9) 通用串行通信接口 USCI 支持 UART、SPI、I^2C。

(10) 8 通道/10 位 ADC。

(11) 8 通道比较器模块 Comparator A＋。

(12) 支持电容触摸式 I/O 引脚。

(13) 自带 BOR 检测电路。

不同型号的 MSP430 单片机实际上就是不同的功能模块组合。选型时可根据实际功能需要，选择合适的型号，学习时可以选择功能模块较全的型号，一通百通，便于后期应用。

1.2 MSP430 单片机的应用前景

MSP430 系列单片机特别强调的是其低功耗的特性，特别适用于电池供电的长时间工作场合，除此之外还具备其他特点：16 位指令精简指令系统、内置 A/D 转换器、串行通信接口、硬件乘法器、LCD 驱动器及高抗干扰能力等。因此，MSP430 单片机特别适合应用在智能仪表、防盗系统、智能家电、电池供电便携式设备等产品之中。

1. 便携式设备

MSP430 单片机功耗低，适合应用于使用电池供电的仪器、仪表类产品中。而且有丰富的内部资源和各种模拟电路接口，利用 MSP430 可以单芯片完成设计方案，这对提高产品的集成度、降低生产成本有很大的帮助。MSP430 单片机适用于各种便携式设备，如无线鼠标和键盘、触摸按键、手机、数码相机、MP3/MP4、电动牙刷、运动手表等。

2. 工业测量

MSP430 系列单片机内部集成的各种模拟设备性能优异，在各种高精度测量、控制领域都可以发挥作用，是工业仪表、计数装置和手持式仪表等产品设计的理想选择。MSP430 系列器件均为工业级的，运行环境温度为－40～＋85℃，所设计的产品适合运行于工业环境下，并且带有 PWM(Pulse-Width Modulation)波发生器等控制输出，适合用于各类工业控制、工业测量、电机驱动、变频器、逆变器等设备。

3. 传感设备

MSP430 系列单片机中 CPU 与模拟设备的结合，使得校准、调试都变得非常方便。例如，MSP430 单片机的 A/D 模块可以捕获传感器的模拟信号转换为数据加以处理后发送到主机。适用于报警系统、烟雾探测器、智能家居、无线资产管理、无线传感器等领域。

4. 微弱能源供电

MSP430 单片机需要的供电电源电压很小，1.8V 以上电压都可使单片机正常工作，一些新型单片机的供电电压甚至可以更低。这就使利用微弱能源为单片机系统供电成为可能。

例如，利用酸性水果供电，在 MSP430 单片机上运行一个电子表程序，在保证水果没有腐烂变质或者风干的情况下，该系统可以运行一个月以上。除此之外，信号线窃电、电缆附近磁场能、射频辐射、温差能量等微弱能量都可能成为 MSP430 单片机的供电能源，这样即可设计出基于这些微弱电能供电的无源设备产品。

5. 通信领域

MSP430 单片机具有多种通信接口，涵盖 UART、I^2C、SPI、USI 等，51 系列单片机还带有 USB 控制器、射频控制器、ZigBee 控制器。适用于各种协议下的数据中继器、转发器、转换器的应用中。

另外，还有在通用单片机上增加专用模块而构成的，针对热门应用而设计的一系列专用单片机，如国内数字电表大量采用的电量计算专用单片机 MSP430FE42X，用于水表、气表、热表等具有无磁传感模块的 MSP430FW42X，以及用于人体医学监护(监护血糖、血压、脉搏)的 MSP430FG42X 单片机。用这些具有专用用途的单片机来设计专用产品，不仅具有 MSP430 的超低功耗特性，还能大幅度简化系统设计。

1.3 MSP430 单片机的选型

1.3.1 MSP430 命名规则

MSP430 系列单片机的各型号的命名规则如下：

```
MSP  430  F  XX  X  X  XX
 |        |   |  |  |   |
 ①        ②   ③  ④  ⑤   ⑥
```

① MSP——标准型；MSX——实验型；PMS——原始型。

② 存储器类型：C——CMOS、ROM；P——OTP、单次编程；F——Flash；E——EPROM、封装带窗口；U——USER。

③ 器件配置：11——基本型，2 并口；

12——基本型，3 并口；

14——ADC12；

15——ADC12，MPY；

16——DMA，DA，AD，MPY；

3x——LCD，串口，MPY；

41——LCD 控制器，6 并口；

43——ADC12，LCD，6 并口；

44——ADC12，LCD，MPY。

④ 存储容量：0——1KB，1——2KB，2——4KB，3——8KB，4——12KB，5——16KB，6——24KB，7——32KB，8——48KB，9——60KB。

⑤ 温度范围：I——工业级 −40～85℃；

A——汽车级 −40～125℃；

Q——用户要求。

⑥ 封装类型：DW——SOIC20，RGE——QFN24，DGV——TVSOP20，PW——TSSOP20，PM——QFP64，PN——QFP80，PZ——QFP100。

1.3.2 MSP430 系列产品

MSP430 系列单片机可以分为 X1XX、X2XX、X4XX 等系列，而且还在不断发展。系列的全部成员均为软件兼容，可以方便地在各型号之间进行代码移植。下面对各系列产品分别予以介绍。

1. MSP430X1XX 系列

MSP430 单片机的较早产品，体积小、性价比高、使用灵活、品种多，包括 11X 系列、12X 系列、13X 系列、14X 系列等，具有以下特征。

(1) 超低功耗，5 种超低功耗操作模式，低至：

0.1μA——RAM 保持模式；

0.7μA——实时时钟模式；

200μA/MIPS——有源；

可在 6μs 内从待机模式快速唤醒。

(2) 高达 8MHz 的 CPU 速度。

(3) 1.8～3.6V 操作。

(4) 高达 60KB 的闪存。

(5) 高达 10KB 的 RAM。

(6) 广泛适用于各种高性能模拟和智能数字外设。

2. MSP430X2XX 系列

1X 系列的精简升级版，价格低、小型、灵活、功耗低，具有以下特征。

(1) 超低功耗：

0.1μA——RAM 保持模式；

0.3μA——待机模式（VLO）；

0.7μA——实时时钟模式；

220μA/MIPS——有源；

在1μs之内超快速地从待机模式唤醒。

(2) 高达16MHz的CPU速度。

(3) 1.8～3.6V操作。

(4) 高达120KB的闪存。

(5) 高达8KB的RAM。

(6) 广泛适用于各种高性能模拟和智能数字外设。

(7) 具有AFE2XX器件，包括24位Sigma-Delta A/D转换器、硬件倍频器和其他外设，十分适合能耗计量应用。

3. MSP430X4XX 系列

MSP430X4XX系列是基于LCD闪存或ROM的16位微控制器器件，具有集成的LCD控制器和16位Sigma-Delta A/D、运算放大器、倍频器、DMA和其他外设，十分适合低功耗计量和医疗应用。具有以下特征。

(1) 超低功耗：

0.1μA——RAM保持模式；

0.7μA——实时时钟模式；

200μA/MIPS——有源；

可在6μs内从待机模式快速唤醒。

(2) 高达16MHz的CPU速度。

(3) 1.8～3.6V操作。

(4) 高达120KB的闪存。

(5) 高达8KB的RAM。

(6) 具有集成的LCD控制器。

(7) 独特的外设组合体，十分适合低功耗计量和医疗应用。

4. MSP430X5XX 系列

基于闪存的微处理器系列，具有更强的存储功能、集成功能和更低功耗，具有以下特征。

(1) 超低功耗：

0.1μA——RAM保持模式；

2.5μA——实时时钟模式；

165μA/MIPS——有源；

可在5μs内从待机模式快速唤醒。

(2) 高达25MHz的CPU速度。

(3) 1.8～3.6V操作。

(4) 高达256KB的闪存。

(5) 高达18KB的RAM。

(6) 集成的USB连接。

(7) 独特 USB 开发套件可有助于使用 USB。

5. MSP430X6XX 系列

通过集成的 USB 连接和 LCD 控制器实现业界最低的有效功耗，具有更强的存储功能和集成功能。具有以下特征。

(1) 超低功耗：

0.1μA——RAM 保持模式；

2.5μA——实时时钟模式；

165μA/MIPS——有源；

可在 5μs 内从待机模式快速唤醒。

(2) 高达 25MHz 的 CPU 速度。

(3) 1.8～3.6V 操作。

(4) 高达 256KB 的闪存。

(5) 高达 18KB 的 RAM。

(6) 集成的 LCD 控制器。

(7) 集成的 USB 连接。

(8) 独特 USB 开发套件可有助于使用 USB。

此外，MSP430 系列单片机还有一款超值系列——MSP430G2XXX 系列，以 8 位 MCU 的低价格实现 16 位的性能，高达 16MHz 的工作频率，集成智能外设和超低功耗。

以上对 MSP430 系列单片进行了简要介绍，在对单片机进行选型时，应该参考 MSP430 选型手册，选择功能模块最接近项目需求的系列，然后估算程序大小，选择合适的存储器和 RAM 空间，决定最终选用的型号。

1.4 MSP430 单片机的最小系统

要让一个单片机系统运行起来，至少需要电源电路、复位电路和时钟电路，这样就构成了单片机的最小系统。在多数型号的 MSP430 系列单片机中，内部已经集成时钟电路和复位电路，所以只要外加 1.8～3.6V 供电电源就可以了。下面简要介绍单片机的时钟电路和复位电路。

1.4.1 时钟系统

1. 时钟模块

在 MSP430 单片机中，引入“时钟系统”的概念，有多个时钟源，可产生 3 种时钟系统，可以在 3 种时钟之间进行切换，并可对时钟再分频，还可以通过软件设置，为不同的设备提供不同时钟，甚至可以关闭暂时不用模块的时钟以降低功耗。

MSP430 系列单片机中的型号不同，时钟模块也将有所不同。但总的来说，主要由高速晶体振荡器、低速晶体振荡器、数字控制振荡器(Digitally Controlled Oscillator，DCO)、锁频环(Frequency Locked Loop，FLL)以及锁频环增强版(FLL+)等部件组成。虽然不同型号的单片机的基本时钟模块有所不同，但产生相同的结果，即输出 3 种不同的频率时钟，送给各种不同需求的模块。MSP430 的时钟模块如图 1-1 所示。

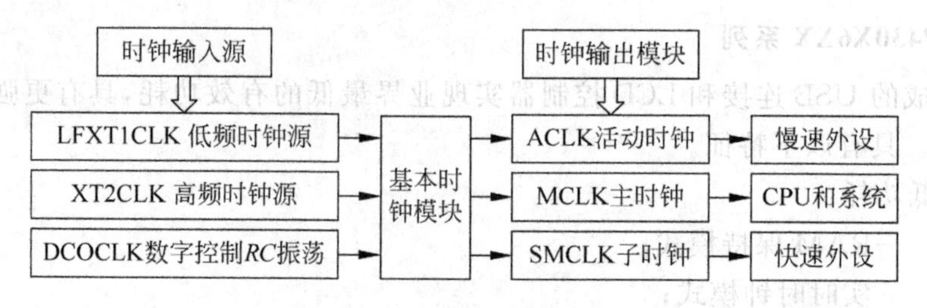

图 1-1 MSP430 时钟模块

MSP430 单片机中一般有 3 个或 4 个时钟源：

(1) LFXT1CLK 低频/高频时钟源，外接晶体振荡器，而无须外接两个振荡电容器，通常接 32.768kHz，也可接 400kHz～16MHz。

(2) XT2CLK 高频时钟源，外接标准高速晶振，需要外接两个振荡电容器，频率通常是 8MHz(也可以为 400kHz～16MHz)。

(3) DCOCLK 数控振荡器，为内部晶振，由 *RC* 振荡回路构成。

(4) VLOCLK 内部低频振荡器，12kHz 标准振荡器。

以上几种时钟源中 DCOCLK 是内部晶振，振荡频率可以通过软件更改，可以为系统提供时钟源，但精确度较差。在要求精确定时的情况下，一般采用外接 32.768kHz 的 LFXT1CLK 低速晶振作为外部时钟源，这个低频振荡一般向内部低速设备提供时钟，采用低频时钟，响应速度较慢但可以降低功耗。2XX 系列的部分单片机带有 VLOCLK 内部低频振荡器，可以在内部产生低频振荡，可以代替 32.768kHz 的低频晶振。如果系统需要精确的高速时钟则需要对低频时钟进行倍频以产生高频时钟，或者外接 XT2CLK 高速晶振，在接 XT2CLK 高速晶振时需要有两个 20～30pF 的匹配电容。

不同型号的 MSP430 单片机时钟模块均提供 3 个时钟系统，以供给片内各部分电路使用。

(1) MCLK(主时钟)。专为 CPU 和相关系统模块运行提供的时钟。MCLK 配置得越高，CPU 执行速度就越快。在大部分应用中，可以通过间歇开启 MCLK 唤醒 CPU 的方式来降低功耗。

(2) SMCLK(子系统时钟)。为单片机内部快速设备提供的高速时钟，独立于 MCLK，当关闭 MCLK 时，CPU 停止工作，但外设仍然可以由 SMCLK 提供时钟，继续工作。

(3) ACLK(活动时钟)。ACLK 用于慢速外设，用来产生节拍时基，或和定时器配合间歇唤醒 CPU，不用时可以关闭。通常由 LFXT1CLK 作为时钟源，可以通过软件控制修改时钟的分频系数。

2. 时钟设置

下面以 MSP430G2553 系列单片机为例，了解时钟设置的方法。单片机上电后，系统有时钟初始状态，对 MSP430G2553 系列单片机来说，系统默认使用的时钟为主系统时钟 MCLK 和子系统时钟 SMCLK 是 DCOCLK 产生的未经分频的 1MHz 时钟，辅助时钟 ACLK 为内部低频晶体振荡器 VLOCLK 产生的未经分频的 12kHz 时钟。若要更改默认时钟，MSP430 的这 3 种时钟均可通过设置相关寄存器来决定分频因子及相关的设置。可以控制基本时钟模块关闭或开启的寄存器为 SR。与时钟配置有关的寄存器有 4 个：

DCOCTL、BCSCTL1、BCSCTL2、BCSCTL3。

(1) SR(状态寄存器)的各位定义,如图 1-2 所示。

15～9	8	7	6	5	4	3	2	1	0
保留	V	SCG1	SCG0	OSCOFF	CPUOFF	GIE	N	Z	C

图 1-2 SR 的各位定义

① GIE:中断使能。

1——开中断;0——关中断。

② CPUOFF:CPU 关闭,若置位则关闭 CPU。

③ OSCOFF:振荡器关闭,若置位,则当 LFXT1CLK 未用于 MCLK 或 SMCLK 时,关闭 LFXT1 晶振。

④ SCG0:系统时钟脉冲发生器 0,若置位,则当 DCOCLK 未用于 MCLK 或 SMCLK 时,关闭 DCO 直流发生器。

⑤ SCG1:系统时钟脉冲发生器 1,若置位,则关闭 SMCLK。

(2) DCOCTL(DCO 时钟频率控制寄存器)的各位定义,如图 1-3 所示。

7	6	5	4	3	2	1	0
DCOx			MODx				

图 1-3 DCOCTL 的各位定义

① DCOx(DCO2～DCO0):DCO 频率选择。

② MODx(MOD4～MOD0):频率调制。

(3) BCSCTL1(基础时钟系统控制寄存器 1)的各位定义,如图 1-4 所示。

7	6	5	4	3	2	1	0
XT2OFF	XTS	DIVAx		RSELx			

图 1-4 BCSCTL1 的各位定义

① RSELx(RSEL3～RSEL0):DCO 频率范围选择。

② DIVAx(DIVA1～DIVA0):ACLK 分频器,可实现/1、/2、/4、/8 分频。

③ XTS:LFXTCLK 工作模式。

0——低频模式;1——高频模式。

④ XT2OFF:XT2CLK 使能位。

0——XT2 开启;1——XT2 关闭。

(4) BCSCTL2(基础时钟系统控制寄存器 2)的各位定义,如图 1-5 所示。

7	6	5	4	3	2	1	0
SELMx		DIVMx		SELS	DIVSx		DCOR

图 1-5 BCSCTL2 的各位定义

① DCOR：外部电阻使能。

0——选择内部电阻；1——选择外部电阻。

② DIVSx(DIVS1～ DIVS0)：SMCLK 分频器，可实现/1、/2、/4、/8 分频。

③ SELS：SMCLK 时钟源选择。

0——DCOCLK；1——XT2CLK/LFXTCLK。

④ DIVMx(DIVM1～DIVM0)：MCLK 分频器，可实现/1、/2、/4、/8 分频。

⑤ SELMx(SELM1～SELM0)：MCLK 时钟源选择。

00——DCOCLK；

01——DCOCLK；

10——若片上有 XT2，则选择 XT2CLK，若片上没有 XT2 则选择 LFXT1CLK 或 VLOCLK；

11——LFXT1CLK 或 VLOCLK。

(5) BCSCTL3(基础时钟系统控制寄存器 3)的各位定义，如图 1-6 所示。

7	6	5	4	3	2	1	0
XT2Sx		LFXT1Sx		XCAPx		XT2OF	LFXT1OF

图 1-6 BCSCTL3 的各位定义

① LFXT1OF：LFXT1 错误标志位，只读。

② XT2OF：XT2 错误标志位，只读。

③ XCAPx(XCAP1～XCAP0)：振荡器电容选择。

00——～1pF；

01——～6pF；

10——～10pF；

11——～12.5pF。

④ LFXT1Sx(LFXT1S1～LFXT1S0)：低频时钟与 LFXT1 范围选择。

00——LFXT1 的 32 768Hz 晶体；

01——保留；

10——VLOCLK；

11——外部数字时钟源。

⑤ XT2Sx(XT2S1～XT2S0)：XT2 频率范围选择。

00——0.4～1MHz 振荡器；

01——1～3MHz 振荡器；

10——3～16MHz 振荡器；

11——0.4～16MHz 外部数字时钟源。

对以上寄存器的设置可以通过程序对寄存器写入数据实现，但需要熟悉相关寄存器及其操作。若不能有效地记住并熟练配置各种寄存器，可以用 TI 配套推出的图形化配置软件工具——Grace。利用 Grace 软件可以快速完成对 MSP430 单片机时钟的配置，并生成 C 代码(具体操作见项目 3 的“3.2.3 Grace 软件技术”中的内容)。通过寄存器设置后可输出

ACLK、MCLK、SMCLK 三个时钟信号，供 CPU 和外设使用，外设可以在系统提供的时钟系统中选择某种进行使用，并可以通过寄存器的设置进行分频，部分外设也有自己特有的时钟源可以选择。下面截取 MSP430G2553 数据手册中的 USI 模块结构图中时钟部分，如图 1-7 所示。

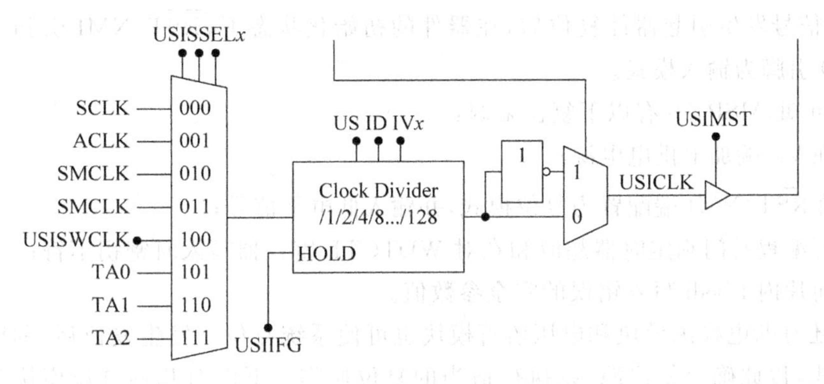

图 1-7 USI 模块的时钟部分

由图 1-7 可以看出，USI 的时钟由 SCLK、ACLK、SMCLK、USISWCLK、TA0、TA1、TA2 这几部分组成，可以通过 USISSELx 的设置选择其中一种作为 USI 的时钟，例如，USISSELx 写入 000，则将选择 SCLK 作为该模块时钟。选择时钟后还可以通过 USIDIVx 设置分频系数，对时钟进行分频。

1.4.2 系统复位

MSP430 数据手册中的系统复位电路功能模块如图 1-8 所示，可以看出 MSP430 单片机系统复位电路会产生两个复位信号：上电复位信号（Power On Reset，POR）和上电清除信号（Power Up Clear，PUC）。

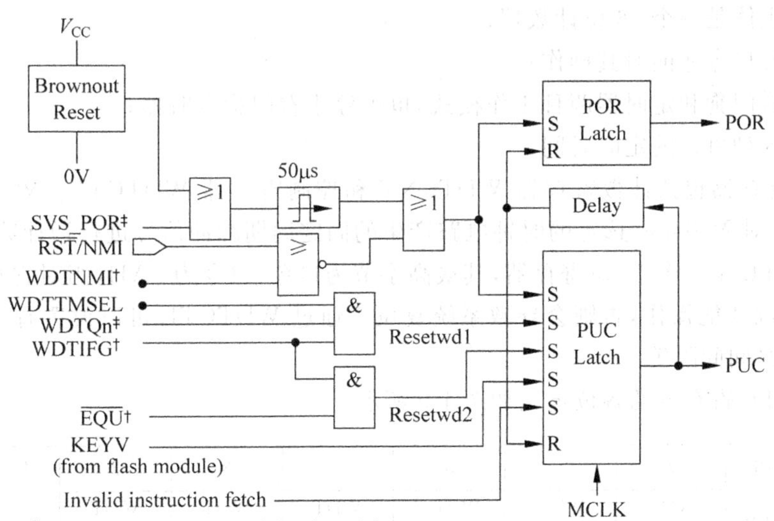

图 1-8 复位电路原理图

POR 信号是器件的复位信号，当在 V_{CC} 端加上供电电源，或 $\overline{RST}$/NMI 引脚在复位模式下输入低电平时，会产生此信号。

当 POR 信号产生时，会产生 PUC 信号。另外，当启动看门狗时，看门狗定时器计满或向看门狗写入错误的安全参数值时，向片内 Flash 写入错误的安全参数值也会产生 PUC 信号。PUC 信号发生引起器件复位后，在器件的初始化状态下，$\overline{RST}$/NMI 引脚配置为复位模式；I/O 引脚为输入模式。

综上可知，MSP430 有以下复位来源：

(1) 在 V_{CC} 端加上供电电源；

(2) 在 $\overline{RST}$/NMI 端配置为复位模式，并输入低电平信号；

(3) 可编程看门狗定时器超时和在对 WDTCTL 寄存器写入时密钥不符；

(4) 向片内 Flash 写入错误的安全参数值。

另外还有断电检测模块和电压监管模块也可使系统复位。发生复位后，程序查询各复位源的标志，以此确定复位源，以执行适当的复位操作。下面对几种复位模块分别作简要介绍。

1. 看门狗定时器模块

看门狗定时器(Watch Dog Timer，WDT)实质上是一个定时器，其主要功能是，当程序运行发生故障时，能使受控系统重新启动。其原理就是发生故障的时间达到设定的时间间隔后，产生一个中断，使系统复位。这样，当在调试程序或预计程序运行在某段内部可能瞬时发生时序错误时，选用设置看门狗定时中断可以避免程序跑飞。MSP430 单片机中的看门狗定时器还可以作为普通定时器使用，常用于低功耗模式的定时唤醒等情况。由看门狗定时器引起的中断有两种：看门狗定时器超时和 WDTCTL 寄存器写入时密钥不符。

WDT 有如下特性：

(1) 其主体是一个 16 位计数器；

(2) 需要口令才能对其操作；

(3) 有看门狗和定时器两种工作模式，也可停止看门狗定时器；

(4) 有 8 种可选的定时时间。

WDT 寄存器包括计数寄存器 WDTCNT 和控制寄存器 WDTCTL。WDTCNT 是 16 位增计数器，对 MSP430 选定的时钟电路产生的固定周期脉冲信号进行增计数。

WDTCTL 是一个 16 位寄存器，其最高字节为口令，口令为 5AH，当对它写入操作时口令必须写正确才能操作，否则会导致系统复位。通过 WDTCTL 可以设置看门狗定时器的工作模式和时间间隔等。

WDTCTL 寄存器的各位定义如图 1-9 所示。

15～8	7	6	5	4	3	2	1	0
WDTPW	WDT HOLD	WDT NMIES	WDT NMI	WDT TMSEL	WDT CNTCL	WDT SSEL	WDTISx	

图 1-9 WDTCTL 的各位定义

(1) WDTISx：看门狗定时器间隔时间选择，设定WDTIFG标志位置位或产生PUC信号的时间间隔。

00——看门狗时钟源/32768；

01——看门狗时钟源/8192；

10——看门狗时钟源/512；

11——看门狗时钟源/64。

(2) WDTSSEL：看门狗定时器时钟源选择。

0——SMCLK；1——ACLK。

(3) WDTCNTCL：看门狗定时器计数器清零。

1——WDTCNT=0000H。

(4) WDTTMSEL：看门狗定时器模式选择。

0——看门狗模式；1——间隔时间模式。

(5) WDTNMI：看门狗定时器NMI选择，选择$\overline{RST}$/NMI引脚功能。

0——复位功能，当$\overline{RST}$/NMI引脚输入低电平时，引起系统复位；

1——NMI功能，边沿触发的非屏蔽终端输入。

(6) WDTNMIES：看门狗定时器NMI触发沿选择，当WDTNMI=1时，为NMI中断选择中断触发沿。对此位进行更改时，会触发一个NMI信号，所以当看门狗定时器被禁止时，应避免意外触发一个NMI信号。

0——NMI上升沿触发；

1——NMI下降沿触发。

(7) WDTHOLD：看门狗定时器保持，可以停止看门狗定时器。

0——看门狗定时器不被停止；

1——看门狗定时器停止。

2. 掉电复位模块

掉电复位(Brown Out Reset，BOR)电路可对欠压情况进行检测(如在提供或断开电源时)，能够在通电或断电时通过触发POR信号对器件进行复位。MSP430的零功耗BOR电路能够在所有低功耗模式下均保持工作状态。

多数MSP430单片机中内部带有BOR模块，对于没有BOR模块的早期单片机，需要提供复位逻辑电路，典型方法是利用复位/电源检测芯片提供复位信号。若不接复位芯片，则每次断电后必须等到电源电压降到接近0V才能再次上电，否则复位将是不可靠的。

3. 电源电压监控模块

MSP430的15/16系列、2X和4X系列单片机片内具有电源电压监控模块SVS，用来监控AV_{CC}供电电源电压或外部电压。当供电电压或外部电压降低到用户设定的门限电压以下时，SVS会设置标志位或触发一个POR复位信号。可通过SVS控制寄存器对SVS模块进行设置。

SVS的特点包括：

(1) AV_{CC}监控；

(2) POR信号的选择产生；

(3) 可软件访问的SVS比较器输出；

(4) 低电压状态锁存，并可由软件处理；

(5) 14 种电压门限值可供选择；

(6) 利用外部通道监测外部电压。

4. $\overline{\text{RST}}$/NMI 引脚复位模式

器件上电后，$\overline{\text{RST}}$/NMI 引脚就会被配置在复位模式。该引脚功能可以通过看门狗控制寄存器 WDTCTL 选择，当$\overline{\text{RST}}$/NMI 引脚在复位模式下，只要该引脚保持低电平，则 CPU 始终处于复位状态。当引脚由低电平变为高电平时，MSP430 按以下顺序开始工作：

(1) 将复位向量地址 0FFFEH 中含的地址载入 PC。

(2) 释放$\overline{\text{RST}}$/NMI 引脚后，CPU 从复位向量中含的地址开始运行，同时置位 RSTIFG 标志位。

(3) 状态寄存器 SR 复位。

(4) 除 PC 与 SR 外，用户程序对全部寄存器作初始化(如 SP、RAM 等)。

(5) 对外围模块中的寄存器作处理。

(6) 决定工作频率的系统时钟从 DCO 的最低频率开始工作。启动晶振时钟后，频率调整到目标值。

1.4.3 调试接口

单片机系统中有调试接口，才能将程序下载进单片机。目前，MSP430 单片机有 3 种接口：JTAG 调试接口、SBW 调试接口和 BSL 接口。其中，JTAG 和 SBW 接口可以用于仿真接口和编程器接口，BSL 接口只能用于编程器不能用于仿真。

1. JTAG 调试接口

JTAG 调试接口是成本最低的程序下载、仿真、调试的接口。全系列 MSP430 单片机都具有 JTAG 接口，支持通过 JTAG 编程。在 MSP430 内部有逻辑接口给 JTAG 使用，JTAG 调试接口利用边界扫描技术，内部有若干个寄存器连接到了 MSP430 内部数据地址总线上，所以可以访问到 MSP430 的所有资源，包括全地址 Flash、RAM 及各种寄存器，所以可以实现对 MSP430 的仿真、编程以及烧断保密熔丝的操作。保密熔丝的熔断用于切断 JTAG 的访问，并防止逆向工程。

JTAG 调试接口的主要引脚有 TMS(模式选择)、TCK(时钟输入)、TDI(数据输入)、TDO(数据输出)和 RST，连线时只要将 JTAG 芯片上的引脚和单片机上的引脚相连即可；也有仿真接口有 TEST 引脚，它需要和单片机的 TEST 引脚相连，用于帮助仿真器区分单片机状态是仿真还是运行。

2. SBW 调试接口

SBW(Spy-Bi-Wire)调试接口简称为 2 线制 JTAG，类似于 JTAG，可实现少引脚数调试。此接口方式采用 2 线制，分别为 SBWTCK(时钟输入)和 SBWTDO(数据线)，加上 GND、V_{CC}两引脚，只需 4 根引线。SBW 接口的功能与 JTAG 一样，但只需少量引线即可完成 JTAG 接口所有的功能。该接口主要用于小于 28 脚的 2 系列单片机，因为 28 脚以内单片机的 JTAG 一般与 I/O 口复用，为了给用户留有更多的 I/O 口资源，才推出了 SBW 接口。目前,只有 2XX 系列和 5XX 系列的单片机带有 SBW 接口。

SBW 同 JTAG 一样可以访问到 MSP430 内部的所有资源,可以用于仿真器及编程器。

通过 JTAG 或 SBW 接口不仅能够下载和调试程序,还能够在调试完毕后通过一定的指令烧断保密熔丝,使调试接口自毁。自毁后 JTAG 或 SBW 接口将失效,再也无法通过它读取内部代码,避免代码被他人读取或复制,从而保护了知识产权。对于烧断了熔丝的单片机,只能通过 BSL 接口来更新代码。

3. 引导装载程序

除了最低端的几款型号之外(F11X、F201X),全系列的 MSP430 单片机都带有 BSL(Boot Strap Loader)接口。BSL 是一种可通过 UART 协议 或 USB (如果有) 与编程器进行通信的内置程序。是 MSP430 出厂时预先固化到 MCU 内部的一段代码,BSL 只能用于访问 MCU 内部的 Flash,不能访问其他资源,所以只能用作编程器接口。编程器可以发送不同的通信命令来对 MCU 的存储器作不同的操作。使用 BSL,可对单个器件进行独立或在线编程,编程、校验、读出和段擦除均受密码保护。BSL 接口一般利用芯片上两根 I/O 口与计算机串口相连,可以对程序代码进行擦除、更新和校验。通过 BSL 访问 MCU 时,为避免代码被非法读取,在读取之前必须和用户代码的中断向量表(相当于 32 个字节的密码)核对,全部核对正确后才能读取代码区的内容。由于非法读取者不可能事先知道向量表的内容(各中断入口位置),从而使得只有代码所有者才能读取代码进行校验。

综上分析,对于 MSP430 系列单片机,在设计和原理样机阶段,由于要对程序不断进行编写、修改、仿真和调试工作,需要 JTAG 或 SBW 调试接口,且不进行烧熔丝操作。一旦产品定型,在发布和量产阶段,此时不再需要调试程序,只需要烧写代码,所以一定要烧毁熔丝,并且保留 BSL 接口,以备更新代码时使用。

保密熔丝位只存在于 JTAG、SBW 接口逻辑内,BSL 内部没有熔丝。当熔丝烧断时(物理破坏,且不可恢复),JTAG 与 SBW 的访问将被禁止,此时只有 BSL 可以访问。通过 BSL 对 MCU 访问时,需要中断向量表作为访问密码,所以 BSL 的加密系统无法破解,实现了 MCU 的代码加密功能。

本章小结

本节简单介绍了 MSP430 单片机及其最小系统。通过本节的学习,读者应了解 MSP430 单片机的特点、应用及系列产品的特点,掌握 MSP430 单片机最小系统的组成,理解"时钟系统"概念,分清时钟源和时钟系统的关系,知道 3 种时钟系统:ACLK、MCLK、SCLK 的特点及应用。

思考题

1. 目前,MSP430 单片机的主要应用领域及特点有哪些?
2. 简述 MSP430 单片机的主要优势。
3. 在 MSP430 系列单片机中,时钟源与时钟的区别与联系是什么?
4. MSP430 单片机,能引发系统复位的来源有哪些?
5. 在 MSP430 系列单片机中,看门狗定时器模块的功能有哪些?

项目2 领会C430对标准C语言的扩展

MSP430可用汇编语言和C语言进行开发，由于C语言具有更高的设计效率，且程序的可读性高，易于维护。所以本书选用C语言来作为编程语言。MSP430单片机的C语言(简称C430)是在标准C语言的基础上发展起来的，但由于C430是针对MSP430系列单片机开发的，因此与标准C语言略有差异。下面将对MSP430单片机的C语言编程基础和方法进行介绍。

2.1 概述

学习程序设计语言的最佳途径就是编写程序，编写一个程序，首先必须建立程序文本，然后对它进行编译，并进行调试和运行，最后再观察输出的结果。只要把这些操作细节掌握了，其他内容就比较容易了。下面我们以一个简单的C430程序为例，来讲解C430程序的基本结构，该程序实现的功能为由MSP430G2553的P1.0口控制LED灯，实现LED灯闪烁。

源程序如下：

```
#include"msp430G2553.h"
void main(void)
  {
    int i;
    WDTCTL = WDTPW + WDTHOLD;                    //停止看门狗
    P1DIR| = 0x01;                               //P1.0 设为输出
    while(1)
    {
        for(i = 0;i < 10000;i++);                //延时
        P1OUT ^ = 0x01;                          //P1.0 口取反
    }
}
```

下面对这个程序本身作一些简单的解释说明。同标准C程序一样，每一个C430程序也都是由函数和变量组成。函数中包含若干用于指定所要做的计算操作的语句，而变量则用于在计算过程中存储有关数值。

上述程序的第一行#include"msp430G2553.h"是程序对包含库函数的一些声明，用于告诉编译程序在本程序中包含MSP430G2553头文件，在这个文件中包含了MSP430G2553

单片机的功能函数和数据接口声明等载体文件。所有 C430 源程序的开始都包含与芯片型号相对应的头文件。

在本例中，函数名为 main。一般而言，可以给函数任意命名，但在 C 语言中，main()函数是一个特殊的函数，每次运行都从名为 main 的函数的起点开始执行。这意味着每一个程序都必须有且只有一个 main()函数。main()函数通常要调用其他函数来协助其完成某些工作，调用的函数有些是程序人员自己编写的，有些则由系统函数库提供。

在 main()函数中的 while(1){}循环之前的部分是进行变量定义和对看门狗以及 I/O 口的初始化操作，真正的操作在 while(1){}中。while(1){}中通过 for 循环实现延时后，对 P1.0 的电平进行反转。此程序可以控制连接在单片机 P1.0 口上的 LED 灯的闪烁。

2.2 变量

在程序运行中，值可以改变的量称为变量，值不能改变的量称为常量。常量不需要定义即可直接使用，常量名通常用大写字母表示。变量在使用之前必须定义，变量名通常用小写字母表示，且不能是有固定含义的关键字。定义方法一般为用一个标识符作为变量名并指出其数据类型，以便编译系统分配相应的存储单元。

在 C 语言的国际标准中对各变量字节数没有作严格限定，不同的编译器可能会略有差别。在 C430 中，扩展了部分数据类型，增加了 8B 的 long long int 型数据，能够对十进制 20 位整数进行运算。常用数据类型如表 2-1 所示。

表 2-1 常用数据类型

变量类型	字节数	数值范围	说明
sfrb	1	定位的取值范围：0x00～0xFF	字节类型的特殊功能寄存器变量
sfrw	1	定位的取值范围：0x100～0x1FF	字类型的特殊功能寄存器变量
unsigned char	1	0～255	可设置
char	1	0～255 或－128～＋127	通过 Compile Option 设置
unsigned int	2	0～65 535	
int	2	－32 768～32 767	
unsigned long	4	0～4 294 967 295	
long	4	－2 147 483 648～2 147 483 647	
unsigned long long	8	$0\sim(2^{64}-1)$	
long long	8	$-2^{63}\sim+(2^{63}-1)$	
float	4	$-1.175\,494\times10^{-38}\sim3.402\,823\times10^{38}$	
double	4 或 8	$2.225\,073\,858\,507\,201\,4\times10^{-308}\sim1.797\,693\,134\,862\,315\,8\times10^{+308}$	Genaral Option 选项设置浮点指针长度
pointer	2		指针
enmu	1～4		枚举

说明：

(1) 在 C430 中允许用户更改某些变量的特性。

(2) 外围模块变量 sfrb、sfrw 也称作特殊功能寄存器变量，直接定位于片内空间。其中，sfrb 的定位范围为 0x00～0xFF；sfrw 的定位范围为 0x100～0x1FF。

外围模块变量使符号名与此范围的字节或字相联系，在定位范围内的寄存器可以用符号名来寻址，而且不必为此分配存储器空间。定位格式为：

```
sfrb/sfrw 标识符 = 常量表达式;
```

例如：
```
sfrb P1IES = 0x24H;            //字节是 8 位
sfrw ADC12CTL1 = 0x01A2H ;     //字是 16 位
```

经过定义后就可以直接通过对应的符号来访问这些寄存器。

(3) 定义时，还可以增加关键字。

const：定义常量，常量为不能通过程序更改的固定值，可为任意数据类型，可以用 const 关键字定义常数数组。如：

```
const char tab[ ] = {1,2,3,4}     //定义一个长度为 4 的数组,数组成员为字符型的常数
```

static：分为外部静态变量和内部静态变量。使用这种类型对变量进行定义后，变量的地址是固定的，用静态变量定义的变量的值在函数调用结束后不消失而保留原值。如：

```
static int a;                     //定义一个 int 型静态变量 a
```

volatile：定义“挥发性”变量。编译器将认为该变量的值会随时改变，对该变量的任何操作都不会被优化过程删除。如：

```
volatile int b;                   //定义 int 型变量 b,不会被编译器优化
```

no_init 或_no_init：定义无须初始化的变量。C 语言 main()函数开始运行之前，都会将所有 RAM 清零(全部变量都清零)。若某变量被定义为无须初始化，在初始化过程中不会被清零。如：

```
__no_init int c;                  //定义 int 型变量 c,程序开始不对它初始化
```

(4) 对于位的操作，C430 和 C51 有很大不同。C51 中有位变量，可以利用位操作指令对某一位进行置位或清零等操作，但在 C430 中，取消了位变量，所以需要由变量与掩膜位之间的逻辑运算来实现位操作。例如对 P1.0 置 1 可以有以下几种方法：

```
P1OUT| = 0x01;                    //P1 寄存器与 0x01 按位相或
P1OUT| = (1<<0);                  //使 1 左移相应位数,以到达需要设置的位
```

同理，若对 P1.0 清零可以采用的方法有：

```
P1OUT& = ~0x01;
P1OUT& = ~(1<<0);
```

也可以对多位同时操作，例如将 P1.0 和 P1.1 置 1，将 P1.2 和 P1.3 清零可以写成：

```
P1OUT| = 0x03;
```

以上介绍了对变量或寄存器中的位进行操作的方法，由于寄存器读写中会遇到大量的位操作，为了读写方便，在头文件中已经将各个标志位都作了宏定义。这样在对寄存器中的

位进行读写操作时，可以先查看头文件，直接利用宏定义对位进行操作。在头文件中，BIT0～BIT7 已经被定义为 0x01～0x08，则对 P1.0 的操作可以由以下方式表示：

```
P1OUT| = BIT0;                          //P1.0 置 1
P1OUT& = ~BIT0;                         //P1.0 清零
```

将 P1.0 和 P1.1 置 1，将 P1.2 和 P1.3 清零可以分成两条语句：

```
P1OUT| = BIT0 + BIT1;
P1OUT& = ~(BIT2 + BIT3);
```

2.3 函数

在 C 语言中函数是基本模块，使用函数可大大提高编程效率。一个 C 语言程序可由一个主函数和若干个其他函数构成。C 程序都是由主函数 main()开始，它是程序的起点，主函数可以调用其他函数，其他函数也可以互相调用。函数有编译系统提供的标准库函数和用户自定义函数两种。

标准库函数可直接调用，而用户自定义函数需自己编写或定义之后才能调用。函数定义的格式如下：

```
函数类型 函数名(形式参数表)
形式参数说明;
{
  局部变量定义;
  函数体语句;
}
```

其中，

(1) 函数类型说明了函数返回值的类型，可以是基本数据类型或指针类型，其中 void 类型，表示函数没有返回值，返回值由函数中的 return 语句获得。

(2) 函数名是函数的名字，为一有效的标识符。

(3) 形式参数表中列出了在主调用函数与被调用函数之间传递数据的形式参数，形式参数的类型必须加以说明，在调用此函数时，主调函数把实际参数的值传递给被调用函数中的形式参数。

(4) 局部变量是定义在函数内部使用的局部变量。

(5) 函数体语句是为了完成该函数功能而写的各种语句的组合。

下面的函数是经常使用的延时函数。

```
void delay(long i)
{
    while(i!= 0)
    i--;
}
```

其中，void 表示该函数没有返回参数，i 是由调用函数传递进来的形式参数。

在 C 语言中函数须先声明或定义再调用。为了保险起见，建议读者最好在程序的开始先对将要用到的函数进行声明。如果调用了一个没有声明或定义的函数，将会导致编译报错。同样，如果先调用，再定义函数也会编译报错。

2.3.1 库函数

C语言作为一种通用平台，应该能够提供一些实用的函数。C语言国际标准规定了每种C编译器都必须提供格式化输入输出、字符串操作、数据转换和数学运算等标准函数。这些函数以库文件形式提供，且与硬件完全无关，换句话说，任何处理器的编译器，都会提供库函数。

MSP430的C语言编译环境提供了大量的标准库函数。要使用这些标准库函数，只要在程序的开始声明要使用的库函数所在的头文件，之后在程序中就可以直接调用了。头文件的声明使用 #include "****.h"或#include <****.h>语法即可。如：

```
#include "msp430G2553.h"
```

2.3.2 内部函数

标准C语言具有普遍适用性，但每种单片机的C语言和标准C语言都有差异，对某CPU来说，一个简单操作，很可能用标准C语言表达出来却很复杂。为了解决类似问题，编译器一般会提供一些针对目标CPU的特殊函数及经汇编高度优化的常用函数。这些函数被称为内部函数(Intrinsic Functions)。

常用的一些内部函数有：

```
__low_power_mode_0(); 或 LPM0;              //进入低功耗模式 0,前边有两个"_"
LPM0_EXIT;                                  //退出低功耗模式 0
__low_power_mode_1(); 或 LPM1;              //进入低功耗模式 1
LPM1_EXIT;                                  //退出低功耗模式 1
__low_power_mode_2(); 或 LPM2;              //进入低功耗模式 2
__low_power_mode_3(); 或 LPM3;              //进入低功耗模式 3
__low_power_mode_off_on_exit();             //退出时唤醒 CPU
__delay_cycles(long int cycles);            //靠 CPU 空操作延迟 cycles 个时钟周期
__enable_interrupt(); 或_EINT();            //打开总中断开关
__disable_interrupt(); 或_DINT();           //关闭总中断开关
__no_operation(); 或_NOP();                 //空操作
__swap_bytes(x); 或 _SWAP_BYTES(x);         //高低字节交换,返回整型值
__bcd_add_short(unsigned int,unsigned int);      /* 整型 bcd 加法,返回整型 */
__bcd_add_long (unsigned long, unsigned long);   /* 长整型 bcd 加法,返回长整型 */
__bcd_add_long_long(unsigned long long, unsigned long long); /* 长长整型 bcd 加法,返回 long long 型 */
```

还有一些较少使用的内部函数，请参考"intrinsc.h"和"in430.h"头文件。这两个文件是默认包含在工程内的，程序中不用包含任何头文件，可以直接使用内部函数。

2.3.3 中断函数

在MSP430系统中还经常使用中断函数，中断函数的定义在形式上有些不一样，下面是中断函数定义的格式：

```
#pragma vector = 中断向量
__interrupt 函数类型 函数名(形式参数表) //前边有两个"_"
{
  局部变量定义;
  函数体语句;
}
```

式中“__interrupt”说明该函数是中断服务函数；中断向量说明了该中断服务函数在中断向量表中的中断地址；其他与一般函数的定义相同。

中断服务函数的定义还要注意其他的一些问题：主函数的设置要能使得满足中断条件时响应中断，否则中断函数的编写毫无意义。下面是一个利用定时器中断实现在 P1.0 端口输出方波的完整程序：

```
#include"msp430g2553.h"
void main(void)
{
    WDTCTL = WDTPW + WDTHOLD;              //停止看门狗
    TACTL = TASSEL1 + TACLR;               //设置定时器 A
    CCTL0 = CCIE;                          //CCR0 中断使能
    CCR0 = 20000;                          //设置计数终值
    P1DIR| = 0x01;                         //P1.0 为输出口
    TACTL| = MC0;                          //以增计数模式开始 Timer_A
    _EINT();                               //总的中断使能
    _BIS_SR(CPUOFF);                       //关 CPU
}
#pragma vector  = TIMER0_A0_VECTOR         //Timer_A 的中断服务函数
__interrupt void Timer_A (void)
{
    P1OUT ^ =  0x01;                       //P1.0 求反
}
```

在这个程序中，主函数就是设置了能够使得定时器 A 进入中断的一些参数，然后进入休眠状态。下面主要来看中断服务函数。

#pragma vector ＝TIMER0_A0_VECTOR 指明中断源为定时器 Timer_A。其中，#pragma 编译命令主要用于控制编译器的存储器分配，控制是否允许用扩展关键字，以及是否输出警告消息，提供符合标准语法的扩展特性。

interrupt 表明是一个中断服务函数，Timer_A 为自定义的函数名称。

TIMER0_A0_VECTOR 声明了该函数的入口地址，在 MSP430 的头文件的 Interrupt Vectors 中可以找到对 TIMER0_A0_VECTOR 的说明：

```
#define TIMER0_A0_VECTOR (9 * 1u)        /* 0xFFF2 Timer0_A CC0 */
```

不同型号的 MSP430 单片机中断向量也不同，具体应用时应根据头文件中对中断向量的定义进行，部分定义如图 2-1 所示。

若中断发生前 CPU 处于休眠状态，则中断退出后 CPU 仍为休眠状态。如果希望中断退出后唤醒 CPU，则要在中断服务函数的最后调用唤醒函数。如：

```
__low_power_mode_off_on_exit();          //中断退出后唤醒 CPU
LPM3_EXIT;                               //退出低功耗模式 3
```

```
msp430g2553.h
846
847 /************************************************************
848 * Interrupt Vectors (offset from 0xFFE0)
849 ************************************************************/
850
851 #define VECTOR_NAME(name)          name##_ptr
852 #define EMIT_PRAGMA(x)             _Pragma(#x)
853 #define CREATE_VECTOR(name)        void (* const VECTOR_NAME(name))(void) = &name
854 #define PLACE_VECTOR(vector,section) EMIT_PRAGMA(DATA_SECTION(vector,section))
855 #define ISR_VECTOR(func,offset)    CREATE_VECTOR(func); \
856                                    PLACE_VECTOR(VECTOR_NAME(func), offset)
857
858 #ifdef __ASM_HEADER__ /* Begin #defines for assembler */
859 #define PORT1_VECTOR               ".int02"                  /* 0xFFE4 Port 1 */
860 #else
861 #define PORT1_VECTOR               (2 * 1u)                  /* 0xFFE4 Port 1 */
862 /*#define PORT1_ISR(func)            ISR_VECTOR(func, ".int02")  */ /* 0xFFE4 Port 1 */ /* CCE V2
863 #endif
864 #ifdef __ASM_HEADER__ /* Begin #defines for assembler */
865 #define PORT2_VECTOR               ".int03"                  /* 0xFFE6 Port 2 */
866 #else
867 #define PORT2_VECTOR               (3 * 1u)                  /* 0xFFE6 Port 2 */
868 /*#define PORT2_ISR(func)            ISR_VECTOR(func, ".int03")  */ /* 0xFFE6 Port 2 */ /* CCE V2
869 #endif
```

图 2-1　MSP430G2553 的头文件对中断向量的部分定义

2.4　C430 的程序结构

2.4.1　C430 的基本结构

C430 的程序结构与一般 C 程序基本相同。总体结构如下：

1. 编译预处理部分

#include 是常用的预处理命令，用于将文件中的内容读入到该语句位置。如：

```
#include "msp430g2553.h"
```

2. 变量定义

变量需要定义后才能使用，变量的数据类型规定了为变量分配的存储空间的大小、取值范围以及所允许的操作。常用的变量定义的方法有以下两种。

带初始化全局变量定义（在 RAM 区），如：

```
unsigned char STD[45] = {"Hi, this is MSP430."};
```

未初始化全局变量定义（在 RAM 区），如：

```
int a, b, c;
```

3. 函数声明

一个函数调用另一个函数之前，需要对被调函数进行声明。若被调函数写在主调函数之前，函数声明也可省略。如：

```
void subN( );
```

4. 函数定义

一个 C430 程序可以包含一个 main() 函数和若干个子函数，主函数可以调用子函数，子函数之间也可相互调用。常见的格式如下：

```
void main ( void )
{
数据说明部分;                          //局部变量定义
执行语句部分;
subN(实际参数);                        //子程序调用
 ⋮
}
void subN (形式参数)
{
数据定义部分;                          //局部变量定义
执行语句部分;
 ⋮
}
```

在编写C430程序时需要注意以下几点：

(1) 语句以分号";"作为结束符，注意不是分隔符。

(2) 标识符区分大小写，注意标识符的命名规则，不能在变量名、函数名、关键字中插入空格和空行。

(3) 关键字及编译预处理命令用小写字母书写。

(4) 程序用大括号{ }表示程序的层次范围。

(5) 程序没有行的概念，可任意书写，但为了可读性，书写一对大括号时，根据层次采用缩格和列向对齐方式。

(6) 注释部分用/ * …… * /或//标识。

2.4.2 C430的表达式语句

C语言是一种结构化的程序设计语言，程序的最基本元素是表达式语句。所有的语句由";"隔开，或者说每一条语句后面都有一个";"。例如下面的一些语句：

```
x = a + b;
z = (x + y) - 1;
i++;
```

除了一些运算类的表达式语句外，C语言还提供了十分丰富的程序控制语句。程序控制语句对于实现特定的算法显得相当重要。下面讲述常用的程序控制语句。

1. if语句

if语句是通过判断条件是否满足，决定后续的操作，表达形式有3种：

(1) if(条件表达式) 语句

(2) if(条件表达式) 语句1

else 语句2

(3) if(条件表达式1) 语句1

else if(条件表达式2) 语句2

else if(条件表达式3) 语句3

⋮

else 语句 *n*

下面的程序段将在 a 与 b 中选出较小的数。

```
char min(char a,char b)
{
if(a<b)
{return(a);}
else {return(b);}
}
```

2. switch 语句

if 语句比较适合于两者之间的选择。当要从几种可能性中选择时,通常采用 switch 语句结构,用于处理多路分支的情形,使程序变得更为简洁。其格式为:

```
switch(表达式)
{
 case 常量表达式 1:语句 1
 break;
 case 常量表达式 2:语句 2
 break;
 case 常量表达式 3:语句 3
 break;
 ⋮
 default: 语句 n
}
```

switch 语句的执行过程是:通过对 switch 后面表达式的值和 case 后面的常量表达式的值进行比较,如果和某个常量表达式的值相等,则执行对应 case 后面的语句,break 语句的功能是终止当前语句的执行,使得程序能跳出 switch 语句。如果和所有的常量表达式都不相等,则执行语句 *n*。在键盘扫描程序中常使用 switch 语句,如:

```
switch(KeyWord)                       //根据按键值 KeyWord 判断
{case 0: key0();                      //KeyWord = 0 时,调用按键子程序 key0()
        break ;
 case 1: key1();                      //KeyWord = 1 时,调用按键子程序 key1()
        break ;
 case 2:key2();                       //KeyWord = 2 时,调用按键子程序 key2()
 break ;
 case 3:key3();                       //KeyWord = 3 时,调用按键子程序 key3()
 break ;
  ⋮
 }
```

先调用键盘子程序得到按键值,再对按键值进行比较,再执行相应的按键程序。

3. while 语句

while 语句是先对条件进行判断,当条件满足时,就执行循环体的语句,条件不满足时,退出该循环结构,去执行后面语句。格式为:

```
while(表达式)
{
```

```
    循环体
}
```

下面以软件延时程序为例说明该语句是如何执行的。

```
void delay(long i)
{
while(i!= 0)
i--;
}
```

该程序段使用 while 语句，先判断 i 的值是否为“0”，当不为“0”时执行其后的语句，当 i=0 时，退出循环。

4. do while 语句

do while 语句是先执行一次循环体的语句，再判断条件是否满足，以决定是否再执行循环体。当表达式的值非零时，继续执行循环体；当表达式的值为零时，退出循环结构，执行后续程序。do while 语句的一般格式为：

```
do
{
    循环体
} while(条件表达式);
```

下面的程序将数组 BUFF[20]中的全部数据相加。

```
int sum = 0;
char i = 0;
do{
sum = BUFF[i] + sum;
i = i + 1;
}while(i<20);
⋮
```

5. for 语句

for 语句常用于需固定循环次数的循环。格式为：

```
for([初值设定表达式 1]; [循环条件表达式 2]; [条件更新表达式 3])
{
 循环体;
}
```

for 语句的执行是首先计算表达式 1，再判断表达式 2 是否成立，若成立则执行循环体，并计算表达式 3 更新条件，不成立则结束 for 循环。for 语句中的 3 个表达式都可省略，但表达式之间的分号不能省略。

下面的程序段同样实现将数组 BUFF[20]中的全部数据相加的功能。

```
int sum = 0;
char i = 0;
for(i = 0;i<20;i++)
{
```

```
    sum = BUFF[i] + sum;
    }
    ⋮
```

2.5 C430 单片机的编程方法

对单片机系统应用的过程中，经常会遇到类似问题：以前写过的一些程序，现在拿出来看时完全没有头绪。在一个项目中的程序，在下一个项目又要用到，不能直接移植，还需要重新理顺程序逐条更改，甚至重写全部代码。这无疑会使开发效率大大降低。

所以，尽管嵌入式 C 语言是一种强大而方便的开发工具，开发人员如果要快速地编出高效且易于维护的嵌入式系统程序，就必须对 C 语言编程和实际电子硬件系统有深入的理解。下面简单介绍一下 C430 开发中需要注意的一些问题。

1. 良好的、规范化的编程风格

逻辑清楚，代码简单，注释明白的程序更容易被读懂，也更便于重新利用。利用 C 语言对单片机应用系统开发时应该以软件工程的方式进行总体程序设计安排，形成良好的、规范化的编程风格。良好的风格不仅使代码具有良好的可维护性，方便阅读程序，更重要的是多人协作共同完成一个项目的情况下，良好统一的编程风格可以让调试变得更加简单，加快联调的进度，对高效地编出易于维护的嵌入式系统程序有至关重要的作用。

编程过程中建议使用 *The C Programming Language* 一书中使用的书写风格，对变量命名应尽量采用通用、被大多数程序员认可的命名法则，一致的编程风格，特别适合于一个开发团队共同工作。再加上模块化的编程方式，详尽的注释和说明文档，可以实现高效编程，也有益于项目开发的规范化以及后期维护。规范化编程风格可参考林锐博士的《高质量 C++/C 编程指南》一书。

1）变量命名规则

变量名尽量使用有含义的英文单词作为名称，可以缩写简写，如 data，tab，total 等，若名称包含多个单词，可以在不同单词之间用下划线连接或每个单词首字母大写以便区分单词，避免使用 a，b，c 等无意义字符。使用范围大的变量，如全局变量，更应该有一个说明性的名称。例如：

```
extern int InputVoltage;                //输入电压值
extern int OutputVoltage;               //输出电压值
extern int Temperature;                 //温度
```

C 语言规定标识符只能由字母、数字和下划线 3 种字符组成，且第一个字符不能为数字，当单词间必须出现空格才好理解的时候，可以用下划线_替代空格。例如：

```
int Degree_C;                           //摄氏度
int Degree_F;                           //华氏度
```

当单词较长的时候，可以适当简写。例如：

```
int Tab[];                              //定义一个表格数组
int sum;                                //总和
```

若多个模块都可能出现某个变量，可以按“模块名_变量名”的方式命名。例如：

```
char ADC_Status;                              //ADC 的状态
```

对于普通变量，如用变量 i、j 作为循环次数变量，p、q 作为指针，s、t 表示字符串等，尽量使用约定俗成的命名。

2）函数命名规则

和变量一样，函数名称也应具有说明性。函数名应使用动词或动作性名字，后面可以跟名词说明操作对象。一般按照“模块名_功能名”的方式命名，例如：

```
unsigned int ADC16_Sample();                  //16 位 ADC 采样
char LCD_Init();                              //LCD 初始化
unsigned char Init_Port();                    //I/O 口初始化
```

对于函数命名，通常是缩写的单词全大写，非缩写的第一个大写，单词之间可以用_连接。遇到太长的单词也可以在不影响阅读的情况下适当简写，例如用 Tx 替代单词 Transmit，Rx 替代单词 Receive，Num 替代单词 Number，Cnt 替换单词 Count，数字 2（Two）替代单词 To 等。和变量一样，一旦约定某种简写方式，以后必须保持风格统一。

3）表达式

表达式应该尽量简洁，尤其要注意的是不能有歧义。我们的目标是要写正确且最清晰的代码。表达式的编写中需要注意以下问题：

由于 C 语言中运算符较多，默认的优先级顺序难免会有记错的时候，所以为了保证代码正确并提高可读性，当代码行中运算符较多时，应该用括号消除可能出现的歧义，如：

```
x = !a&&b > c;
```

等价于：

```
x = (!a)&&(b > c);
```

避免编写太复杂的复合表达式，过于复杂的表达式会导致难以理解、不够清晰，可以分成多句简洁的表达式，如：

```
d = (a = b + c) + r;
```

该表达式既求 a 值又求 d 值。应该拆分为两个独立的语句：

```
a = b + c; d = a + r;
```

上面两种表达方式所表达的条件是等价的，第一个较复杂，写成第二种表达方式就清晰了许多。

4）注释

程序中标注清楚注释，对程序读者会有很大帮助，但是如果注释只是代码的重复，将会变得毫无意义。若注释与代码矛盾，反倒会帮倒忙。所以注释虽然不是程序代码，但对于程序的阅读和理解，其作用是很重要的。

所以在编写程序时，应养成随时添加注释的习惯，注释应简洁明了地点明程序的突出特征，或者阐明思路，或者提供宏观的功能解释，或者指出特殊之处，以帮助他人理解程序。另外，在代码维护、调试与排错时，若修改代码，要养成立即修改注释的习惯，否则很容易出现代码与注释不一致的情况，很可能造成难以排查的错误，严重影响工作效率。

注释可出现在程序的任何位置，本行的代码注释应与被注释的代码紧邻，放在其上方或右方。如放于上方则需与其上面的代码用空行隔开。一般少量注释应该添加在被注释语句的行尾。常用格式如下：

(1) /*………*/中间写注释的内容。

(2) //后写注释的内容，这种注释方法只能注释一行。

2. 可移植性

为某一型号单片机编写的程序也可能会移植到不同的硬件环境或者其他的处理器平台上运行，例如MSP430串口通信程序可能会被移植到8051系列或ARM系列的单片机上运行等。若写出的代码移植性强，程序稍微加以修改就能移植，否则将需要重写大部分代码。要写可移植性高的代码，需要采用很多方法，例如，变量常量的定义、结构体的应用等。在这里以宏定义的应用为例，介绍可移植性概念。

宏定义完成的功能是用一个标识符来代替一个字符串，对程序编译预处理时，程序中出现的宏名都用定义的字符串来表示。常用的格式有：

```
#define 宏名 字符串
#define 宏名(形参表) 字符串
```

对于经常使用或改变的常量，端口定义，都尽量用宏定义来提高程序的移植性。宏定义通常要大写，多个单元之间用下划线隔开，如：

```
#define  NUM 32
#define LED_ON P1OUT| = BIT4
```

在程序设计过程中，对于经常使用的一些常量，如果将它直接写到程序中去，一旦常量的数值发生变化，就必须逐个找出程序中所有的常量进行修改，这样必然会降低程序的可维护性和可移植性。用宏定义后，只需要修改宏定义的内容就可以了，而且宏定义一般都是有意义的单词，增强了程序的可读性。

另外，当需要将程序代码移植到不同处理器硬件上时，经过宏定义后，通过很简单的修改就能编译成另一CPU的机器码，使其在其他处理器上运行。以把MSP430系列单片机的一个控制某LED灯的程序移植到51系列单片机为例，由于MSP430单片机没有位运算，51单片机可以进行位操作，若两者之间的程序需要相互移植，必须消除这个差异。下面示范用宏定义来消除I/O口位操作的方法：

```
#include "MSP430 G2553.h"                /*430单片机*/
#define LED_ON P2OUT| =  BIT0            /*LED亮*/
#define LED_OFF P2OUT& = ~BIT0           /*LED灭*/
```

以后的程序中，所有控制LED的语句均通过这两个宏定义进行，不需要再直接操作硬件。一旦需要将这段程序移植到51单片机上，只需修改宏定义：

```
#include "reg51.h"                       /*51单片机*/
sbit LED = P2^0;                         /*定义位变量LED,表示IO口 */
#define LED_ON LED = 0                   /*LED亮*/
```

```
#define LED_OFF LED = 1                    /*LED 灭*/
```

此后整个程序中所有 LED 的控制都无须修改。

3. 文件管理

单片机编程时，若将所有的代码都写在一个 C 文件中。当程序较长时，这个 C 文件将会显得混乱、缺乏层次，编辑、查找和调试都将变得非常困难，代码移植也将会很困难。

为了提高工作效率，并能使结构清晰，在单片机程序中，通常要按照功能模块将一个大程序划分为若干个小的 C 文件。每个小的 C 文件都包括某个独立的功能模块的相关操作，每一个.c 文件新建一个.h 文件，文件名与 C 文件名相同，用于声明对外引申的函数与全局变量。如果主程序或其余子程序要调用该 C 文件中的函数或变量，只需再包含其对应的头文件，就可以对这个模块程序进行灵活调用。

例如，一个项目中用到 LCD 显示和键盘两个模块，可以把这两个模块写成独立的 C 文件，一般包括 4 个文件：LCD.c、Key.c、LCD.h、Key.h，通过对这些文件的调用即可实现相应的功能。其中 C 文件内编写模块的功能代码，与其对应的头文件 LCD.h 和 Key.h 内可以定义 LCD 显示和键盘程序模块内的全局变量，即利用关键字 extern 声明对外引用。模块程序定义完之后，主程序就可以根据需要进行调用。如：

```
#include "LCD.h"
#include "Key.h"
main()
{
    ⋮
    Key();
    LCD();
    ⋮
}
```

作好文件划分和管理可以提高源程序的质量和可维护性，每个文件都不会很长，如果需要修改或调试某个函数，打开相应模块的 C 文件。将程序按模块划分之后，也易于模块程序的移植，假设另一项目也用到 LCD 显示器，只要把 LCD.c 和 LCD.h 文件复制并添加到新工程内即可调用各种 LCD 显示函数，避免了重复劳动。

本章小结

本节简单介绍了 MSP430 单片机的 C 语言编程基础和编程方法。通过本章的学习，读者应掌握 C430 的变量和函数以及常用的程序控制语句，了解 C430 的程序结构和编程方法，并能进行简单的编程开发。

思考题

1. C430 中是如何声明中断函数的？
2. 将 P1.0、P1.1、P1.2、P1.3 口全部置高的方法有哪些？

3. 定义一个 char 型变量 i，要求在初始化过程中不会被清零。

4. 试分析以下语句完成的功能是什么？

（1）
```
if((P1IN&(1<<5))==0)
P2OUT|=(1<<0);
```

（2）
```
if((P1IN&(BIT5+BIT6))!=(BIT5+BIT6))
P2OUT|=BIT0
```

项目3 熟悉MSP430的开发环境

3.1 常用开发软件

目前流行的MSP430开发软件主要有IAR公司的Embedded Workbench for MSP430(IAR EW430)和TI公司的Code Composer Studio(CCS)。

IAR Embedded Workbench系列开发软件涵盖了目前大部分主流的微处理器系统,对于不同的处理器软件界面和操作方法保持一致,便于顺利地过渡到新处理器。IAR EW430软件是一个专业化集成开发环境,用来编辑、编译和调试MSP430应用程序。提供了工程管理、程序编辑、代码下载和调试等所有功能,还提供了一个针对MSP430处理器的编译器——ICC430编译器和一个仿真器。

CCS是用于TI嵌入式处理器的集成型开发环境,包括Debuger、Compiler、Editor、Simulator、OS等。该环境基于Eclipse开源软件框架,支持全系列的TI嵌入式控制器(包括MSP430、DSP、ARM、OMAP等)。

IAR EW430和CCS都具有免费的试用版本。IAR EW430的限制版本有两种:一种是允许永久免费使用,但对编译的代码大小有限制。对于传统MSP430限制在4KB之内,具有大于60KB闪存的MSP430X器件限制在8KB之内;另一种是无代码大小限制,但只能试用30天。用户可以访问IAR的网站http://www.iar.com下载得到。CCS可用的免费选项有三种:120日时限,无代码限制或16KB代码限制或与硬件开发套件捆绑。用户可通过访问http://www.ti.com.cn/msp430获得此软件。

此外,还有适用于MSP430的其他编译器和集成开发环境,如Rowley Crossworks、MSPGCC和AQ430等。AQ公司的AQ430是专为MSP430系列单片机开发的软件环境,该开发环境包含项目管理、源代码编辑和强大的程序调试环境,该调试器是一个强大的全特效调试器,允许用户在计算机上完全模拟目标程序、指令集和片外功能。

另外,用于MSP430微控制器的软件工具包括MSP430Ware、ULP Advisor、Grace外设配置工具、实时操作系统(RTOS)、RF stacks、USB开发套件等。以上软件均可通过TI网站http://www.ti.com.cn下载获得。

3.2 CCS软件学习

3.2.1 CCS开发环境简介

CCS是TI公司研发的一款针对TI的DSP、微控制器和应用处理器的集成开发环境，包括适用于每个TI系列器件的编译器、源码编辑器、项目构建环境、调试器、描述器和仿真器等，能够帮助用户在一个软件环境下完成编辑、编译、链接、调试和数据分析等工作。

CCS软件的一些重要功能如下所述。

1. Resource Explorer

Resource Explorer为常见任务提供了快速访问，例如创建新项目，实现用户浏览ControlSUITE™、StellarisWare等产品中的丰富示例。

2. 外设代码生成功能

Grace是Code Composer Studio的一项功能，可使MSP430用户在几分钟之内生成外设设置代码。生成的代码是具有完整注释且简单易读的C代码。

3. 编译器

Code Composer Studio包括专为TI嵌入式器件架构而设计的C/C++编译器。用于C6000™和C5000™数字信号处理器器件的编译器能最大程度地发挥这些架构性能潜力。TI ARM®和MSP430微控制器的编译器，在无损性能的前提下，更能满足那些应用域的代码大小需要。TI的实时C2000™微控制器的编译器充分利用了此架构中提供的诸多性能和代码大小特点。

4. System Analyzer

System Analyzer是一款为应用代码性能和行为提供实时直观视图的工具套件，能够对软硬件仪器上收集的信息进行信息分析。System Analyzer实现了基准设定、CPU与任务负载监控、操作系统执行监控以及多核事件关联等。

5. Image Analyzer

Code Composer Studio能够以图形方式查看变量和数据，包括以原始格式查看视频帧和图像等。

CCS v5为CCS软件的最新版本，集成了更多的工具：操作系统应用程序开发、代码分析、源控制等。已经全面支持所有TI处理器，所以从MSP430到多核的DSP、ARM设计，都可以在同一个开发平台下进行，可以顺利地过渡到另一种新处理器的开发工作。CCS v5.1具有很强大的功能，并且其内部的资源也非常丰富，利用其内部资源进行MSP430单片机开发，将会非常方便。本书将以CCS v5.1为例介绍该软件的安装及使用方法。

3.2.2 利用CCS v5.1调试C430程序的方法

1. 安装并启动CCS v5.1

(1) 运行下载的安装程序ccs_setup_5.1.1.00031.exe，当运行到如图3-1处时，选择

Custom 选项，进入手动选择安装通道。这样可以根据项目所需安装内容。

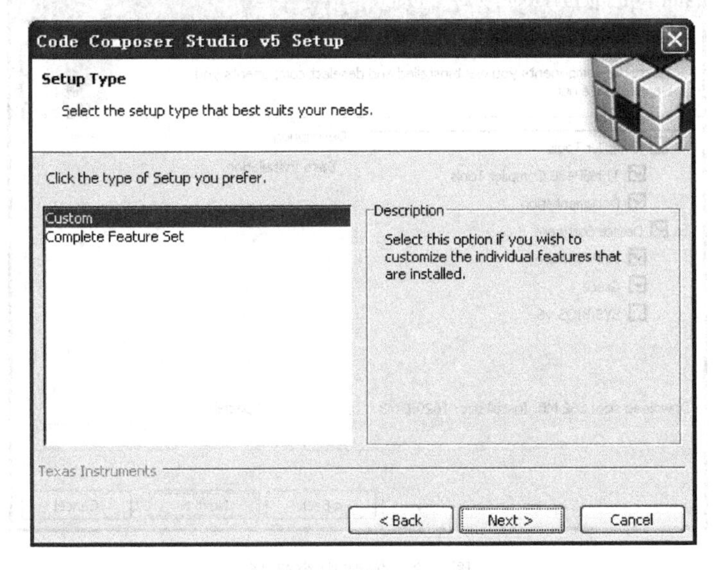

图 3-1 安装类型选择

(2) 单击 Next 按钮得到如图 3-2 所示的对话框，为了安装快捷，根据自己需要选择要安装的内容，CCS v5.1 支持从 MSP430 系列 MCU、ARM、C2000、C6000 单/多核、Davinci 等一系列处理器。在此只选择支持 MSP430 Low Power MCUs 的选项。单击 Next 按钮，保持默认配置，继续安装，如图 3-3 所示。

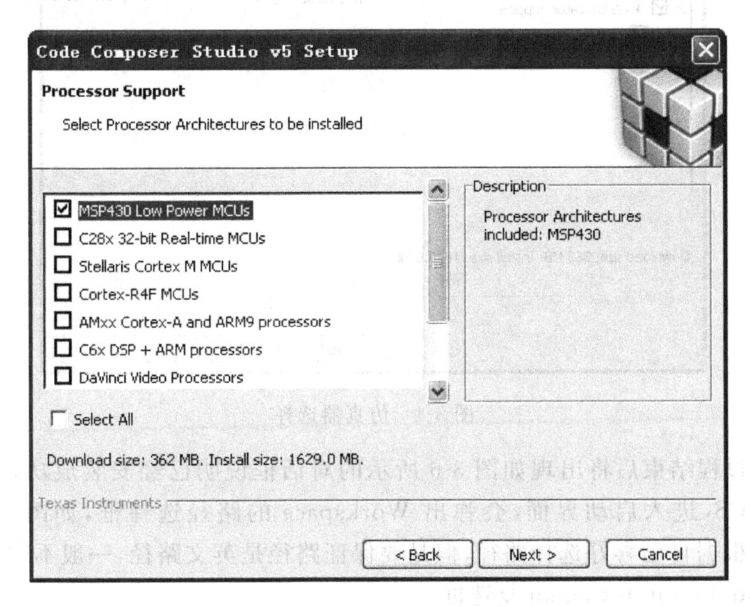

图 3-2 安装处理器选择

(3) 支持多种型号仿真器，根据需要进行选择安装举例，如果你利用 CCS v5.1 开发 MSP430 系统，且使用的是并口仿真器，就需要勾选 MSP430 Parallel Port FET 选项。如图 3-4 所示，单击 Next 按钮，保持默认配置，继续安装，之后进入如图 3-5 所示的对话框。

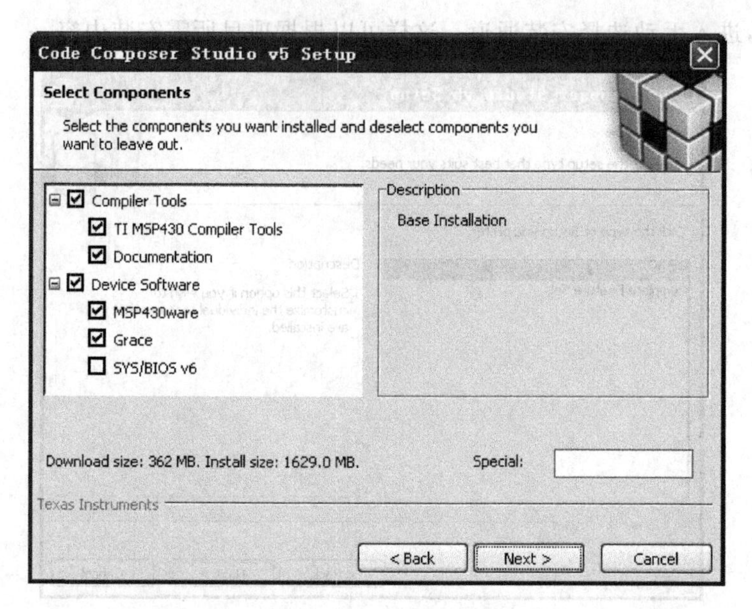

图 3-3　安装内容选择

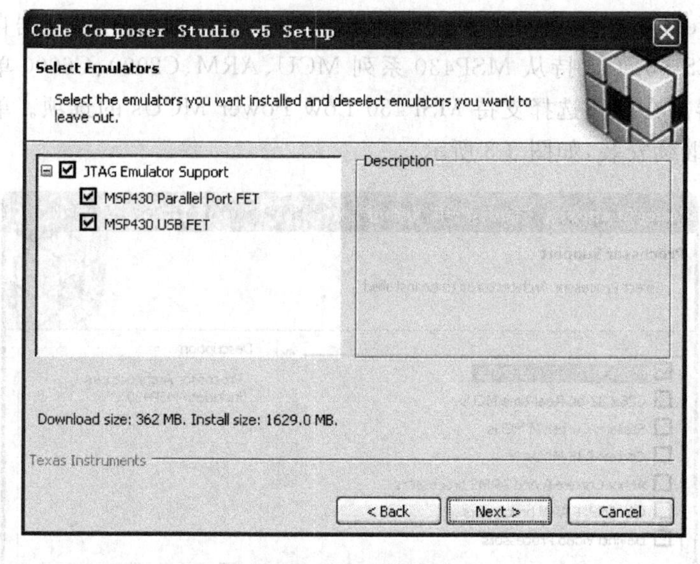

图 3-4　仿真器选择

(4) 安装过程结束后将出现如图 3-6 所示的对话框说明已经安装成功，单击 Finish 按钮。将运行 CCS，进入启动界面，会弹出 Workspace 的路径选择框，如图 3-7 所示，单击 Browse 按钮，根据自己喜好选择路径，但是要保证路径是英文路径，一般不勾选 Use this as the default and do not ask again 复选框。

(5) 单击 OK 按钮，第一次运行 CCS 会弹出激活窗口，如图 3-8 所示。在此，选择 CODE SIZE LIMITED(MSP430)选项，在该选项下，对于 MSP430，CCS 免费开放 16KB 的程序空间；若您有软件许可，单击 Next 按钮，添加 License 文件，单击 Finish 按钮即可进入 CCS v5.1 软件开发集成环境。

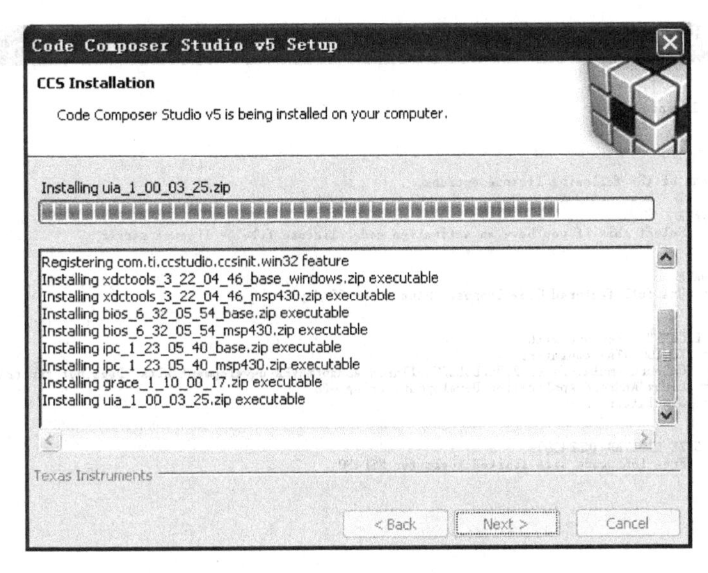

图 3-5 安装过程

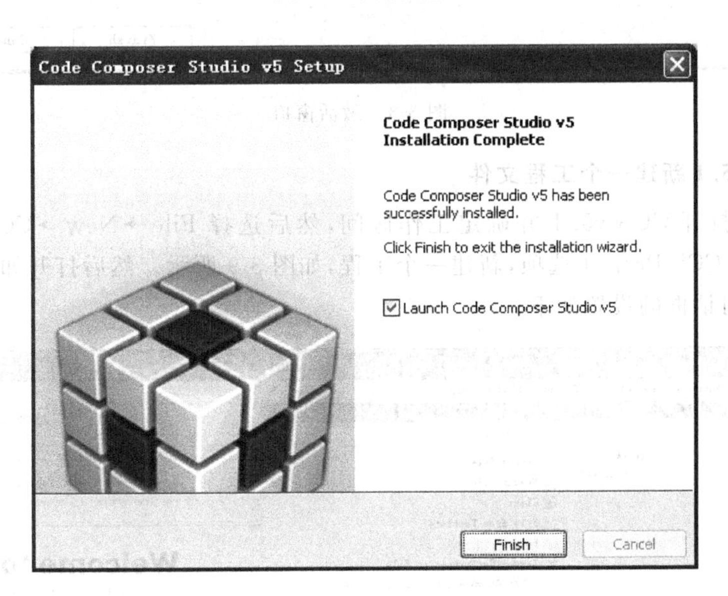

图 3-6 安装完成界面

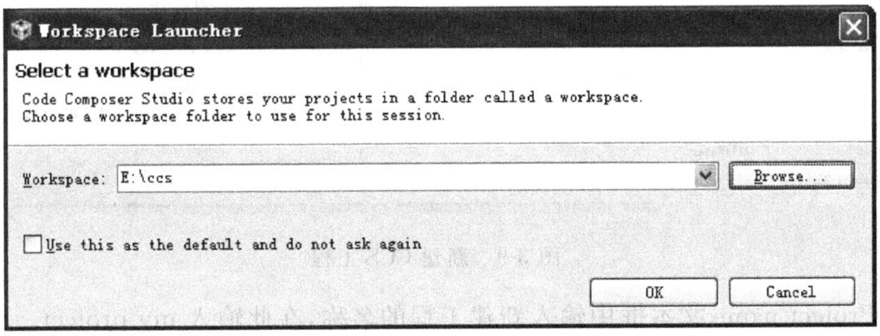

Workspace Launcher

Select a workspace

Code Composer Studio stores your projects in a folder called a workspace.
Choose a workspace folder to use for this session.

Workspace: E:\ccs Browse...

Use this as the default and do not ask again

OK Cancel

图 3-7 Workspace 选择窗口

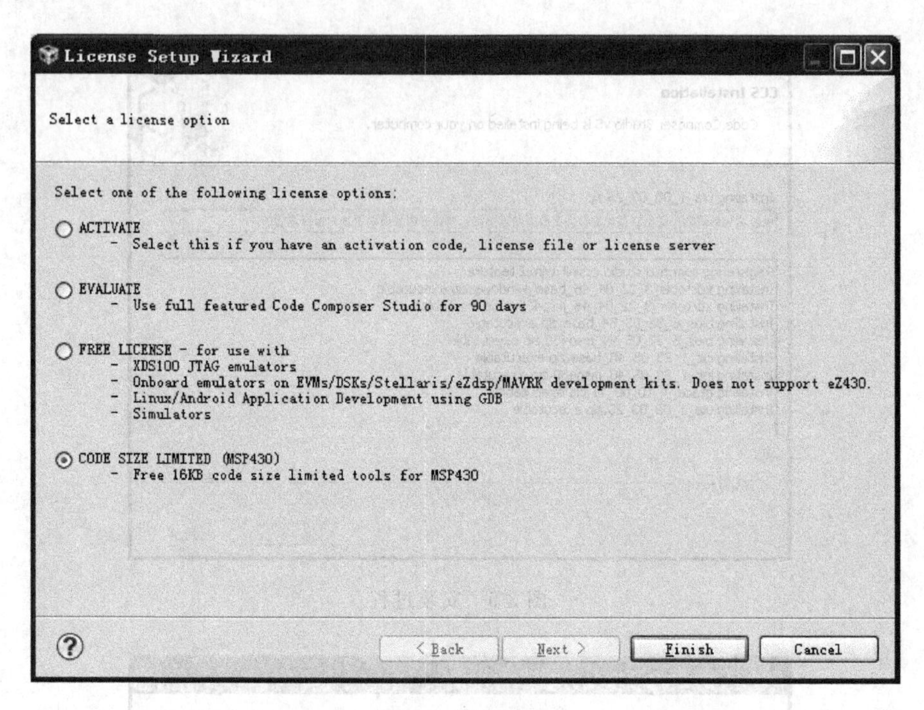

图 3-8 激活窗口

2. CCS v5.1 新建一个工程文件

(1) 首先打开 CCS v5.1 并确定工作区间，然后选择 File→New→CCS Project 或者 Project→New CCS Projcct 选项，新建一个工程，如图 3-9 所示。然后打开如图 3-10 所示的对话框，对该对话框的设置如下。

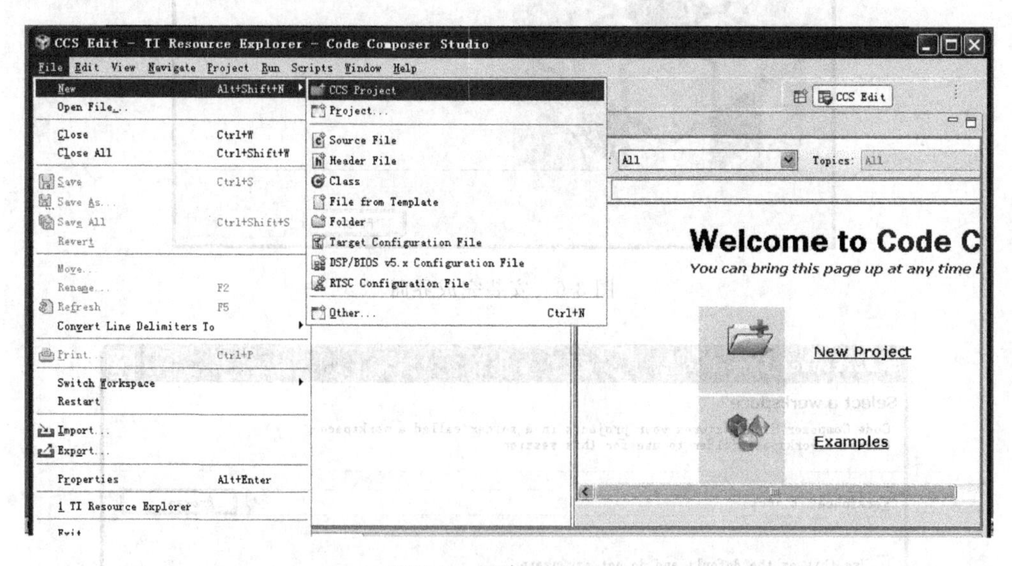

图 3-9 新建 CCS 工程

① 在 Project name 文本框中输入新建工程的名称，在此输入 my project。

② 在 Output type 下拉列表框中有两个选项：Executable 和 Static Library，前者为构

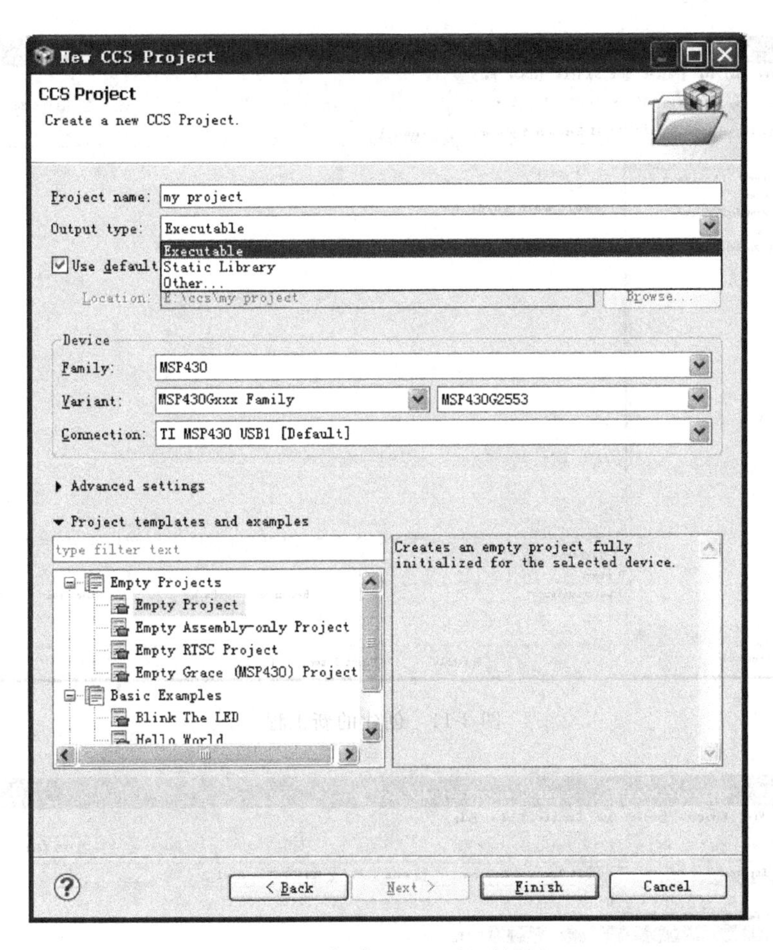

图 3-10 新建 CCS 工程对话框

建一个完整的可执行程序,后者为静态库。在此保留 Executable 选项。

③ 在 Device 部分选择器件的型号:在此 Family 选择 MSP430; Variant 选择 MSP430Gxxx Family,芯片选择 MSP430G2553; 在 Connection 下拉列表框中,如果使用一个 USB 闪存仿真工具,诸如 MSP-FET430UIF 或者 eZ430 开发工具,保持默认值。如果使用的是 MSP-FET430PIF LPT 接口,需要选择 TI MSP430 LPTx(在这种情况下,在安装期间选择针对 MSP430 并行端口工具的支持)。这里保持默认值。

④ Advanced settings 保持默认值。

⑤ Project templates and examples:在 Empty Projects 中选择 Empty Project 选项,对于只使用汇编语言的项目,选择 Empty Assembly-only Project 选项。然后单击 Finish 按钮完成新工程的创建。

(2) 创建的工程将显示在 Project Explorer 中,建好工程之后,默认会添加一个空白的 main. c 文件,在 main. c 文件中可以添加新程序,如图 3-11 所示。

(3) 添加文件到工程中。

① 新建文件:在工程名上右击,选择 New→Header File(新建头文件)或 New→Source File(新建源文件)选项,如图 3-12 所示。

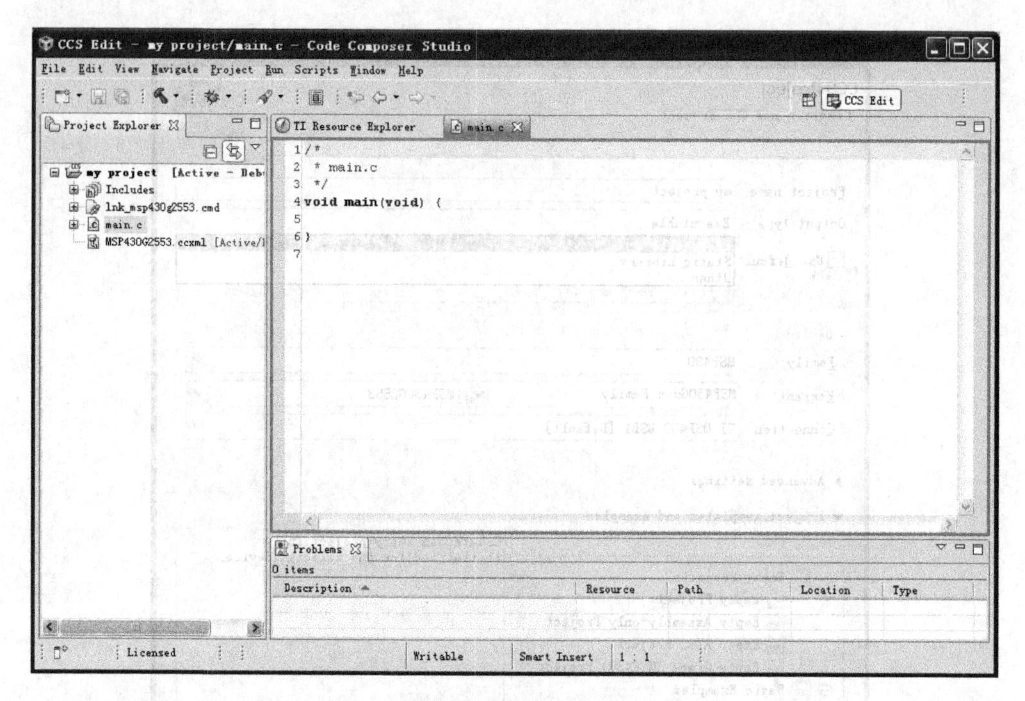

图 3-11 创建的新工程

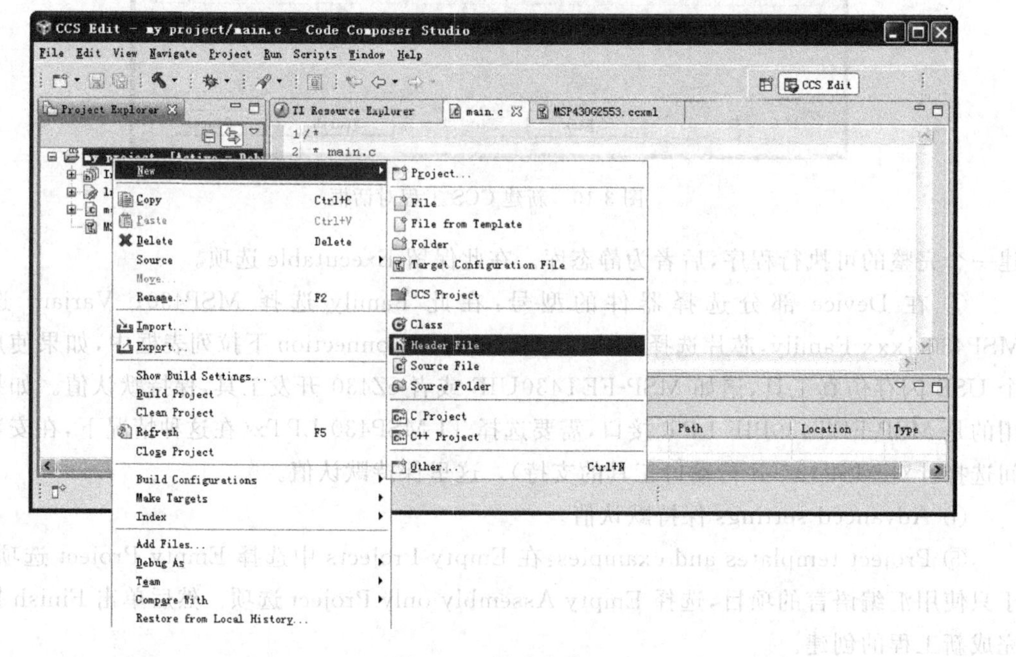

图 3-12 新建文件

若新建的是头文件，则打开如图 3-13 所示对话框，在 Header file 文本框中输入头文件的名称，注意必须以.h 结尾，在此输入 my.h。若新建的是 C 文件，则打开如图 3-14 所示对话框，在 Source file 中输入 C 文件的名称，注意必须以.c 结尾，在此输入 my.c。如果是汇编语言，则扩展名为 asm.

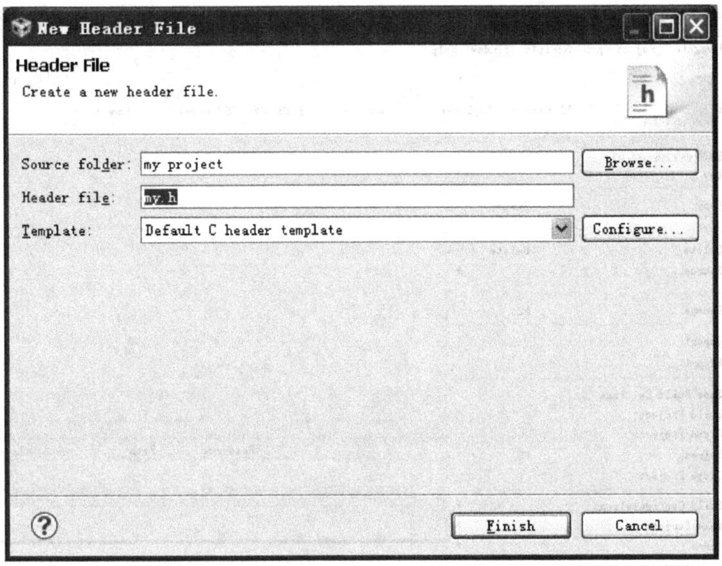

图 3-13 新建头文件

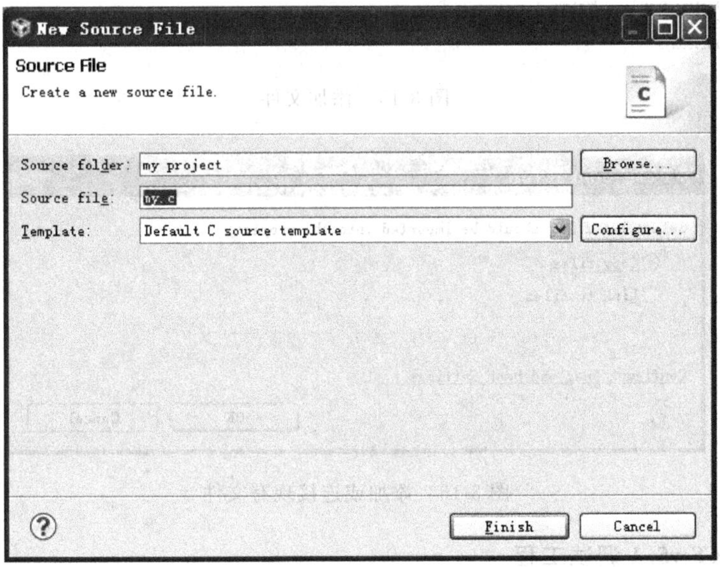

图 3-14 新建源文件

② 添加已有的.h 或.c 文件：选择 Project → Add Files(或者在工程名上右击，选择 Add Files 选项)选项，如图 3-15 所示。浏览所需的文件，选中此文件，并单击打开(Open)或者双击文件名来将此文件添加到项目文件夹。找到所需导入的文件位置，单击打开，得到图 3-16 对话框。选择 Copy files 单选按钮，单击 OK 按钮，即可将已有文件添加到工程中。

为了节省空间，在保存或传输工程文件时，可以只保存头文件和源文件。打开时只需新建一个工程，然后按照以上步骤把已有的文件添加进去即可。

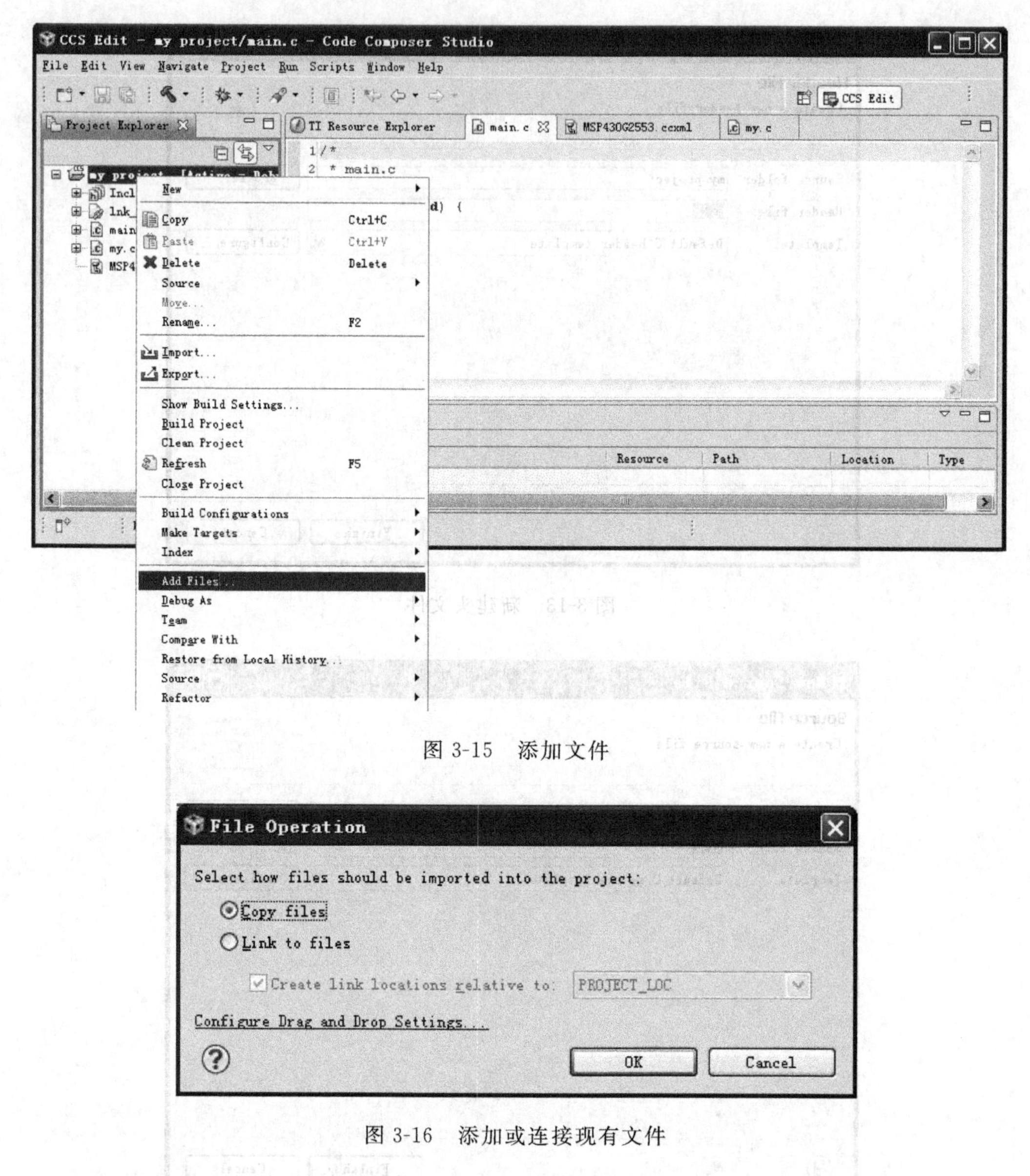

图 3-15 添加文件

图 3-16 添加或连接现有文件

3. 利用 CCS v5.1 调试工程

1）创建目标配置文件

在 Debug 之前，需要确认工程中目标配置文件（.ccxml）是否已经创建并配置正确，若没有则需新建一个目标配置文件，文件名最好与自己的工程名一致，扩展名为.ccxml。

新建目标配置文件的方法为：选择 File→NEW →Target Configuration File 选项；然后在 File name 文本框中输入后缀为.ccxml 的配置文件名；单击 Finish 按钮后即可打开该文件进行配置。

一个项目可以有多个目标配置，但只有一个目标配置在活动模式。要查看系统上现有目标配置，可以在 Project Explorer 窗口查看，标为 Active 的即为活动模式，或者通过 View→Target Configurations 选项查看，如图 3-17 所示。

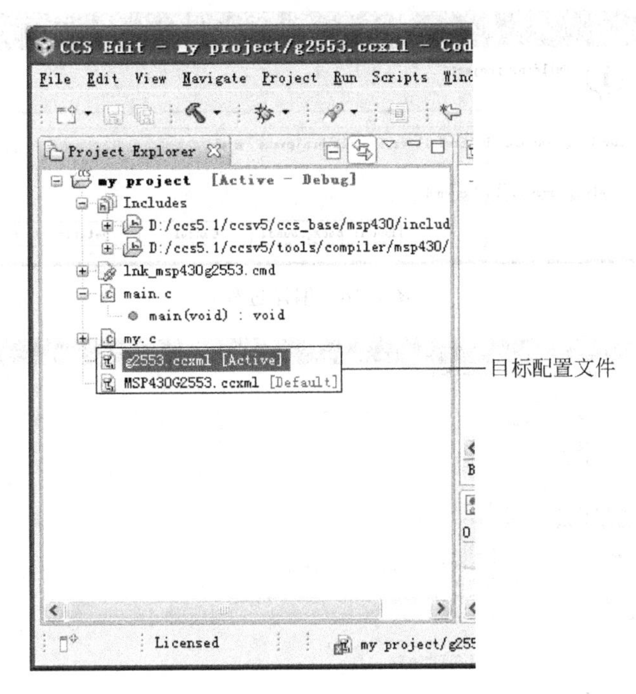

图 3-17 目标配置文件

2）调试

现以小灯闪烁程序为例，来看一下 CCS 编译过程。

（1）程序编写。在已有工程 my project 中的 main. c 文件输入一小灯闪烁程序：

```
#include"msp430G2553.h"
void main(void)
{
  int i;
  WDTCTL = WDTPW + WDTHOLD;                  //停止看门狗
  P1DIR| = 0x01;                             //P1.0 设为输出
  P1OUT| = 0x01;                             //P1.0 输出 1
  while(1)
  {
  for(i = 0;i<10000;i++);                    //延时
  P1OUT ^ = 0x01;
  }
}
```

（2）编译。首先将工程进行编译通过，选择 Project→Build Project 选项，或者单击工具栏图标 编译目标工程，编译过程如图 3-18 所示。如果编译没有错误产生，可以进行下载调试；如果程序有错误，将会在 Problems 窗口显示，可根据提示修改程序，并重新编译，直到无错误提示为止，如图 3-19 所示。

（3）下载并运行。编译通过后，需要进行下载调试，选择 Run→Debug 选项，或者单击绿色的 Debug 按钮 进行下载调试，这样将启动调试器，从而获得对器件的控制，并将编译后的程序下载至单片机存储器，即可实现 LED 灯的闪烁。如图 3-20 所示为下载调试界面。

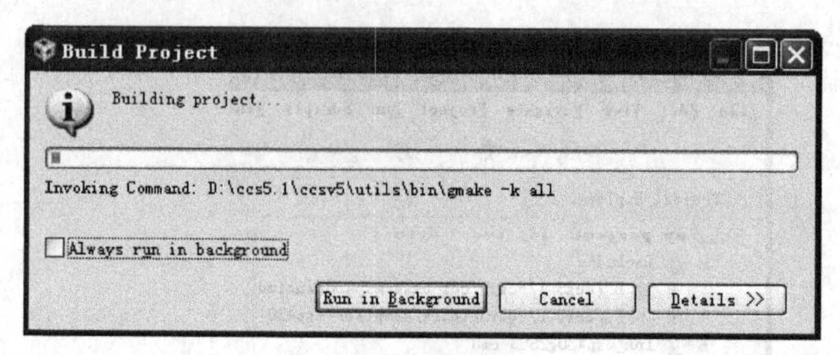

图 3-18　编译过程

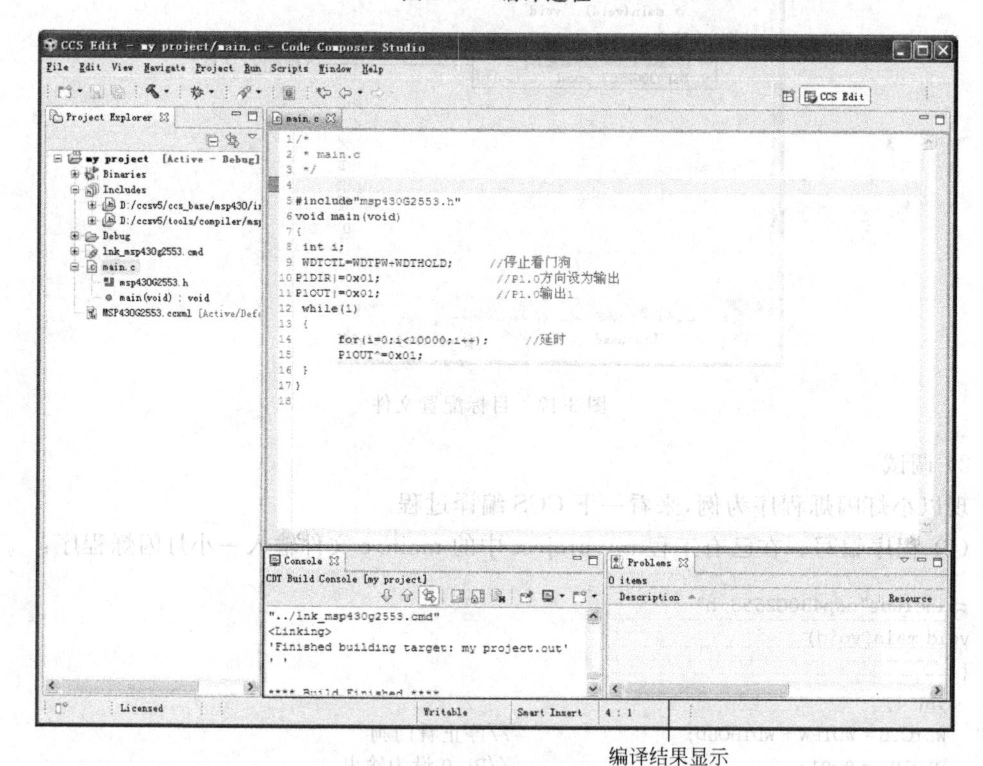

图 3-19　编译结果

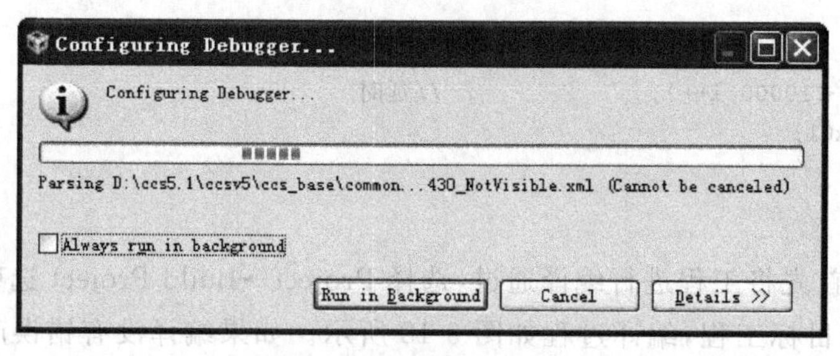

图 3-20　下载调试过程

选择 Run→Resume 选项，或者单击图标 ▶ 运行程序，观察显示的结果。在程序调试的过程中，可以通过 CCS v5.1 菜单栏 View 查看变量、寄存器、汇编程序或者是 Memory 等状态，根据显示出的程序运行结果，和预期的结果进行比较，从而可以顺利地调试程序。

可通过设置断点来调试程序：选择需要设置断点的位置，右击选择 Breakpoints→

Breakpoint 选项,断点设置成功后将显示图标,如图 3-21 所示。设置断点后,选择 View→Break points 选项,可以得到断点查看窗口,如图 3-22 所示。若取消该断点,双击该图标即可。

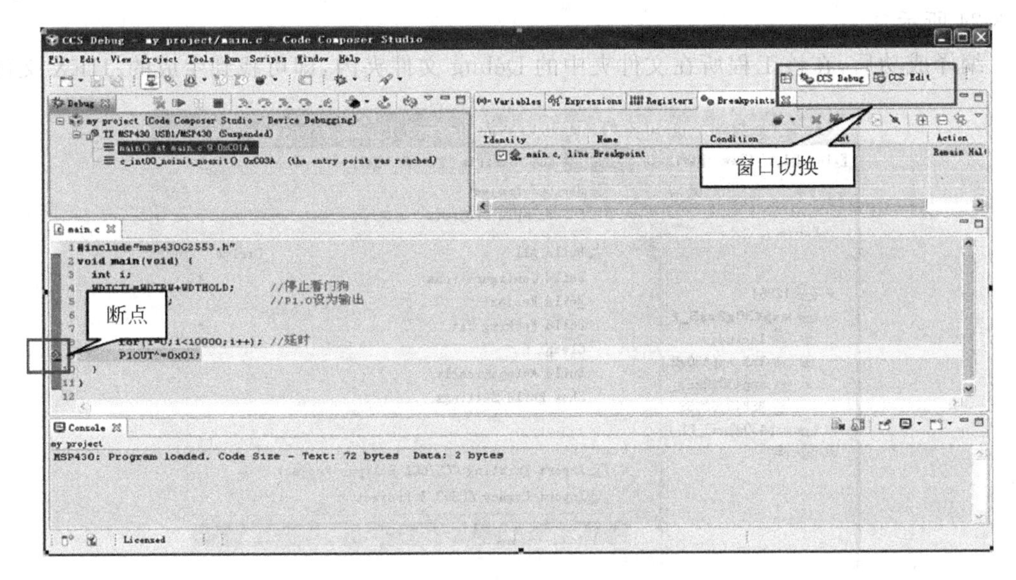

图 3-21 调试界面

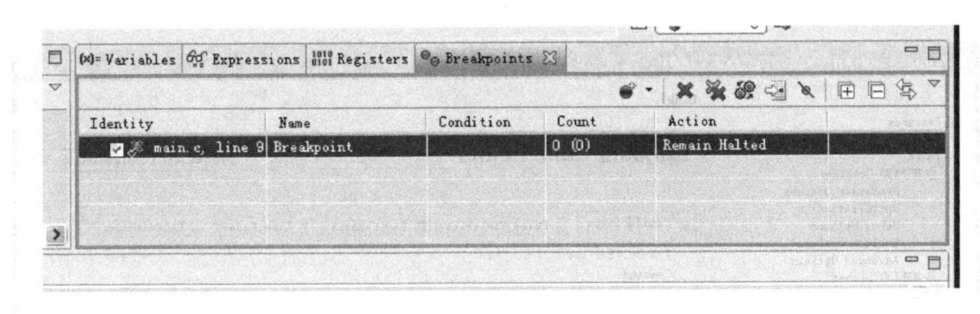

图 3-22 断点查看窗口

调试界面中可以通过单步调试按钮配合断点单步地调试程序,供调试用的按钮有:

单步进入(Step Into):每单击一次按钮,程序执行一条语句后暂停。若遇到函数,则进入该函数。

单步跳过(Step Over):每单击一次按钮,程序执行一条语句后暂停。若遇到函数,则跳过该函数。

单步退出(Step Return):退出单步运行,进入全速运行。

复位 CPU(Reset CPU):单击后 CPU 复位。

重新开始(Restart):单击后定位到 main()函数。

可通过选择 Run → Terminate 选项或单击中止按钮,退出调试器并返回到编辑界面。也可以通过右上角 Open Perspective,选择 CCS Debug Perspective 或 CCS Edit Perspective 选项在调试器和编辑界面之间进行窗口转换,如图 3-21 所示。

(4) 生成.HEX 文件。利用仿真软件或开发板进行开发时,经常需要将可执行文件

(.HEX 文件)加载至单片机,利用 CCS v5.1 软件生成可执行文件的方法为:在菜单栏中选择 Project→Properties 选项,如图 3-23 所示。在打开的 Properties 对话框内选择 Build→Apply Predefined Step→Create flash image: Intel-HEX 选项,应用后就完成相关设置,如图 3-24 所示。

编译成功后,在该工程所在文件夹中的 Debug 文件夹内,即可找到生成的.HEX 文件。

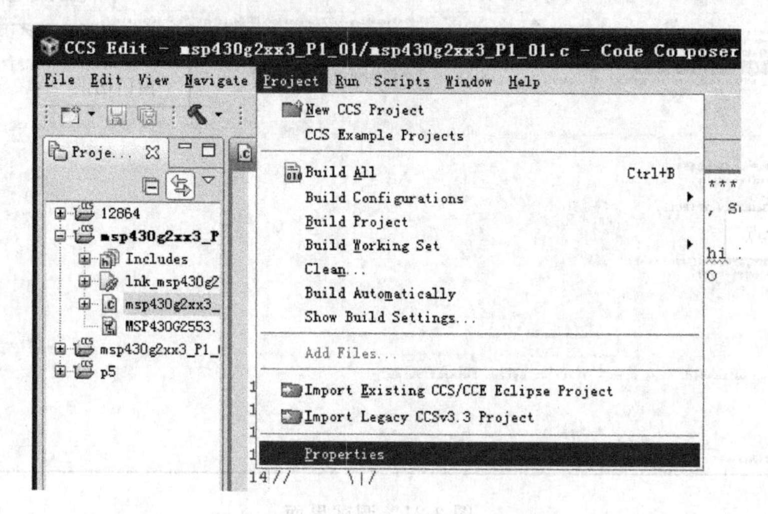

图 3-23 打开 Properties 对话框

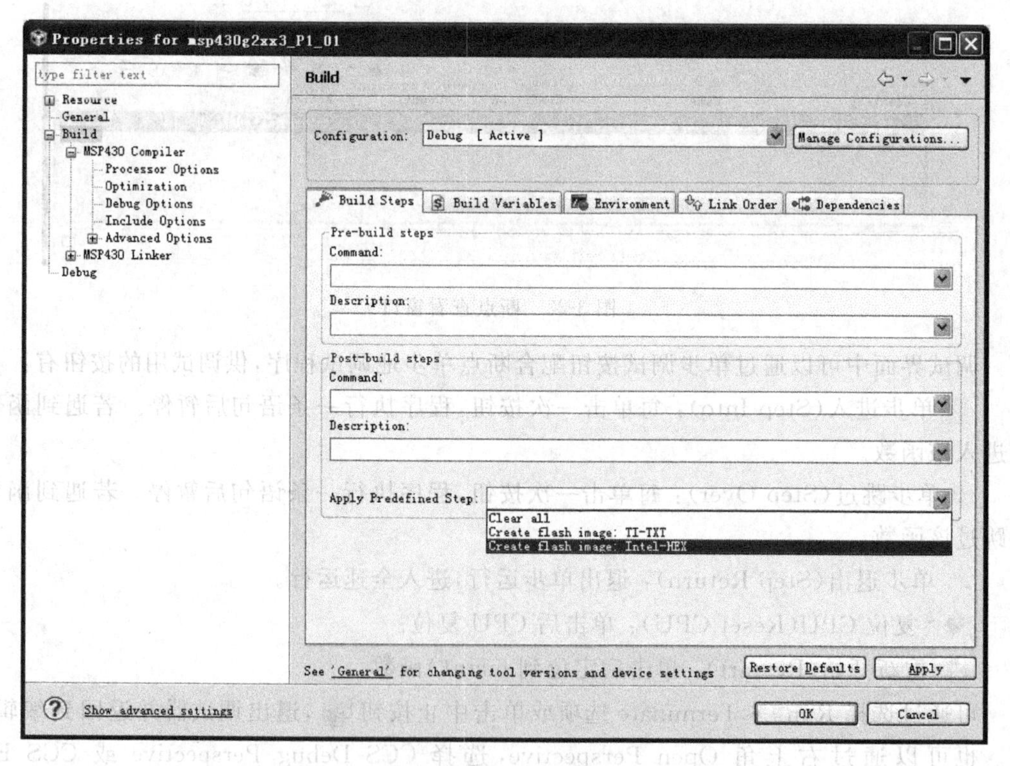

图 3-24 生成.HEX 文件的设置方法

3.2.3 Grace 软件技术

MSP430 单片机相对于 51 来说，外设模块丰富得多，这也直接导致了各种外设寄存器数量的大幅增加，由于难以迅速而有效地记住并熟练配置各种寄存器。TI 配套推出了简单易用的图形化 I/O 与外设配置软件——Grace（Graphical Code Engine）。Grace 是基于 GUI 的 I/O 与外设配置的软件工具，可以快速完成对 MSP430 单片机的外设模块的配置，并可以生成经全面注释的 C 代码，免除手动配置外设的麻烦。极大地缩减了开发者花在配置外设上的时间，缩短了开发周期。

Grace 适用于来自 MSP430 产品线的所有 F2XX 和 G2XX Value Line 微控制器。Grace 软件在 TI 官网上以两种形式发布，一是作为 CCS 的一个插件，对于 CCS v5.1 以上版本，安装后就已经包含该插件，如果没有则需要下载 Grace 插件，安装后即可使用。二是 Standalone 版本，它可以独立运行，只需把最终生成的代码复制到工程中即可。

下面使用 Grace 软件实现上例中 LED 闪烁程序。

1. 创建 Grace 工程

按照 3.2.2 节方法，利用 CCS v5.1 新建一个工程文件，当得到如图 3-10 所示界面时，在 Project templates and examples 选项区域中选择 Empty Project 中的 Empty Grace (MSP430) Project 选项，如图 3-25 所示。其余项按照 3.2.2 节方法设置即可，单击 Finish 按钮完成 Grace 工程的创建。

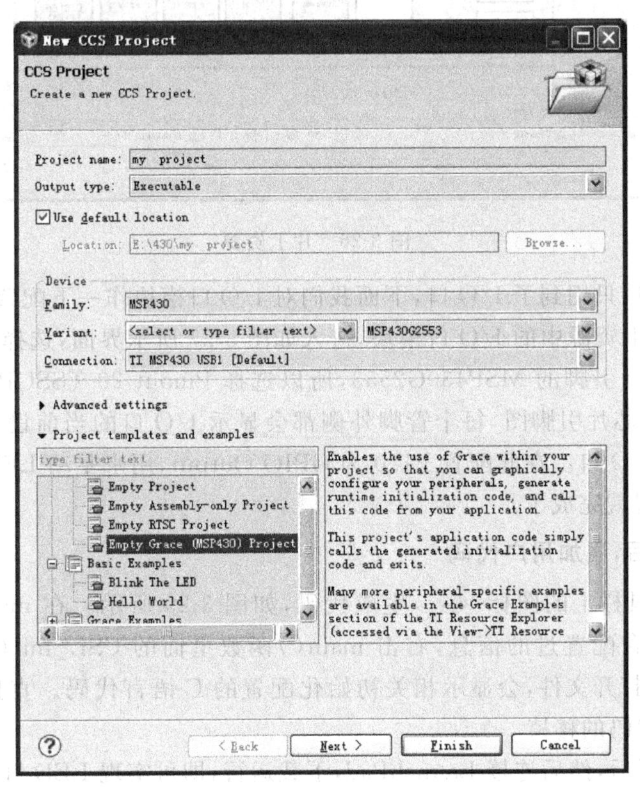

图 3-25 Grace 工程的创建

2. 利用 Grace 完成相关配置

在 Project Explorer 中选择 main. cfg,打开 Grace 的起始界面。单击界面上的 Device Overview 按钮,则会打开片上可供配置的外设模块(用蓝色标记),单击某模块,则会打开该模块概述,可以从中了解模块相关情况,并对模块作一些配置,选中 Enable xxxx 选项即可启用该模块,单击左下角 Grace 选项卡即可返回 Grace 的起始界面。已经启用的模块左下角会有一个绿色√的标记,如图 3-26 所示。

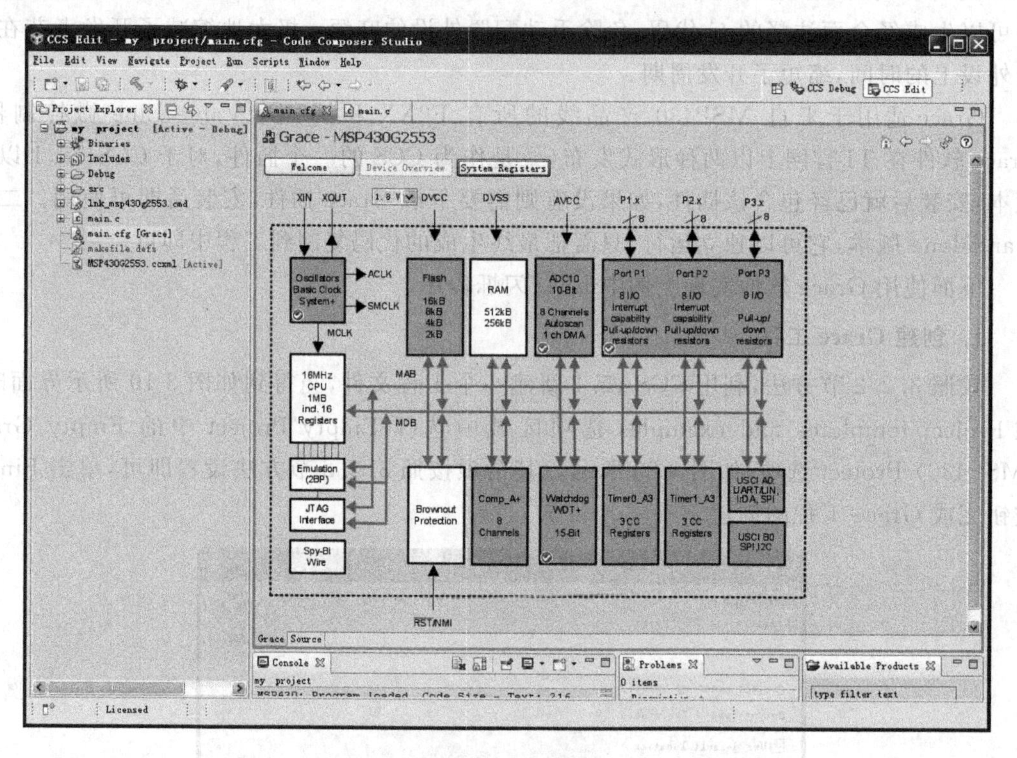

图 3-26　片上资源

本例较为简单,只用到了 I/O 口,下面我们对 I/O 口模块作一下配置。

首先,单击片上资源中的 I/O 口模块,进入如图 3-27 所示界面,选择合适引脚。由于我们这里使用的是 20 引脚的 MSP430G2553,所以选择 Pinout 20-TSSOP/20-PDIP 选项,这时 MSP430G2553 芯片引脚图,每个管脚外侧都会显示 I/O 口的当前设置,单击下拉箭头,就可以重新配置 I/O 口。在此配置 P1. 0 为 GPIO Output,用来驱动 LED,如图 3-28 所示。这样 I/O 口的配置就完成了。

3. 配置完成后,添加用户代码

单击 CCS 工具栏上的图标 ,生成代码,如图 3-29 所示。在 main. c 文件中 CSL_init()函数内会包含配置过的信息,右击 main()函数里面的 CSL_init()函数,选择 Open Declaration 选项,打开文件,会显示相关初始化配置的 C 语言代码。直接对这些初始化代码复制就可实现代码的移植。

编译没有错误后,然后连接 LaunchPad,下载运行,即可实现 LED 灯的闪烁。

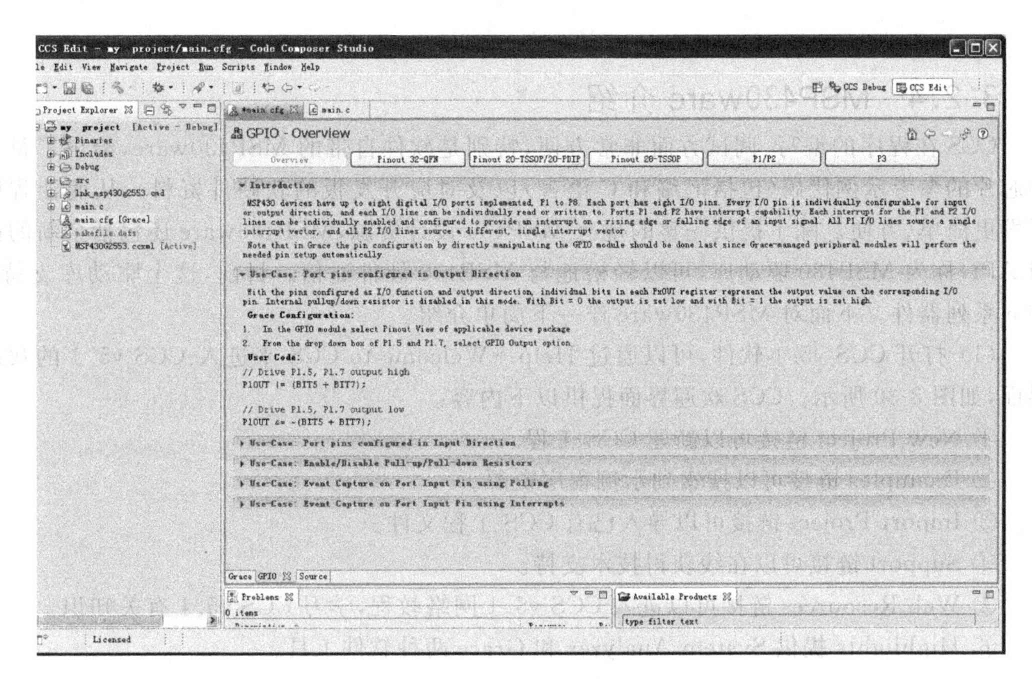

图 3-27　配置 I/O 口模块界面

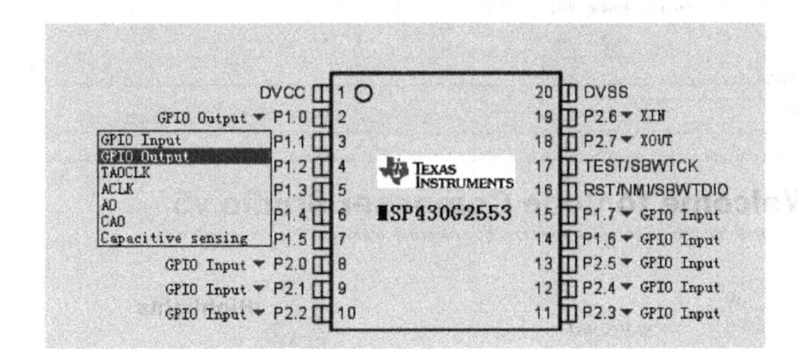

图 3-28　I/O 口配置

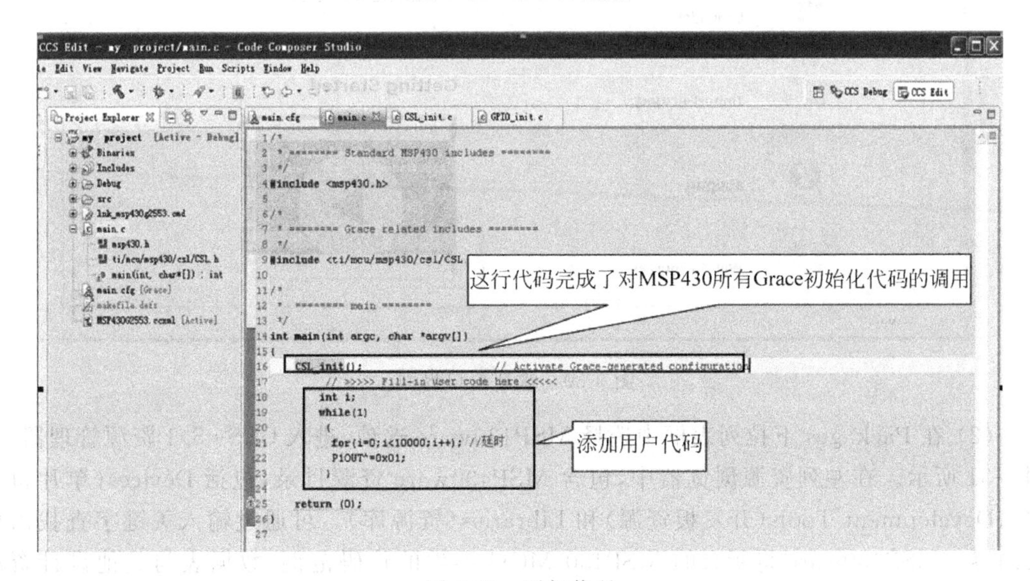

图 3-29　添加代码

3.2.4 MSP430ware 介绍

CCS 在程序的编写、调试方面非常方便，特别是软件自带的 MSP430ware，给出了每一种芯片的参考示例代码（包括汇编和 C 语言）以及对应开发板的软硬件资料。从而让程序开发更简单、方便。除了提供完整的现有 MSP430 设计资源，MSP430ware 还包括全新的高级 API，称为 MSP430 驱动库，可以轻松地与 MSP430 硬件通信。目前，这个驱动库支持 5 和 6 系列器件。下面对 MSP430ware 作一下简单介绍。

(1) 打开 CCS v5.1 软件，可以通过 Help→Welcome to CCS 来进入 CCS v5.1 的欢迎界面，如图 3-30 所示。CCS 欢迎界面提供以下内容：

① New Project 链接可以新建 CCS 工程。

② Examples 链接可以搜索到示例程序资源。

③ Import Project 链接可以导入已有 CCS 工程文件。

④ Support 链接可以在线获得技术支持。

⑤ Web Resources 链接可以进入 CCS v5.1 网络教程，学习 CCS v5.1 有关知识。

⑥ Highlights 提供 System Analyzer 和 Grace 两种软件工具。

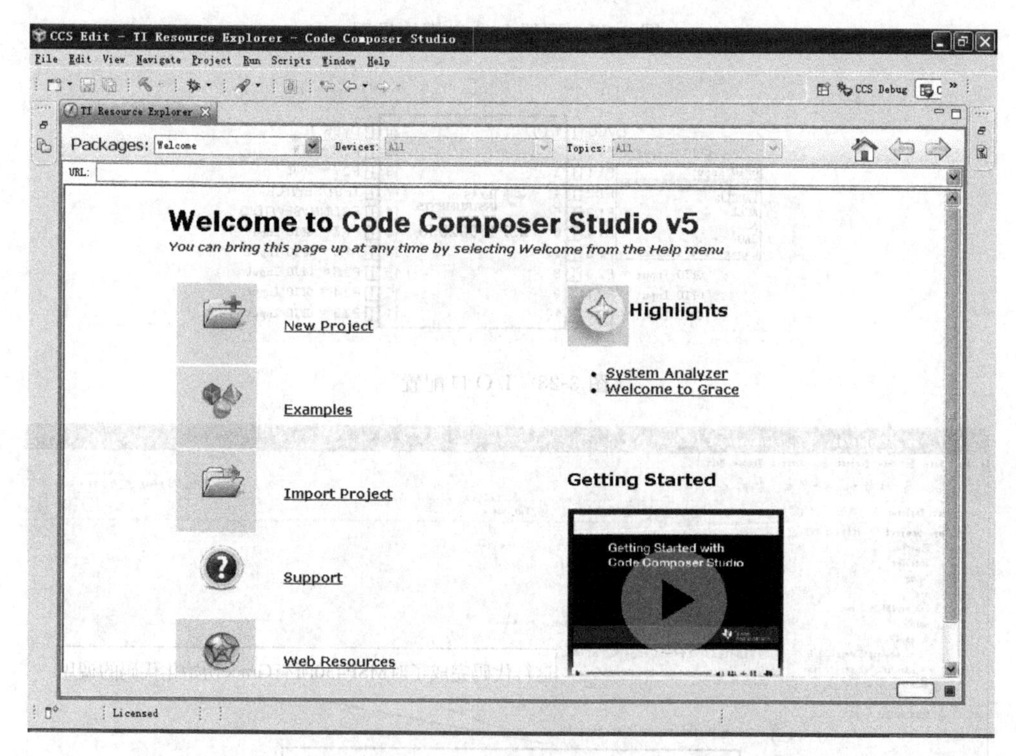

图 3-30 欢迎窗口界面

(2) 在 Packages 下拉列表框中选择 MSP430ware 选项，进入 CCSv 5.1 资源管理器，如图 3-31 所示。在左列资源浏览器中，包含 MSP430ware 资源目录，包括 Devices（单片机资源）、Development Tools（开发板资源）和 Libraries（资源库）。可通过输入关键字查找需要的内容。MSP430ware 将所有的 MSP430 MCU 器件的代码范例、数据表与其他设计资源整合成一个便于使用的程序包，MSP430 资源库，它全面汇总了所有与 MSP430 MCU 相关的设计资源。

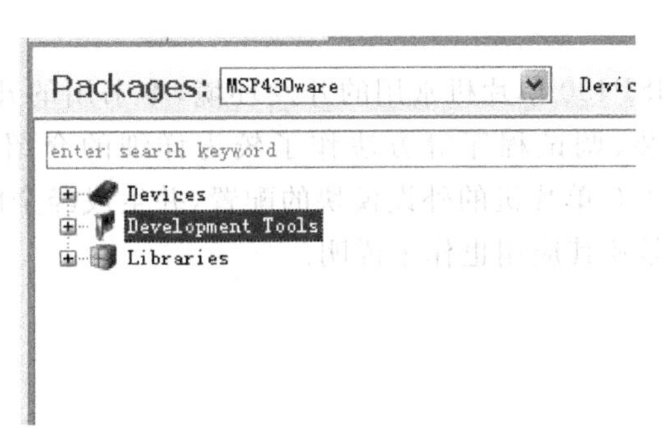

图 3-31 MSP430ware 资源

① Devices（单片机资源）：包括 MSP430 系列单片机用户手册、数据手册、勘误表及示例代码，MSP430F2XX 和 MSP430G2XX 系列还包括图形化设计示例。其中示例代码包括各内部外设的应用程序资源，对 MSP430 进行开发时，在需要的工程位置单击，选择器件后，即可将此工程导入，然后可以在此基础上进行单片机的开发。

② Development Tools（开发板资源）：包括快速入门指南、用户指导、板载程序资源等。其中利用板载程序资源可以将示例工程下载到开发板。

③ Libraries（资源库）：包含 MSP430 驱动程序库（DriverLib）和 USB 开发资源包（USB Developers Package），如图 3-32 所示。“MSP430 驱动程序库”为全新高级应用程序编程接口，这种驱动程序库能够使用户更容易地对 MSP430 硬件进行开发。目前，MSP430 驱动程序库支持的型号有 MSP430F5XX 和 6XX 器件。“MSP430 USB 开发资源包”包含了开发一个基于 USB 的 MSP430 项目所需的所有源代码和示例应用程序，该开发资源包只支持 MSP430 USB 设备。

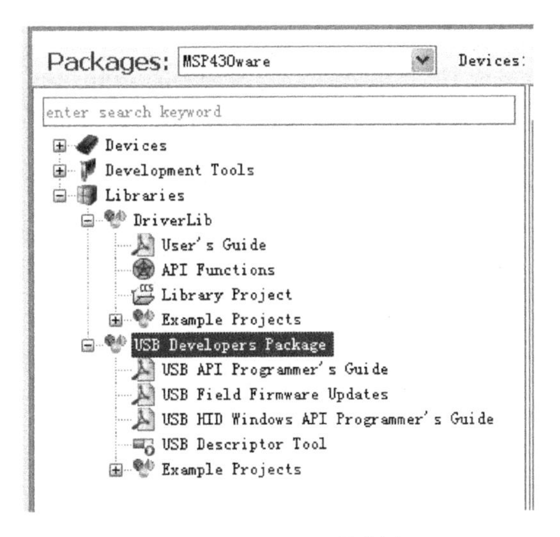

图 3-32 Libraries 资源库

本章小结

本章简单介绍了 MSP430 单片机常用的开发环境，本书用的开发软件为是 CCS v5.1，所以对 CCS v5.1 的安装、调试程序等方法作了较为详细的介绍。本项目还介绍了利用 Grace 软件完成对 MSP430 单片机的外设模块的配置，并生成经全面注释的 C 代码的方法。对 CCS v5.1 资源管理器及其应用也作了说明。

思考题

1. 利用 CCS v5.1 新建并编译、调试一个工程文件的步骤有哪些？

2. 利用 CCS v5.1 资源管理器，打开 MSP430G2553 的一个 ADC 例程。

3. 建立一个 Grace 工程，并编程实现两个 LED 灯交替闪烁，试利用 Grace 完成相关配置。(编程时可参考项目 2 中 2.1 节的程序实例。)

项目4 发光二极管的控制

4.1 项目内容

利用MSP430单片机控制8个发光二极管依次循环点亮,来实现LED流水灯系统。

4.2 必备知识

4.2.1 I/O口

I/O口是微处理器系统的最基本部件,是与外界交互的主要渠道。从基本的按键、显示到复杂的外设芯片,都是通过I/O口来进行输入输出操作的。

在前面章节介绍了MSP430单片机的软件编程方法及开发环境的使用。本项目开始我们将要进入MSP430单片机各模块知识及应用的学习。在学习并应用MSP430系列单片机之前,应先准备好芯片的数据手册和用户指南(可直接在TI网站下载)。

单片机的学习通常都是从最简单的I/O操作开始的,I/O口是微处理器系统的最基本部件,是与外界交互的主要渠道,从基本的按键、LED到复杂的外设芯片,都是通过I/O口来进行输入输出操作的。

在MSP430单片机中,不同系列的单片机I/O口数量不同。体积最小的MSP430F20XX系列中只有10个I/O口,适合在小型控制系统中应用;功能最丰富的MSP430FG46XX系列中多达80个I/O口,适合外部设备繁多的复杂应用。本书选用的MSP430G2553单片机,共有20个引脚,其中16个I/O口,属于I/O口较少的系列。但由于I/O口复用功能较多,且一些需要大量引脚的设备,都有专用引脚,不占用I/O口。因此在大部分设计中I/O数量还是够用的。各种型号单片机的I/O口的功能及寄存器设置方法可从相应芯片数据手册中得到。

MSP430系列单片机采用了传统的8位端口方式,即每个I/O口控制8个I/O引脚。但与8051单片机相比,MSP430单片机的I/O口功能要强大很多,其控制方法也更为复杂。为了实现对I/O口每个引脚的复杂控制,每个I/O口都对应一组8位控制寄存器,P1和P2还有额外的3个中断寄存器,寄存器中每一位对应一个I/O管脚实现对该管脚的独立控制。端口P1具有输入输出、中断和外部模块功能,这些功能可通过7个控制寄存器的设置来实现。下面介绍各控制寄存器特点及其使用,I/O口寄存器列表如表4-1所示。

表 4-1　I/O 口寄存器列表

寄存器名	寄存器功能	读写类型	复位初始值
PxDIR	Px 口方向寄存器	可读写	0
PxIN	Px 口输入寄存器	只读	—
PxOUT	Px 口输出寄存器	可读写	保持不变
PxREN	Px 口上拉(下拉)电阻使能寄存器	可读写	0
PxSEL	Px 口第二功能选择	可读写	0
PxSEL2	Px 口第二功能选择	可读写	0
PxIE	Px 口中断允许	可读写	0
PxIES	Px 口中断触发沿选择	可读写	保持不变
PxIFG	Px 口中断标志位	可读写	0

1. PxDIR 输入输出方向寄存器

PxDIR 各位定义如图 4-1 所示。

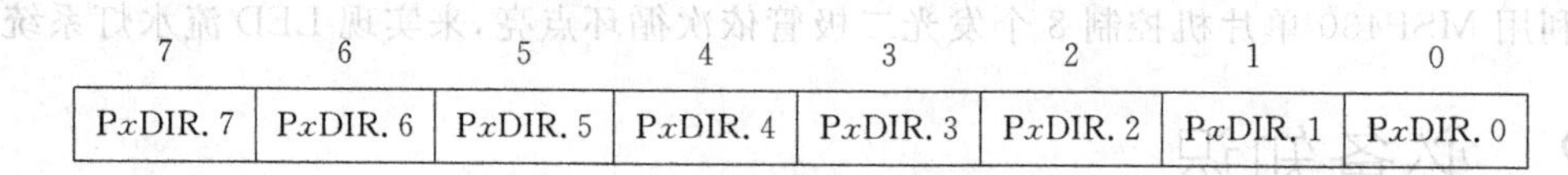

7	6	5	4	3	2	1	0
PxDIR. 7	PxDIR. 6	PxDIR. 5	PxDIR. 4	PxDIR. 3	PxDIR. 2	PxDIR. 1	PxDIR. 0

图 4-1　PxDIR 各位定义

在 MSP430 单片机中，引脚作为普通 I/O 口使用时，应先定义端口方向。相互独立的 8 位 PxDIR 寄存器分别定义了 Px 口的 8 个 I/O 口的输入输出方向。作为输入时，只能读；作为输出时，可读可写。在 PUC 复位后 PxDIR 各位均复位。

PxDIR. x：端口输入输出方向。

0——作为输入口；1——作为输出口。

例如：

```
P1DIR | = 0x01;                    //P1.0 作输出，其余各位端口方向不变
P1DIR & = ～0x7f;                   //P1.7 作输入，其余各位端口方向不变
```

再例如下面的语句：

```
P1DIR | = BIT1 + BIT2 + BIT3;          //P1.1、P1.2、P1.3 设为输出
P1DIR & = ～(BIT4 + BIT5 + BIT6);      //P1.4、P1.5、P1.6 设为输入
```

以上语句将 P1.1，P1.2 和 P1.3 的方向置为输出，P1.4，P1.5 和 P1.6 的方向置为输入。

MSP430 单片机中悬空不用的 I/O 口方向要设置为输出模式，否则不确定的电平会造成耗电。

2. PxIN 输入寄存器

PxIN 各位定义如图 4-2 所示。

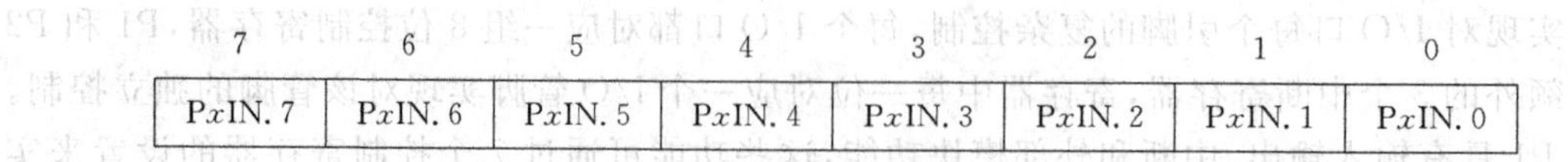

7	6	5	4	3	2	1	0
PxIN. 7	PxIN. 6	PxIN. 5	PxIN. 4	PxIN. 3	PxIN. 2	PxIN. 1	PxIN. 0

图 4-2　PxIN 各位定义

该寄存器是只读寄存器。当引脚被配置为普通 I/O 口时，PxIN 输入寄存器的每一位反映相应 I/O 引脚的输入信号值。

PxIN. x：端口输入的电平。

0——端口输入低电平；1——端口输入高电平。

3. PxOUT 输出寄存器

PxOUT 各位定义如图 4-3 所示。

7	6	5	4	3	2	1	0
PxOUT. 7	PxOUT. 6	PxOUT. 5	PxOUT. 4	PxOUT. 3	PxOUT. 2	PxOUT. 1	PxOUT. 0

图 4-3 PxOUT 各位定义

当引脚被配置为普通 I/O 口时，PxOUT 输出寄存器的每一位反映相应 I/O 引脚的输出信号值。

PxOUT. x：端口输出的电平。

0——端口输出低电平；1——端口输出高电平。

注意：P1OUT. 0 = 1(P1. 0 输出高)，但是 P1DIR. 0=0(该引脚为输入模式)，则此时 P1. 0 方向为输入，所以不能输出高电平；如果 P1DIR. 0 = 1(该引脚为输出模式)，则此时 P1. 0 为输出，并且输出为高电平。

例如：

```
P1DIR | = 0x22;                        //P1.1 和 P1.5 为输出口
P1OUT | = 0x22;                        //P1.1 和 P1.5 输出高电平
```

4. PxREN 上拉/下拉电阻使能寄存器

PxREN 寄存器用于禁止或使能 Px 对应 I/O 口上拉/下拉电阻。

PxREN：上拉/下拉电阻使能。

0——上拉/下拉电阻禁止使能；1——上拉/下拉电阻使能。

PxREN 寄存器用于设置对应的 I/O 口的拉电阻是否启用，而 PxOUT 决定了拉电阻是上拉还是下拉。具体设置方法如表 4-2 所示。

表 4-2 上拉/下拉电阻的设置

PxDIR	PxREN	PxOUT	I/O 电位
1	1	1	上拉
		0	下拉
	0	1	输出高
		0	输出低
0	1	1	上拉
		0	下拉
	0	X	高阻状态

如果将 P1. 4 方向设置为输入，并使能 P1. 4 上拉电阻，方法为：

```
P1DIR& = ～BIT4;                        //P1.4 方向为输入
```

```
P1OUT| = BIT4;                                //P1.4 置位
P1REN| = BIT4;                                //P1.4 上拉使能
```

对于部分 MSP430 如 1XX 和 4XX 的产品无法初始化上拉电阻；2XX 和 5XX 产品可以使用上拉使能，需通过 PxDIRx、PxRENx 和 PxOUTx 组合可以配置为上拉或者下拉。

5. PxSEL 和 PxSEL2 引脚功能选择寄存器

该寄存器可读可写，如果有引脚具有特殊功能的话，则可以通过该寄存器选择使用特殊功能。

在 MSP430 系列单片机中，很多内部功能模块也需要和外界进行数据交换，为了不增加芯片的引脚数量，大部分都和 I/O 口引脚复用，这就导致 MSP430 系列单片机的大多数 I/O 引脚都具有复用功能。MSP430G2553 的 I/O 口的复用功能见附录 A。通过 PxSEL 和 PxSEL2 可以指定某些 I/O 口作为复用功能使用，如表 4-3 所示。

表 4-3　PxSEL 和 PxSEL2 功能选择

PxSEL2	PxSEL	引脚功能
0	0	普通 I/O 口功能
0	1	外围设备模块功能
1	0	保留
1	1	第二功能

MSP430G2553 的 I/O 口功能选择的具体情况见附录 B。

6. PxIE 中断允许寄存器

PxIE 各位定义如图 4-4 所示。

7	6	5	4	3	2	1	0
PxIE. 7	PxIE. 6	PxIE. 5	PxIE. 4	PxIE. 3	PxIE. 2	PxIE. 1	PxIE. 0

图 4-4　PxIE 各位定义

在 MSP430 单片机中，P1 口和 P2 口的所有 I/O 口均能作为中断源触发中断。PxIE 寄存器有 8 个标志位，用于设置相应引脚是否中断允许。

PxIE. x：中断允许标志。

0——该引脚禁止中断；1——该引脚允许中断。

7. PxIES 中断触发沿选择寄存器

PxIES 各位定义如图 4-5 所示。

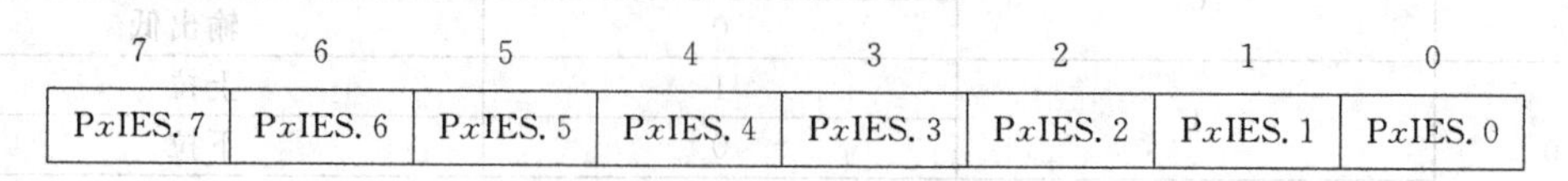

图 4-5　PxIES 各位定义

该寄存器有 8 个标志位，用于选择相应 I/O 口的中断触发沿。

PxIES. x：中断触发沿选择。

0——上升沿产生中断；1——下降沿产生中断。

利用I/O口中断时，应该把相应I/O口的方向设为输入状态，通过寄存器设置触发方式并允许该端口中断。如果允许P1.0口中断，上升沿触发，方法为：

```
P1DIR& = ~BIT0;                    //P1.0 设为输入
P1IES& = ~BIT0;                    //P1.0 上升沿触发
P1IE| = BIT0;                      //P1.0 口中断允许
_EINT();                           //总中断允许
```

8. PxIFG 中断标志寄存器

PxIFG各位定义如图4-6所示。

7	6	5	4	3	2	1	0
PxIFG.7	PxIFG.6	PxIFG.5	PxIFG.4	PxIFG.3	PxIFG.2	PxIFG.1	PxIFG.0

图4-6 PxIFG各位定义

所有P1口共用一个中断向量，所有P2口共用一个中断向量。当进入中断后，还要判断到底是哪一个I/O口产生的中断。PxIFG寄存器用于判断Px口的哪一位产生中断。该寄存器有8个标志位，用于判断相应引脚是否有中断请求。每个中断标志寄存器必须通过软件复位。

PxIFG.x：中断标志。

0——该引脚无中断请求；1——该引脚有中断请求。

使用I/O端口应注意以下事项：

(1) MSP430单片机的寄存器以及标志位全部是大写的。

(2) MSP430单片机的I/O口是双向I/O口，在使用端口前要定义好端口方向。

(3) 若使用P1口的部分引脚作中断方式，在开总中断之前务必要设置好P1IFG、P1IES和P1IE寄存器的相应位，并确保相应引脚为输入方向。在退出中断前，一定要人工清除中断标志，否则该中断会不停地被执行。

(4) 在超低功耗应用中每个I/O口都应具有确定电平，对于未用的I/O口，可接地或设置为输出状态，以保证电平确定。

(5) MSP430系列单片机工作电压较低(1.8～3.6V)。大部分应用取3V左右，因此单片机的I/O口属于3V逻辑。故在MSP430单片机与5V逻辑连接时，必须考虑电平转换问题，这无疑增加了电路设计的复杂度，所以在设计MSP430系统时应尽量使用3V逻辑。

另外，不同型号单片机的引脚功能及I/O口寄存器配置也不相同，应用某一型号单片机时，应先查询相关芯片的数据手册和用户指南。

4.2.2 发光二极管简介

发光二极管(Light Emitting Diode，LED)是半导体二极管的一种，它可以把电能转化成光能。发光二极管与普通二极管一样由一个PN结组成，也具有单向导电性。在正向偏压作用下，N区的电子将向正方向扩散，进入有源层，P区的空穴也将向负方向扩散，进入有源层。进入有源层的电子和空穴由于异质结势垒的作用，而被封闭在有源层内，就形成了粒子数反转分布。这些在有源层内粒子数反转分布的电子，经跃迁与空穴复合时，将产生自发辐射光。根据不同的半导体材料中电子和空穴所处的能量状态不同，电子和空穴复合时释放出的能量多少也不同，释放出的能量越多，则发出的光的波长越短。生活中比较常用的是红光、绿光、黄光以及白光的二极管，其实物图如图 4-7 所示。

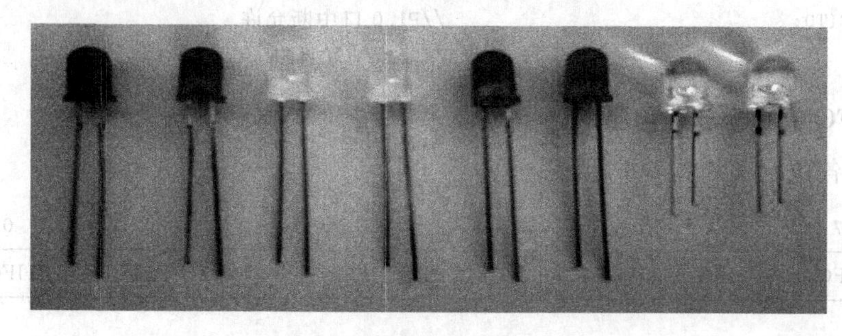

图 4-7 发光二极管实物图

发光二极管的结构简单，体积小，工作电流小，使用方便，成本低，所以在光电系统中的应用极为普遍。它常常用在电路及仪器中作为指示灯，也用来组成文字或数字显示，随着发光效率的提高，发白色光的发光二极管已经应用到了照明领域。

发光二极管的工作电压一般为 1.5～2.0V，反向击穿电压约为 5V，其工作电流一般为 10～20mA。它的正向伏安特性曲线很陡，使用时必须串联限流电阻以控制通过管子的电流。限流电阻 R 可用下式计算：

$$R=\frac{V_{CC}-V_F}{I_F} \tag{4-1}$$

式中，V_{CC}为电源电压；V_F 为 LED 的正向压降；I_F 为 LED 的一般工作电流。在 5V 的数字逻辑电路中，可使用 510Ω 的电阻作为限流电阻。而由于 MSP430 单片机 I/O 口的驱动能力比较弱，最大驱动电压只能达到 3.6V，所以可选择 330Ω 的电阻作为限流电阻。

在使用时还应注意判断发光二极管的管脚极性。常用的判断方法有观察法和测量法。观察法为：两根引线中较长的一根为正极，应连接电源正极。有的发光二极管的两根引线一样长，但管壳上有一凸起的小舌，靠近小舌的引线是正极。测量法：将数字式万用表调至测量二极管挡，利用黑、红两只表笔与二极管两端接触，若发光二极管亮，则与红表笔连的引脚为阳极，与黑表笔相连的为阴极，此方法也可用来判断二极管的好坏。

发光二极管与单片机之间的连接十分简单，一般直接使用单片机的 I/O 口驱动即可。通常可采用拉电流和灌电流两种方式。当发光二极管的阳极通过限流电阻与单片机的 I/O 口相连，I/O 口输出高电平时，LED 导通，发光二极管发出亮光；I/O 口输出低电平时，LED 截止，发光二极管熄灭，这种连接方式为拉电流方式。当 LED 灯的阴极与单片机的 I/O 口相连时，I/O 口输出高电平，LED 截止，发光二极管熄灭；I/O 口输出低电平时，LED 导通，发光二极管点亮，这种连接方式为灌电流方式。以 P1.0 控制发光二极管电路为例，电路连接如图 4-8 所示，其中 R 为限流电阻。在实际使用时，应尽量采用灌电流方式，这样可以提高系统的负载能力和可靠性。有特别需要时，可以采取拉电流方式，如供电线路要求比较简单时。同时，应该注意限流电阻千万不能省略，否则会毁坏 I/O 口。

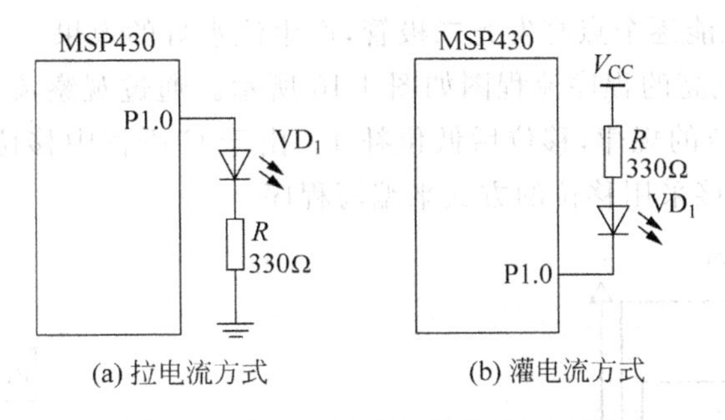

(a) 拉电流方式 (b) 灌电流方式

图 4-8 发光二极管与单片机的连接

4.3 项目实施

4.3.1 构思——方案选择

本项目利用 MSP430 单片机控制发光二极管模拟流水灯的显示。要实现流水灯功能，我们只要将发光二极管 LED1～LED8 依次点亮、熄灭，8 只 LED 灯便会一亮一暗成为流水灯了。在此我们还应注意一点，由于人眼的视觉暂留效应以及单片机执行每条指令的时间很短，我们在控制二极管亮灭的时候应该延时一段时间，否则我们就看不到"流水"效果了。

方案一：位控法

这是一种比较笨但又最易理解的方法，采用顺序程序结构，用位指令控制 P1 口的每一个位输出高低电平，从而来控制相应 LED 灯的亮灭。

方案二：数据移位法

利用数据移位指令，采用循环程序结构进行编程。在程序一开始给 P1 口送一个数，使 P1.0 先低，其他位为高，然后延时一段时间，再让这个数据向高位移动，然后再输出至 P1 口，来实现"流水"效果。

方案三：查表法

运用查表法编写流水灯程序来实现任意方式流水，只要更改流水花样数据表的流水数据就可以随意添加或改变流水花样了，真正实现随心所欲的流水灯效果。

这里我们采用的是查表法和循环移位法，这两种方法要比位控法复杂些，但是程序却简略的多。

4.3.2 设计——硬件电路设计、软件编程

1. 硬件电路设计

该系统使用单片机的 P1 口来控制 8 个发光二极管，发光二极管与单片机的连接采用灌电流方式。限流电阻可以采用 8 个 330Ω 的独立电阻或排阻，硬件电路如图 4-9 所示。

2. 程序设计

单片机的 I/O 口在本项目中用作普通输出口，在程序设计中，需要通过 I/O 寄存器对 P1 口进行设置。由电路图 4-9 中发光二极管的驱动方式可知，当 P1 口中的任一位输出低电平时，所接发光二极管点亮；输出高电平时，发光二极管熄灭。因此，利用延时，控制 P1

口逐位输出低电平，就能逐个点亮发光二极管，产生流水灯的效果。

8 个流水灯依次点亮的程序流程图如图 4-10 所示。通过观察流水灯传送的数据，可以发现它们之间存在移位的规律，移位后低位补 1。由于 C 语言中移位语句中左移的规则是低位补 0，因此不能直接采用移位的方式来编写程序。

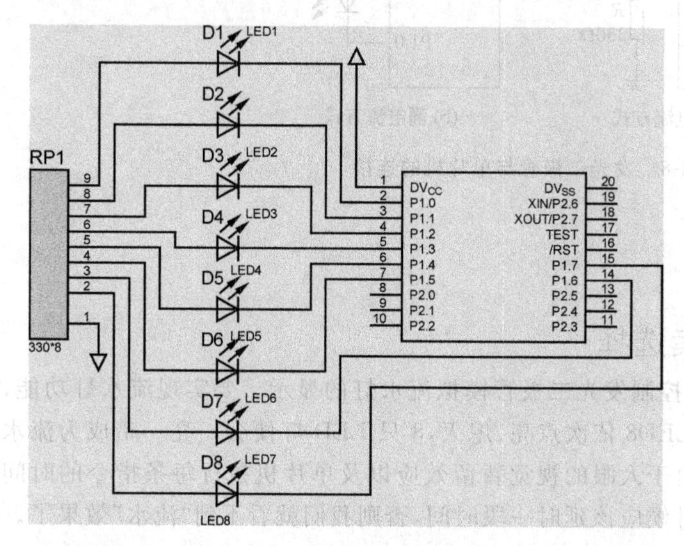

图 4-9　流水灯模块电路原理图

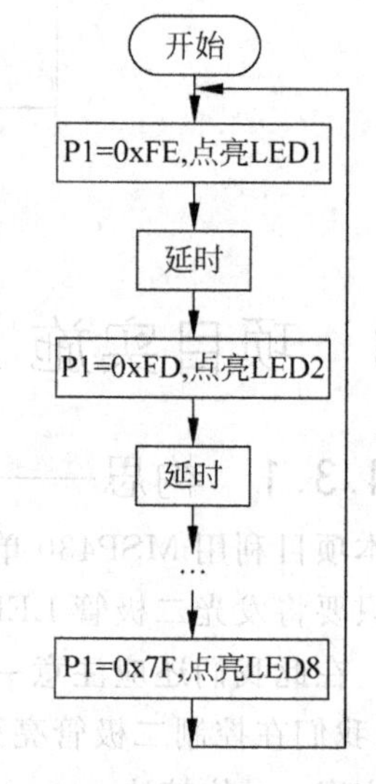

图 4-10　流水灯控制程序流程图

解决办法一是在硬件电路设计时，在 P1 口和 8 个灯之间增加一个反相器，例如 74LS240，除了可以将 I/O 口状态取反外，还可以增加 I/O 口的驱动能力。这种方法不仅增加了成本，也增加了一个故障点，给硬件电路的焊接与调试带来了麻烦。

解决办法二是在编写程序时，可以对数据移位后与 0x01 相或；或是将输出的数据存入数组中，通过查表的方法将数据取出送入 P1 口。下面分别采用数据移位和数组查表法编写程序。

1) 数据移位法

如前所述，为了解决数据左移时低位补 0 的问题，可以将数据移位后与 0x01 相或，按照该思路写出数据移位法程序如下：

```
#include "msp430G2553.h"
 main( void )
{
    unsigned char LED_1 = 0xfe, LED_temp;
    unsigned int i, j;
    WDTCTL = WDTPW + WDTHOLD;                    //关闭看门狗
    P1SEL = 0;                                   //设置 P1 为基本 I/O 功能
    P1DIR = 0xFF;                                //设置 P1 为输出端口
    P1OUT = 0xFF;                                //使 8 个 LED 全灭
    while(1)                                     //无限循环
    {
        LED_temp = LED_1;                        //设置点亮第一个 LED 灯的值
      for ( i = 0; i < 8; i++)                   //8 个 LED 依次点亮
      {
```

```
            P1OUT = LED_temp;                    //点亮相应的 LED 灯
            for(j = 0;j < 0xffff;j++);           //延时
            LED_temp = (LED_temp << 1)|0x01;     //设置点亮下一个 LED 灯的值
          }
      }
}
```

2）数组查表

在上一个程序中我们利用左移的方法点亮小灯，即移位的思想。同时我们还可以利用查表的方法点亮 LED 灯。首先需要建立数据列表：

```
unsigned char Led_Data[ ] =
{0xfe, 0xfd,0xfb,0xf7,0xef,0xdf,0xbf,0x7f
} ;//此处一定要记住加分号，否者编译的时候会报错
```

再将上一个程序中 P1OUT 左移赋值的语句改为如下代码即可实现查表。

```
for(i = 0;i < 8;i++)
{
  P1OUT = Led_Data[i];
  for (j = 0;j < 0xffff;j++);                    //延时
}
```

开始

初始化数组

设置循环初值i=0

查表，送数至P1口

延时

i=8?

N

Y

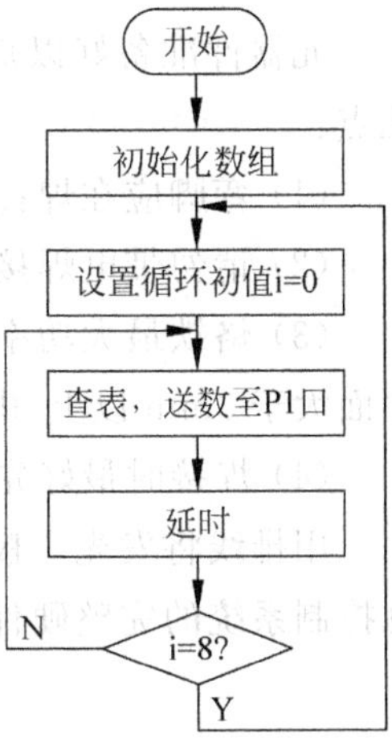

图 4-11 查表法流程图

利用数组查表的方法，将程序流程图更改为如图 4-11 所示。

采用数组查表法编写的控制程序如下：

```
#include "msp430G2553.h"
unsigned char Led_Data[ ] =
{0xfe, 0xfd,0xfb,0xf7,0xef,0xdf,0xbf,0x7f};
main( void )
{
    unsigned int i, j;
    WDTCTL = WDTPW + WDTHOLD;                   //关闭看门狗
    P1SEL = 0;                                  //设置 P1 为基本 I/O
    P1DIR = 0xFF;                               //设置 P1 为输出端口
    P1OUT = 0xff;                               //使 8 个 LED 全灭
    while(1)                                    //无限循环
    {
        for (i = 0; i<8; i++)                   //8 个 LED 依次点亮
        {
         P1OUT = Led_Data[i];                   //查表,送数至 P1 口
         for(j = 0;j < 0xffff;j++);             //延时
        }
    }
}
```

4.3.3 实现——硬件组装、软件调试

1. 元器件汇总

流水灯控制系统元器件清单如表 4-4 所示。其中包括单片机最小系统模块和流水灯模块。

表 4-4　流水灯显示系统元器件清单

模　块	元器件名称	参数	数量
MSP-EXP430G2 LaunchPad 最小系统			1
流水灯模块	发光二极管	各种颜色	8
	电阻	330Ω	8

2. 电路板制作

元器件准备好以后，就可以在万用板上焊接电路了。在焊接 LED 时，需要注意以下几点：

(1) 弯脚应在焊接前进行，LED 的管脚在弯折时弯折处至少离管体 0.5cm。

(2) 请勿带电焊接 LED。

(3) 烙铁最大功率为 30W，焊接温度为 260℃左右，时间控制在 3s 以内，焊接点距胶体底面大于 3mm 以上，电烙铁一定要接地。

(4) 焊接时最好先焊发光管的负极，再焊正极。

用排线将发光二极管的 8 个负极引脚与单片机 P1 口连接，并接入电源，就构成了流水灯控制系统的完整硬件电路。

4.3.4　运行——运行测试、结果分析

完成了硬件的设计、制作和软件编程之后，为使系统能够按设计意图正常运行，必须进行系统调试。系统调试可先分别进行硬件调试和软件调试，最后再进行软硬件连调。

系统调试应按模块进行，先分别调试各功能模块，检验程序是否能够实现预期的功能、接口电路的控制是否正常等，最后逐步将各个模块连接起来总调。在调试过程中出现的问题有：

LED 显示不正常，经分析原因是用于确定 LED 灯状态的数据列表建立的不对，按照硬件电路设计方法，即 P1 输出低电平时 LED 灯亮，结果程序中都是以高电平输出，经修改后正常。

最后打开开关，发现 8 个 LED 灯能依次循环点亮，实现了流水灯的功能。流水灯运行实物图如图 4-12 所示。

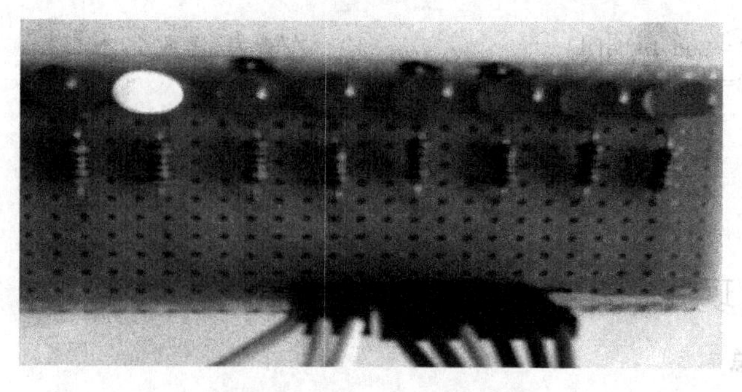

图 4-12　流水灯实物图

本章小结

本项目通过流水灯的制作与调试，对 MSP430 单片机应用系统有了初步认识，熟悉 CCS v5.1 开发环境的使用、MSP430 单片机开发过程以及 I/O 口的操作方法，掌握发光二极管的原理及应用，练习调试与焊接技术。

思考题

1. 若发光二极管不是连接在 P1 上而是连接在 P2 上，如何修改程序？
2. 若要求是 L7→ L6→…→L0 →L7 循环点亮，如何修改程序？
3. 若发光二极管不是共阴而是共阳连接，如何修改程序？

项目 5 数码管显示器及其接口电路

5.1 项目内容

利用 MSP430 单片机控制 5 位共阳极数码管。让数码管循环流动显示字母“H、A、P、P、Y”。

5.2 必备知识

5.2.1 LED 数码管显示原理

在单片机应用系统中，最常用的显示器有 LED 数码管显示器和 LCD 液晶显示器。LED 数码管显示器，是通过对其不同的管脚输入相应的电流，使其发亮，从而显示出数字或字符。能够显示时间、日期、温度等所有可用数字表示的参数。由于它的价格便宜，使用简单，在电器特别是家电领域应用极为广泛。

LED 数码管是一种半导体发光器件，其基本单元是发光二极管。在项目 4 中，已经介绍了 LED 发光二极管的相关知识，如果将 8 个发光二极管按一定规律排列，其中 7 个构成字形“日”的 7 段笔画，1 个作为小数点，这样就构成了 8 段 LED 数码管显示器。组成 LED 数码管显示器的 8 个发光二极管，称为段。LED 数码管的结构如图 5-1(a)所示，当某段发光二极管加上正向电压时，该段即会被点亮，否则不发光。控制某几段发光二极管正向导通，就能显示出数字或字符。如要显示数字“1”，则需要 b 和 c 这两段加正向电压，其余段加反向电压即可。

一般 LED 数码管有共阴极和共阳极两种结构。在 LED 数码管中，若将各个发光二极管的阴极连接在一起后接地，则为共阴极接法(图 5-1(a))，可以通过阳极输入高电平点亮发光二极管；若将各个发光二极管的阳极连接在一起后接到电源上，则为共阳极接法(图 5-1(b))，可以通过阴极输入低电平点亮发光二极管。使用数码管时，是采用共阴数码管还是共阳数码管取决于单片机 I/O 口上的灌电流和拉电流的大小。对于共阴数码管要求 I/O 的拉电流比较大，对于共阳数码管要求 I/O 的灌电流比较大。一般来说，大部分的逻辑 IC 的灌电流要强于拉电流。因此，利用共阳极显示时，可以提高系统的负载能力和可靠性。

LED 数码管的引脚排列如图 5-1(c)所示，使用 LED 数码管显示器时，首先应先判断 LED 数码管是共阴极接法还是共阳极接法，方法是先将万用表置“通断”挡，将一个表笔接 3

或8引脚，另一表笔与其他引脚相连，如黑表笔接3或8引脚，红表笔接其他引脚时对应的段亮，则为共阴极接法，否则为共阳极接法。然后根据表笔接的引脚和段亮的情况判断出各引脚与段的对应关系。检测时若发光暗淡，说明器件已老化，发光效率太低。如果显示的笔段残缺不全，说明数码管已局部损坏，不能再使用。

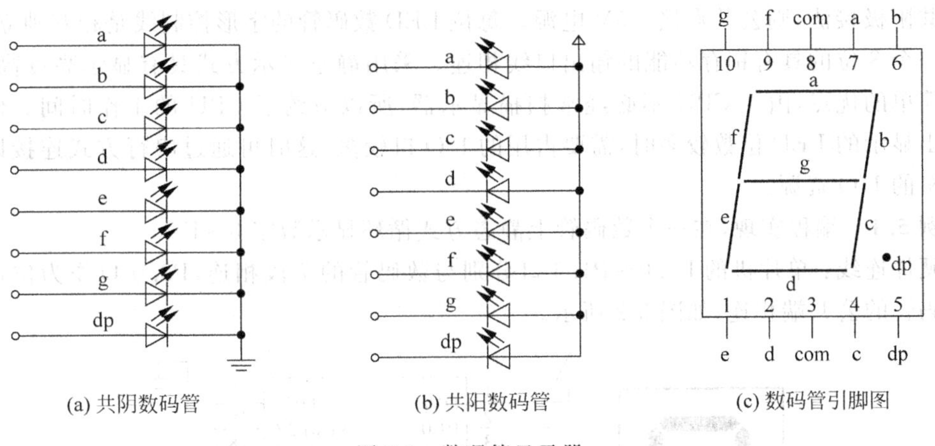

图5-1 数码管显示器

由数码管的结构可知，数码管显示的数字或字符和送给数码管的数字或字符不是一个。例如，用共阴数码管显示数字9，需要将9的字形码0x6F送给数码管，而不是9这个数本身。用LED数码管显示器显示的数字和字符的十六进制字形码如表5-1所示。

表5-1 LED数码管显示器字形码表

显示字符	共阴型字形码	共阳型字形码	显示字符	共阴型字形码	共阳型字形码
0	0x3F	0xC0	8	0x7F	0x80
1	0x06	0xF9	9	0x6F	0x90
2	0x5B	0xA4	A	0x77	0x88
3	0x4F	0xB0	B	0x7C	0x83
4	0x66	0x99	C	0x39	0xC6
5	0x6D	0x92	D	0x5E	0xA1
6	0x7D	0x82	E	0x79	0x86
7	0x07	0xF8	F	0x71	0x84

5.2.2 LED数码管显示与驱动方式

在实际的LED数码管显示系统中，往往由多位数码管组成，对多位数码管的控制包括字形控制(控制段，显示字符用)和字位控制(控制该位是否显示)。字形控制线用于控制某个数码管显示什么数字或字符，字位控制线用于控制该位数码管是否显示。通常，n位LED数码管显示器需要$8\times n$根字形控制线和n根字位控制线。LED数码管的显示方式通常有静态显示和动态显示两种显示方式。

1. 静态显示方式

静态显示是指显示器显示某一字符时，相应段的发光二极管处于恒定导通或截止状态，直至需要显示下一个字符时为止。

LED 显示器工作于静态显示方式时，位被恒定选中，若为共阴极接法，则公共点接地；若为共阳极接法，则公共点接+5V 电源。每位 LED 数码管的字形控制线是相互独立的，分别与一个 8 位的具有锁存功能的输出口线相连。采用静态显示方式具有显示亮度高，编程较为简单的优点，由于 CPU 不必经常扫描显示器，所以节约了 CPU 的工作时间。但当并行输出显示的 LED 位数较多时，需要占用的 I/O 口较多，这时可通过串行方式连接以节省单片机的 I/O 资源。

例 5.1 编程实现，在一个数码管上静态方式循环显示数字 0～F。

硬件连线：单片机的 P1.0～P1.6 口分别与数码管的 7 段相连，P2.0 口作为位选信号与数码管的公共端相连，如图 5-2 所示。

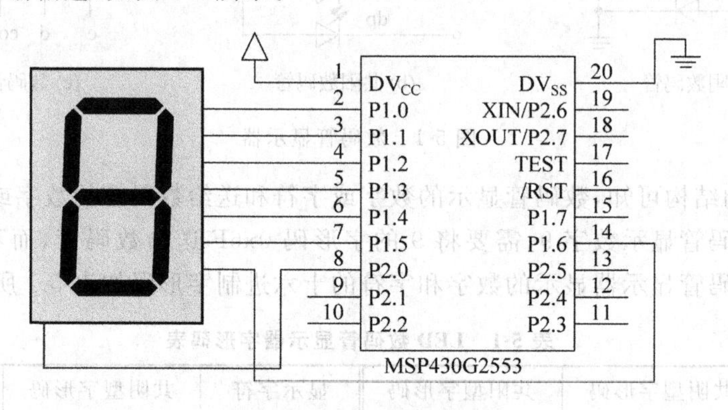

图 5-2 静态硬件电路图

源程序：

```
#include <msp430g2553.h>
unsigned char data[16] =
{0x3f,0x06,0x5b,0x4f,0x66,0x6d,0x7d,0x07,0x7f,0x6f,0x77,0x7c,0x39,0x5e,0x79,0x71}; //数
码管 7 位段码：0～F,共阴
unsigned char i = 0;
void delay(unsigned int n);
/********************** 主函数 **********************/
void main(void)
{
    WDTCTL = WDTPW + WDTHOLD;                    //停止看门狗
    P1DIR = 0xff;                                //设置 P1,P2 的 I/O 方向为输出
    P2DIR = 0xff;
    P2OUT = 0;                                   //P2.0 输出低电平,选通数码管
While(1)
  {  for(i = 0;i < 16;i++)
    {
      P1OUT = data[i];                           //输出段选信号
      delay(100);
    }
  }
}
```

```
/******************** 延时子函数 ********************/
void delay(unsigned int n)
{
    unsigned int k;
    unsigned int j;
    for(k = n;k > 0;k--)
        for(j = 10000;j > 0;j--)
          _NOP();
}
```

注意：利用共阴极显示时，采用拉电流输入，由于 MSP430 的驱动能力较差，所以数码管发光较暗，这时可以加驱动电路进行连接以改善发光效果。硬件电路连接时需要连接限流电阻，否则会毁坏 I/O 口。

利用串行方式连接时，通过单片机串口向串入并出的移位寄存器发送字形码实现显示，这种工作方式可以用最少的 I/O 口，实现多位 LED 显示。常用的移位寄存器有 74LS595、74LS164 等。电路如图 5-3 所示。

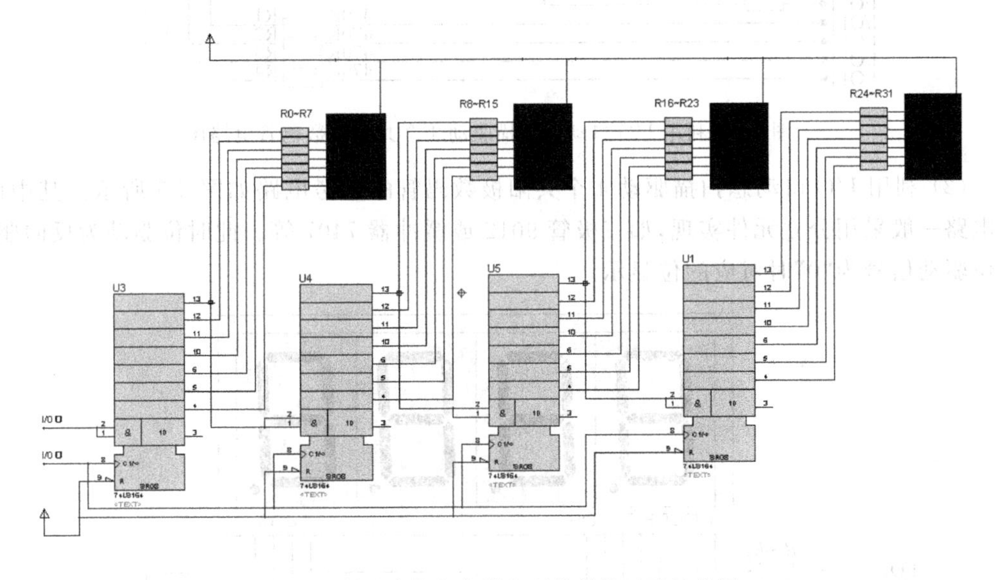

图 5-3 利用移位寄存器实现数码管显示结构图

2. 动态显示方式

动态显示方式是指逐位轮流点亮每位数码管，在同一时刻只有一位数码管显示。在轮流显示过程中，每位数码管的点亮时间为 1～2ms，由于人的视觉暂留现象及发光二极管的余辉效应，尽管实际上各位数码管并非同时点亮，但只要扫描的速度足够快，给人的印象就是一组稳定的显示数据，不会有闪烁感，动态显示的效果和静态显示是一样的，能够节省大量的 I/O 端口，而且功耗更低。

动态显示是将所有数码管的 8 个字形控制线并连在一起通过限流电阻接单片机 I/O 口，每位数码管的字位控制线由各自独立的 I/O 口线控制。当单片机输出字形码时，所有数码管都接收到相同的字形码，但究竟是哪个数码管会显示，取决于单片机对字位控制线的选择，所以我们只要将需要显示的数码管的位选通控制打开，该位就显示出字形，没有选通的数码管就不会亮。通过分时轮流控制各个数码管的字位控制线，就使各个数码管轮流受控显示,这就是动态显示。由于采用相同的驱动方式,动态显示比静态显示亮度要暗,所以用 I/O 口驱动数码管时,需要加驱动电路。

(1) 利用 I/O 口动态扫描驱动 4 个共阴极数码管的参考电路如图 5-4 所示。

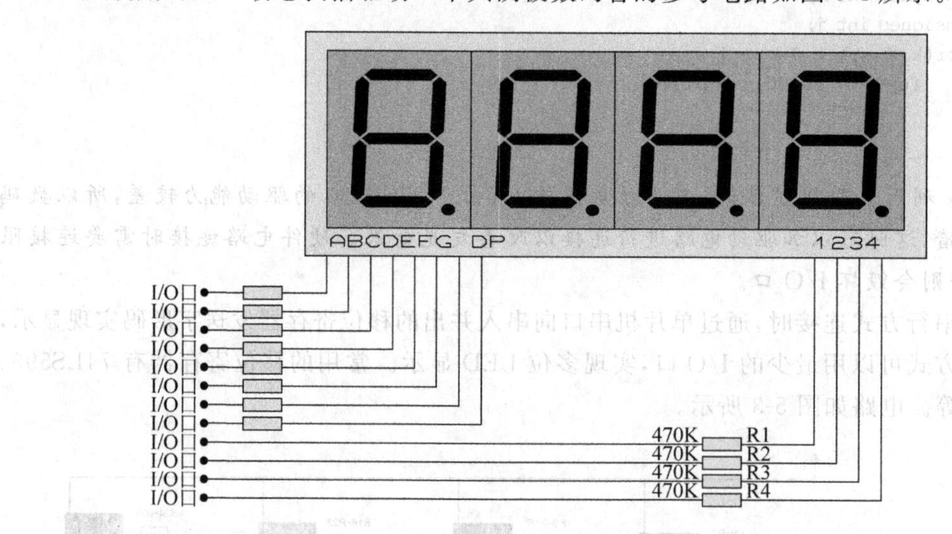

图 5-4 利用 I/O 口动态扫描驱动 4 个共阴极数码管电路图

(2) 利用 I/O 口动态扫描驱动 4 个共阳极数码管的参考电路如图 5-5 所示。其中位驱动电路一般采用分立元件实现,如三极管 9012 或缓冲器 7407 等。此时位驱动为反向驱动,即位驱动信号为"0"时对应的位显示。

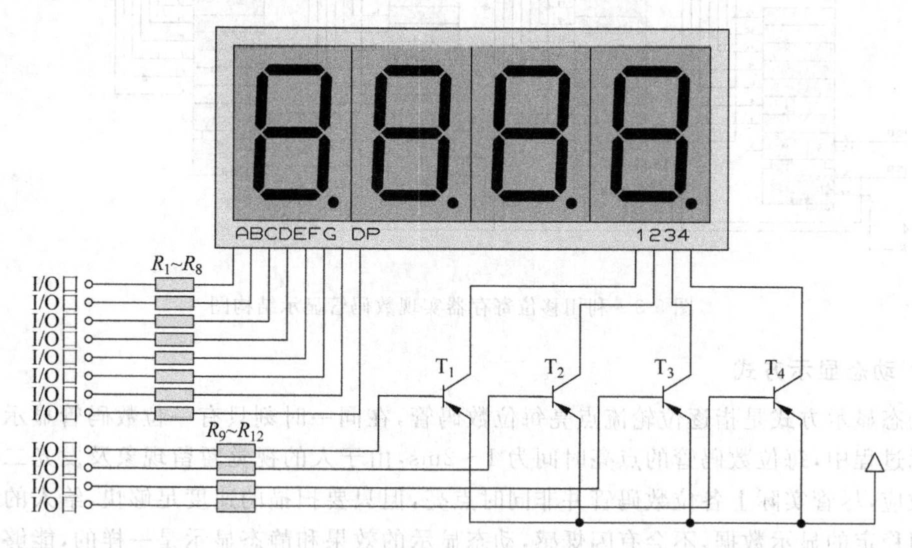

图 5-5 利用 I/O 口动态扫描驱动 4 个共阳极数码管电路图

在图 5-5 中,$R_1 \sim R_8$ 的电阻值为 1kΩ,$R_9 \sim R_{12}$ 的电阻值为 4.7kΩ,$T_1 \sim T_4$ 为 9012。

(3) 用 74HC573 驱动数码管,可以采用两片 74HC573,一片用于位选,另一片用于段选。电路图如图 5-6 所示。

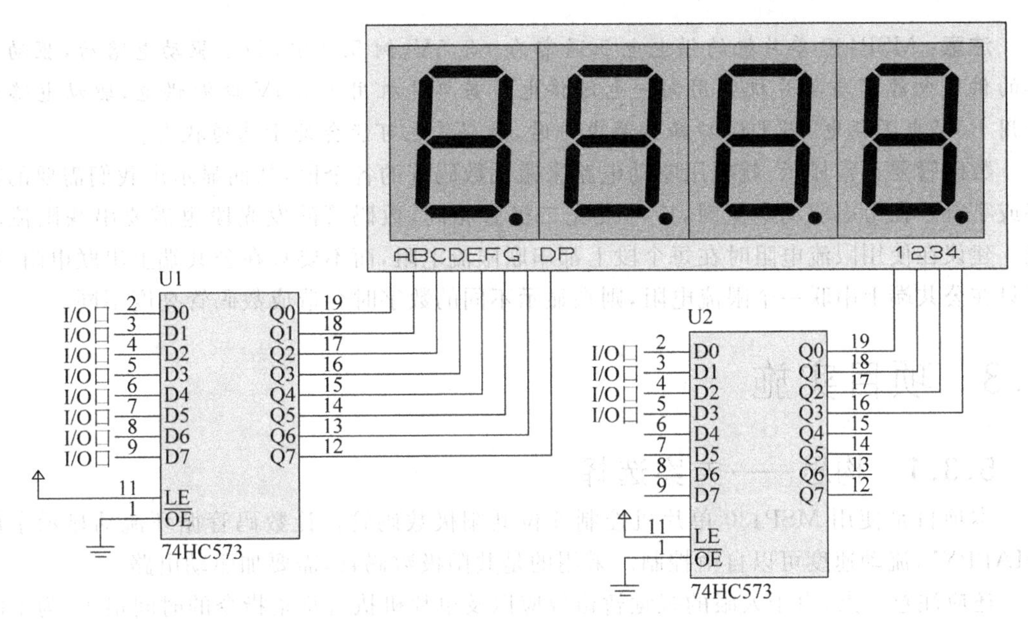

图 5-6 利用芯片驱动数码管电路图

例 5.2 编程实现，在 4 个数码管上利用动态方式显示数字 0123。

硬件连线：P1.0～P1.7 接共阳数码管 8 段，P2.0～P2.3 口作为位选控制端，分别接 4 个数码管的公共端，驱动电路按照图 5-6 连接，即位驱动为反向驱动。

源程序：

```
#include <msp430g2553.h>
unsigned char data[16] = {0xC0,0xF9,0xA4,0xB0,0x99,0x92,0x82,0xF8,0x80,0x90,0x88,0x83,
0xC6,0xA1,0x86,0x84};                     //共阳极数码管
unsigned char i = 0;
void delay();
/********************** 主函数 *********************/
void main(void)
{
    WDTCTL = WDTPW + WDTHOLD;              //停止看门狗
    P1DIR = 0xff;                          //设置 P1,P2 的 I/O 方向为输出
    P2DIR = 0xff;
    P2OUT = 0xff;
  while(1)
   {
     P1OUT = data[i];                      //输出段选信号
     P2OUT = ~(1 << i);
     delay();
     i++;                                  //位计数变量在 0～5 之间循环
     if(i == 4) i = 0;
   }
}
void delay(void)//延时
{
    unsigned int j;
    for(j = 1000;j > 0;j -- )
        _NOP();
}
```

注意：MSP430 单片机的供电电压通常为+3.5V，例 5.2 中，加了驱动电路后，驱动电路的供电电源可与单片机使用同一电源供电。若单片机用+3.5V 电源供电，驱动电路部分用+5V 电源供电，当 I/O 口输出高电平时，数码管也可能会处于选通状态。

数码管要正常显示，就要用驱动电路来驱动数码管的各个段，从而显示出我们需要的数字或字符。在考虑驱动电流时，应与发光二极管相同，数码管的发光段也需要串联限流电阻。建议在使用限流电阻时在每个段上都串联限流电阻，而不要只在公共端上串联电阻，如果只在公共端上串联一个限流电阻，则在显示不同的数字时会造成数码管亮度不同。

5.3 项目实施

5.3.1 构思——方案选择

本项目是使用 MSP430 单片机控制 5 位共阳极数码管。让数码管循环流动显示字母"HAPPY"，流动速度可以自由控制。采用的是共阳极数码管，需要加驱动电路。

还应注意一点，由于人眼的视觉暂留效应以及单片机执行每条指令的时间很短，为了能看到"流动"的效果，每位数码管在显示的时候应该延时足够长的时间，通过改变延时时间，可以改变流动速度。

方案一：静态显示

静态显示方式，即让 5 位数码管都处于选通状态，由于采用的是共阳极数码管，所以在使用时，5 位数码管的公共端应该连到一起并接高电平。硬件连线时，每位数码管的 8 个段都需要单独与一组 I/O 口相连，不需要位选线。显示时，分别对每位数码管送数，若不需要该数码管显示数字，则将与其段相连的 I/O 口赋值为 0xFF。

采用静态显示方式，编程简单，但由于 5 位数码管按照并行方式运行，需要 40 个 I/O 口，对 I/O 口资源造成浪费。也可通过串行方式以节省单片机的 I/O 口资源。

方案二：动态显示

动态显示方式，是将 5 位数码管的段对应相连并接到一组 I/O 口上，将 5 根位线连至另一组 I/O 口。单片机对段线送数时，对所有数码管都有效，但可以通过位线的控制，使在某一时刻只让 1 位数码管处于导通状态，这样就可保证只有一位数码管显示数字。通过改变控制位线的 I/O 口的状态，就可以达到数码管动态显示的效果。

上面的两种方案都可以实现数码管流水显示的功能。在编写程序时，定义一个数组用来存放数码管的段值。运用查表法编写的显示程序，能够实现任意方式流水，只要更改数据表的数据就可以随意添加或改变流水花样。

这里我们采用的是方案二——动态显示法控制数码管的显示，由于 MSP430G2553 单片机 I/O 口较少，采用这个方法可以节省 I/O 口。在平时应用中，动态显示的用途也更广泛。

5.3.2 设计——硬件电路设计、软件编程

1. 硬件电路设计

该系统使用单片机 P1 口的 8 个 I/O 口与数码管的段对应相连，用作段控制线，控制数

码管显示的数据；利用引脚 P2.0～P2.4 与 5 个数码管的位线相连，用作位控制线，控制 5 个数码管的通断。由于采用的是共阳极数码管，数码管与单片机的连接采用灌电流方式，即电流方向是从数码管流向单片机。硬件电路如图 5-7 所示。

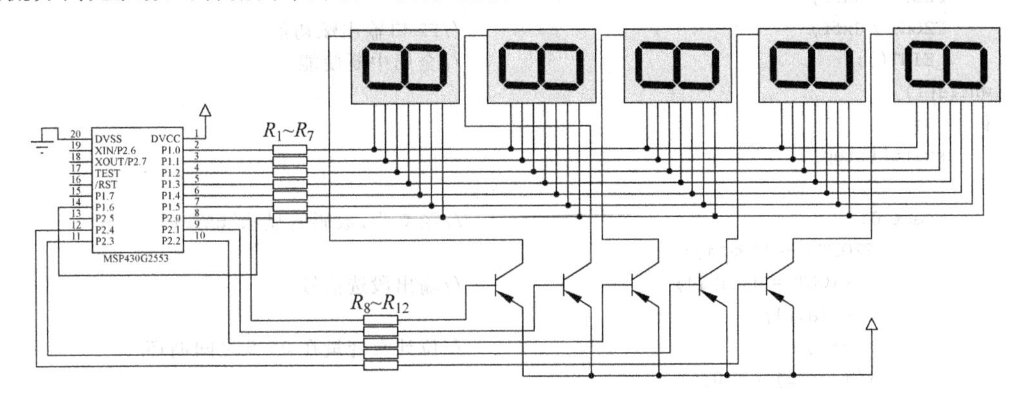

图 5-7 数码管显示电路原理图

2. 程序设计

由图 5-7 电路中数码管的驱动方式可知，当 P2.0～P2.4 口中的任一位输出低电平时，所接数码管处于导通状态，该数码管显示段码信息；其余位将输出高电平，对应的数码管将处于关闭状态。因此，利用延时，控制 P2 口逐位输出低电平，就能逐个点亮数码管，产生流动显示的效果，根据点亮的位置，可以计算出单片机向 P1 口依次输出的数。

(1) 数码管流动显示的程序流程图如图 5-8 所示。

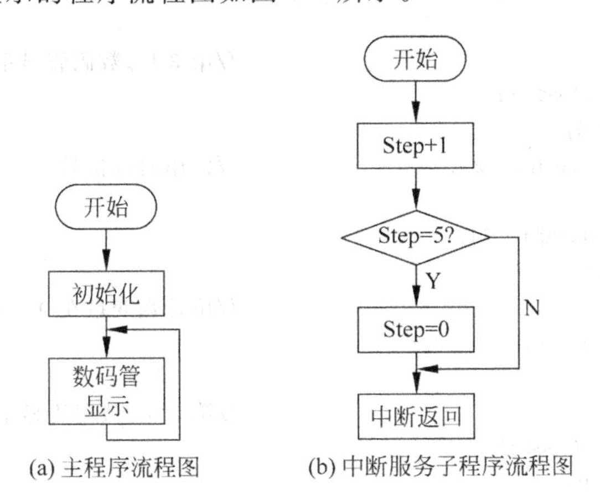

(a) 主程序流程图 (b) 中断服务子程序流程图

图 5-8 流程图

(2) 程序代码

```
#include <msp430g2553.h>
unsigned char data[5] = {0x89,0x88,0x8c,0x8c,0x91};/*共阳极数码管,显示"HAPPY"的字形码*/
unsigned char i = 0,j = 0;
void delay();
unsigned char step = 0;                         //移动步数
void main(void)
{
```

```
    WDTCTL = WDT_ADLY_1000;                //设置内部看门狗工作在定时器模式
    IE1| = WDTIE;                          //使能看门狗中断
    P1DIR = 0xff;                          //设置 P1,P2 的 I/O 方向为输出
    P2DIR = 0xff;
    P2OUT = 0xff;                          //P2 口输出赋初值
    _EINT();                               //全局中断使能
  while(1)
  {
    switch(step)
    {
     case 0:                               //第 0 步,数码管显示"HAPPY"
        P2OUT = ~(1 << i);
          P1OUT = data[i];                 //输出段选信号
          delay();
          i++;                             //位计数变量在 0~5 之间循环
       if(i == 5) i = 0;
        break;
     case 1:                               //第 1 步,数码管显示"YHAPP"
        P2OUT = ~(1 << i);
       if(i - 1 >= 0)
         P1OUT = data[i - 1];              //输出段选信号
       else
         P1OUT = data[i + 4];
         delay();
         i++;                              //位计数变量在 0~5 之间循环
       if(i == 5) i = 0;
        break;
     case 2:                               //第 2 步,数码管显示"PYHAP"
        P2OUT = ~(1 << i);
       if(i - 2 >= 0)
         P1OUT = data[i - 2];              //输出段选信号
       else
         P1OUT = data[i + 3];
         delay();
         i++;                              //位计数变量在 0~5 之间循环
      if(i == 5) i = 0;
         break;
     case 3:                               //第 3 步,数码管显示"PPYHA"
        P2OUT = ~(1 << i);
       if(i - 3 >= 0)
          P1OUT = data[i - 3];             //输出段选信号
       else
          P1OUT = data[i + 2];
          delay();
           i++;                            //位计数变量在 0~5 之间循环
       if(i == 5) i = 0;
          break;
     case 4:                               //第 4 步,数码管显示"APPYH"
         P2OUT = ~(1 << i);
       if(i - 4 >= 0)
         P1OUT = data[i - 4];              //输出段选信号
```

```
                else
                  P1OUT = data[i + 1];
                  delay();
                  i++;                          //位计数变量在0~5之间循环
                if(i == 5) i = 0;
                  break;
              }
        }
}
/ *********************************************
函数名称: watchdog_timer
功  能: 看门狗定时器的中断服务函数,用于输出移动步数
参  数: 无
返回值: 无
********************************************* /
#pragma vector = WDT_VECTOR
__interrupt void watchdog_timer(void)
{
     step++;
    if(step == 5)
        step = 0;
}
/ ******************** 延时子函数 ******************** /
void delay(void)
{
    unsigned int k;
    for(k = 1000;k > 0;k -- )
        _NOP();
}
```

5.3.3 实现——硬件组装、软件调试

1. 元器件汇总

数码管广告牌所需元器件清单如表5-2所示。

表5-2 数码管广告牌系统元器件清单

模　　块	元器件名称	参数	数量
MSP-EXP430G2 LaunchPad最小系统			1
LED数码显示模块	电阻	4.7kΩ	5
	电阻	1kΩ	8
	三极管	9012	5
	数码管	共阳	5

2. 电路板制作

元器件准备好以后,就可以在万用板上焊接电路了,焊接好后的数码管显示部分的电路实物图如图5-9所示。使用数码管时应注意:

(1) 数码管表面不要用手触摸，不要用手触碰引脚。

(2) 焊接温度为260℃，焊接时间为5s。

(3) 表面有保护膜的产品，可以在使用前撕下来。

(4) 焊接数码管动作要迅速，静电可能对蓝光、白光LED造成损害，要注意防止静电。

(5) 尽量缩短数码管与单片机系统连接导线长度，在电磁干扰严重的地方，应使用屏蔽线。硬件实物图如图5-9所示。

图5-9　硬件实物图

3. 软件调试

本项目程序可分为初始化、看门狗定时器中断、显示功能三个功能块。调试时可分功能进行，首先对系统进行初始化设置，测试显示部分能否正常工作，然后加入看门狗定时器中断，看能否产生流动效果。

5.3.4　运行——运行测试、结果分析

系统测试包括硬件测试和软件测试两个部分。不过，作为一个单片机系统，其运行是软硬件相结合的，因此，软硬件的调试也是绝对不可能分开的。

1. 硬件测试

可以利用+3.5V的电源作为高电平和地线作为低电平，连接到电路板位选线和段选线上，看数码管能否正常显示。

2. 软件测试

将所要调试的程序下载到单片机中，然后进行编译，根据系统的提示查找原因，将出错的地方调整正确，例如，有的是标号未定义，有的是少标点符号等。

程序的调试应按模块进行，单独调试各功能子程序，检验程序是否能够实现预期的功能，接口电路的控制是否正常等；最后逐步将各个子程序连接起来总调。联调需要注意的是，各程序模块间能否正确传递参数，特别要注意各子程序的现场保护与恢复。调试的基本步骤如下：

将单片机实验箱与计算机连接，然后在CCS中进行编译程序，运行程序，根据单片机所显示的结果分析程序、修改程序，直到程序正常。

3. 联调

将生成的可执行文件载入单片机，看数码管能否正常显示。现象应该为5个数码管循环显示“H A P P Y”。在调试过程中常出现的问题有以下几种。

(1) 数码管不显示或显示不正确：检查 I/O 口输出是否正常，如果没问题，则需检查硬件电路；若 I/O 的输出值出现错误，则需要检查程序。

(2) 数码管显示没有流动效果：可能是延时时间太短，应采取的措施是增长时间。调试成功后，运行结果如图 5-10 所示。

图 5-10　运行结果

本章小结

通过调试并制作数码管显示器显示数字及符号，了解 LED 数码管的显示原理及结构、引脚；掌握 LED 数码管的显示与驱动方式及其与单片机的连接方法；熟悉看门狗定时器的应用。

思考题

1. 若将项目中所用数码管改为共阴型，那么硬件电路及程序需要做哪些改变？

2. 将项目中数码管的显示方式改为静态显示，该项目需要如何设计？(提示：利用移位寄存器 74LS164 完成数据的串并转换。)

项目6 按键及键盘控制

6.1 项目内容

一个由4×4个按键构成的矩阵式键盘，当某个按键按下时，利用一个数码管显示该按键的键值。

6.2 必备知识

6.2.1 中断系统

中断是指计算机在执行程序的过程中，出现了某些事件或某种请求，使CPU暂时中止正在执行的程序，而转去执行该事件或请求的操作。当该事件处理结束后，CPU再返回到原有程序被打断处继续执行。

引发中断的事件或请求，称为中断源。现行程序被打断处称为断点。对中断事件的处理程序称为中断服务子程序。

中断系统是MSP430微处理器的特色之一，几乎每个外围模块都能够产生中断，有效地利用中断可以简化程序，提高执行效率。MSP430单片机的模块几乎都能在不需要CPU干预的情况下工作，这样就可以在CPU向某模块发出指令后，进入休眠状态。利用模块的中断系统根据需要可以唤醒CPU。由于CPU的运算速度和退出低功耗的速度很快，在应用中，CPU的运行时间就降到最少，从而达到低功耗的目的。

MSP430的中断分为系统复位、不可屏蔽中断和可屏蔽中断三种，如表6-1所示。

表6-1 MSP430的中断系统

中断类型	系统复位	不可屏蔽中断	可屏蔽中断
中断源	(1) 加电源电压。 (2) RST */NMI引脚加低电平(选择复位模式)。 (3) 看门狗定时器溢出(选择看门狗模式)。 (4) 看门狗定时器密钥不符(写WDTCTL时口令错)	(1) RST */NMI引脚有上升沿(选择NMI模式)。 (2) 振荡器故障	(1) 看门狗定时器溢出(选择定时器模式)。 (2) 其他模块的中断

注：

① 系统复位的中断向量为 0xFFFE。

② 不可屏蔽中断的中断向量为 0xFFFC。响应不可屏蔽中断时，硬件自动将 OFIE、NMIE、ACCVIE 复位。软件首先判断中断源并复位中断标志，接着执行用户代码。退出中断之前需要置位 OFIE、NMIE、ACCVIE，以便能够再次响应中断。需要特别注意一点：置位 OFIE、NMIE、ACCVIE 后，必须立即退出中断相应程序，否则会再次触发中断，导致中断嵌套，从而导致堆栈溢出，致使程序执行结果无法预料。

③ 可屏蔽中断的中断来源于具有中断能力的外围模块，包括看门狗定时器工作在定时器模式时溢出产生的中断。每一个中断都可以被自己的中断控制位屏蔽，也可以由全局中断控制位屏蔽。

多个中断请求发生时，响应最高优先级中断。MSP430 中断优先级系统各模块的中断优先级由模块连接链决定，越接近 CPU/NMIRS 的模块中断优先级越高。响应中断时，MSP430 会将不可屏蔽中断控制位 SR.GIE 复位。因此，一旦响应了中断，即使有优先级更高的可屏蔽中断出现，也不会中断当前正在响应的中断，去响应另外的中断。但 SR.GIE 复位不影响不可屏蔽中断，所以仍可以接受不可屏蔽中断的中断请求。

中断响应的过程为：

(1) 如果 CPU 处于活动状态，则完成当前指令；

(2) 若 CPU 处于低功耗状态，则退出低功耗状态；

(3) 将下一条指令的 PC 值压入堆栈；

(4) 将状态寄存器 SR 压入堆栈；

(5) 若有多个中断请求，响应最高优先级中断；

(6) 单中断源的中断请求标志位自动复位，多中断源的标志位不变，等待软件复位；

(7) 总中断允许位 SR.GIE 复位。SR 状态寄存器中的 CPUOFF、OSCOFF、SCG1、V、N、Z、C 位复位；

(8) 相应的中断向量值装入 PC 寄存器，程序从此地址开始执行。

中断返回的过程为：

(1) 从堆栈中恢复 PC 值，若响应中断前 CPU 处于低功耗模式，则可屏蔽中断仍然恢复低功耗模式；

(2) 从堆栈中恢复 PC 值，若响应中断前 CPU 不处于低功耗模式，则从此地址继续执行程序。

事实上，在 MSP430 中，上述所有复杂的操作过程都可以交给 C 编译器来完成，编写程序时只需要专注于编写中断服务程序。因为不同型号 MSP430 单片机含有的模块种类不一样，中断资源也不同。具体可以参考头文件中 Interrupt Vectors 段的定义。以 MSP430G2553 单片机头文件的定义为例：

```
/************************************************************
* Interrupt Vectors (offset from 0xFFE0) 中断向量(从 0xFFE0 开始)
************************************************************/
#define PORT1_VECTOR          (2 * 1u) /* 0xFFE4 Port 1 */
#define PORT2_VECTOR          (3 * 1u) /* 0xFFE6 Port 2 */
#define ADC10_VECTOR          (5 * 1u) /* 0xFFEA ADC10 */
#define USCIAB0TX_VECTOR      (6 * 1u) /* 0xFFEC USCI A0/B0 Transmit */
```

```
#define USCIAB0RX_VECTOR        (7 * 1u) /* 0xFFEE USCI A0/B0 Receive */
#define TIMER0_A1_VECTOR        (8 * 1u) /* 0xFFF0 Timer0_A CC1, TA0 */
#define TIMER0_A0_VECTOR        (9 * 1u) /* 0xFFF2 Timer0_A CC0 */
#define WDT_VECTOR              (10 * 1u) /* 0xFFF4 Watchdog Timer */
#define COMPARATORA_VECTOR      (11 * 1u) /* 0xFFF6 Comparator A */
#define TIMER1_A1_VECTOR        (12 * 1u) /* 0xFFF8 Timer1_A CC1-4, TA1 */
#define TIMER1_A0_VECTOR        (13 * 1u) /* 0xFFFA Timer1_A CC0 */
#define NMI_VECTOR              (14 * 1u) /* 0xFFFC Non-maskable */
#define RESET_VECTOR            (15 * 1u) /* 0xFFFE Reset [最高优先级] */
```

上述宏定义声明了 MSP430G2533 单片机的中断源。中断函数的书写格式为

```
#pragma vector = 中断向量
__interrupt void P1_ISR (void) //注意开头两个"_"
{
    …                          //在这里写中断服务子程序的代码
}
```

例如我们需要写一个名为 ADC_ISR 的中断服务程序，为 ADC 中断服务，用于读取 AD 转换结果。从上面查到 ADC 的中断向量已经定义为 ADC10_VECTOR，那么该中断函数可以写为

```
#pragma vector = ADC10_VECTOR    //ADC 中断源
__interrupt void ADC_ISR (void)  //声明一个中断服务程序，名为 ADC_ISR()
{
…                                //在这里写读取 ADC 结果的代码
}
```

如果中断发生前 CPU 是休眠的，中断返回后 CPU 将仍然是休眠状态。如果希望唤醒 CPU，需在退出中断前修改堆栈内 SR 的值，清除掉休眠标志。在 MSP430 中，针对这一特殊操作提供了一个修改堆栈内 SR 的函数：__low_power_mode_off_on_exit()。只要在退出中断之前调用该函数，就能够修改被压入堆栈的 SR，从而在退出时唤醒 CPU。

```
#pragma vector = WDT_VECTOR      //看门狗定时器中断源
__interrupt void WDT_ISR(void)   //声明一个中断服务程序，名为 WDT_ISR()
{
…                                //在这里写中断服务程序
__low_power_mode_off_on_exit(); //退出中断时唤醒 CPU
}
```

由于 MSP430 单片机的中断源数量很多，如 P1 和 P2 口每个 I/O 都能产生中断，为了便于管理，MSP430 的中断管理机制将同类的中断合并为一个中断源，再由中断标志位去判断具体的中断源。例如，P1 口某一个 I/O 发生中断时，程序都会通过中断向量表 PORT1_VECTOR 位置的入口跳到 P1 口中断服务程序中，在中断程序中去判断是哪一个 I/O 发生了中断。判断方法如下所示：

```
#pragma vector = PORT1_VECTOR    //P1 口中断源
__interrupt void P1_ISR(void)    //声明一个中断服务程序，名为 P1_ISR()
{
    if(P1IFG&BIT0)               //判断 P1 中断标志第 0 位(P1.0)
```

```
    {
      …                            //在这里写 P1.0 中断服务程序
    }
    if(P1IFG&BIT1)                 //判断 P1 中断标志第 1 位(P1.1)
    {
      …                            //在这里写 P1.1 中断服务程序
    }
  P1IFG = 0;                       //清除 P1 所有中断标志位
  }
```

6.2.2 低功耗模式

MSP430 单片机是专为低功耗应用而设计的，具有 5 个不同深度的低功耗休眠模式。

MSP430 单片机各个模块的运行是独立的，定时器、输入输出端口、A/D 转换、看门狗、液晶显示器等都可以在 CPU 休眠的状态下独立运行。可以根据实际情况，通过关闭部分模块达到不同程度的休眠，来降低功耗，从而使系统以最低功耗运行。当需要 CPU 工作时，可以通过中断唤醒 CPU。

MSP430 单片机的工作模式可以由状态寄存器(Status Register)中的 CPUOFF、OSCOFF、SCG0 和 SCG1 位进行设置，状态寄存器的具体内容见 1.4 节中内容。通过这 4 个位的不同组合，可以构成各种低功耗休眠模式。MSP430 单片机工作模式与 4 个控制位的关系如表 6-2 所示。

表 6-2 MSP430 单片机低功耗模式

模式 \ 控制位	CPUOFF	OSCOFF	SCG0	SCG1
活动模式(Active)	0	0	0	0
低功耗模式 0(LPM0)	1	0	0	0
低功耗模式 1(LPM 1)	1	0	1	0
低功耗模式 2(LPM 2)	1	0	0	1
低功耗模式 3(LPM 3)	1	0	1	1
低功耗模式 4(LPM 4)	1	1	1	1

在 MSP430 单片机头文件中已经对控制位对各低功耗模式的配置作了定义。

```
#define LPM0        (CPUOFF)
#define LPM1        (SCG0 + CPUOFF)
#define LPM2        (SCG1 + CPUOFF)
#define LPM3        (SCG1 + SCG0 + CPUOFF)
#define LPM4        (SCG1 + SCG0 + OSCOFF + CPUOFF)
```

1. 各种工作模式的特点

(1) 活动模式(Active)。正常的工作模式，这时 CPU 消耗的电能最大，CPU 及外围器件均处于活动状态，三个时钟系统 MCLK、SMCLK 和 ACLK 都开启。

(2) 低功耗模式 0(LPM0)。CPU 被禁止，但外围模块继续工作，ACLK 和 SMCLK 信号保持活动，MCLK 被禁止输出。

(3) 低功耗模式 1(LPM1)。CPU 被禁止,SMCLK 和 ACLK 活动,MCLK 被禁止(若 DCO 未用作 MCLK 或 SMCLK,则 DCO 和 DC 发生器被禁止),SMCLK 只能作为一个粗略的高频时钟使用。

(4) 低功耗模式 2(LPM2)。CPU 被禁止,MCLK 被禁止(若 DCO 未用作 MCLK 或 SMCLK,则直流发生器自动被禁止,DC 发生器保持有效),SMCLK 被禁止,ACLK 活动。

(5) 低功耗模式 3(LPM3)。CPU 被禁止,MCLK 被禁止(DCO 被禁止,DC 发生器被禁止),SMCLK 被禁止,ACLK 活动。

(6) 低功耗模式 4(LPM4)。CPU 被禁止,MCLK 被禁止(DCO 被禁止,DC 发生器被禁止),SMCLK 被禁止,ACLK 被禁止,所有振荡器停止工作。

2. 低功耗模式的进入与退出

1) 低功耗模式进入

当系统空闲时,应根据实际情况关闭某些模块和时钟,进入低功耗模式。

头文件中定义的进入低功耗模式的内部函数有:

```
#define LPM0     _bis_SR_register(LPM0_bits)     /* Enter Low Power Mode 0 */
#define LPM1     _bis_SR_register(LPM1_bits)     /* Enter Low Power Mode 1 */
#define LPM2     _bis_SR_register(LPM2_bits)     /* Enter Low Power Mode 2 */
#define LPM3     _bis_SR_register(LPM3_bits)     /* Enter Low Power Mode 3 */
#define LPM4     _bis_SR_register(LPM4_bits)     /* Enter Low Power Mode 4 */
```

2) 低功耗模式的唤醒

一个中断事件可以从任何低功耗模式中唤醒 CPU,其流程如下。

(1) 进入中断服务子程序。堆栈中保存 PC 和 SR,CPUOFF、SCG1 和 OSCOFF 位自动复位,但 SCG0 不能自动复位只能利用指令复位。

(2) 从中断服务子程序返回。当中断服务子程序执行完毕后,有两种情况。第一,SR 寄存器出栈,内容保持不变,恢复到以前的操作模式,即执行完中断后立即进入休眠模式,等待下一个中断任务;第二,若要中断服务子程序返回到一个不同于之前的操作模式时,可以在中断返回前,利用指令对存储在堆栈中的 SR 位进行修改,相关指令有:

```
__low_power_mode_off_on_exit(); //退出中断时唤醒 CPU
LPM0_EXIT;                    /* Exit Low Power Mode 0 */
LPM1_EXIT     _bic_SR_register_on_exit(LPM1_bits)          /* Exit Low Power Mode 1 */
#define LPM2_EXIT     _bic_SR_register_on_exit(LPM2_bits)  /* Exit Low Power Mode 2 */
#define LPM3_EXIT     _bic_SR_register_on_exit(LPM3_bits)  /* Exit Low Power Mode 3 */
#define LPM4_EXIT     _bic_SR_register_on_exit(LPM4_bits)  /* Exit Low Power Mode 4 */
```

6.2.3 按键

在人机交互中,键盘是最常用的输入设备,通常由数据键和功能键组成,常用来实现单片机应用系统中的数据和控制命令的输入。键盘的种类比较多,有按键式、感应式和触摸式等,最常用的是由触点式按键组成的按键式键盘,硬件结构简单、功能容易实现、软件调试方便。

按键是一个机械触点,由于其机械特性以及电压突变等原因,在进行按键操作时,按键的闭合与断开的瞬间将会出现电压抖动,如图 6-1 所示。按键抖动的时间长短取决于按键的机械特性,一般为5~10ms。按键的抖动会造成CPU的误读,即把每一次抖动都当成按下一次按键。因此,在识别按键的过程中,为了使CPU正确读取按键状态,必须去除按键抖动,常用的方法主要有硬件法和软件法。

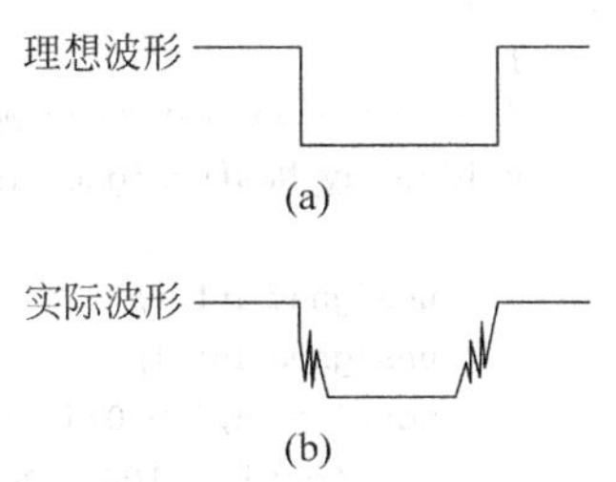

图 6-1 按键操作时的电压抖动示意图

硬件消抖通常使用 *RS* 触发器构成的硬件电路消除按键抖动。单片机系统设计中普遍采用软件延时的方法来消除抖动。在按键扫描过程中,判断有键按下后,利用软件延时5~10ms,然后再次判断是否有键按下。若仍然为按下状态则对按键进行处理,这样就跳过了抖动期,实现了软件消抖。

例 6.1 利用一个按键控制小灯的亮灭,每按一次键,小灯状态改变一次。

分析:根据功能要求,将按键与单片机的一个I/O口相连,通过检测该I/O口的状态,判断按键是否被按下,一旦按键被按下,则将连接小灯的I/O口线值取反,从而改变小灯的状态。硬件连线如图6-2所示。

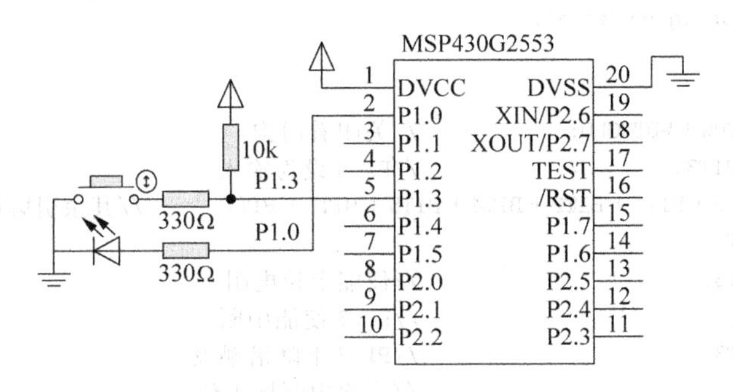

图 6-2 按键控制 LED 灯硬件连线图

软件实现:

```
#include<msp430g2553.h>
void delay_Nms(unsigned int n);
void main(void)
{
    WDTCTL = WDTPW + WDTHOLD;                //关闭看门狗
    P1DIR& = ~BIT3;                          //P1.3 设为输入
    P1DIR| = BIT0 + BIT1 + BIT2 + BIT4 + BIT5 + BIT6 + BIT7;      //其余引脚设为输出
    P1OUT| = BIT3;
    P1REN| = BIT3;                           //使能上拉电阻
    while(1)
  {
    if(!(P1IN&BIT3))                         //判断是否有键按下
    {
        delay_Nms(10);                       //延时,去抖动
        if(!(P1IN&BIT3))                     //再次确认是否有键按下
        {
            while(!(P1IN&BIT3));             //等待按键释放
            P1OUT ^ = BIT0;                  //按键释放后,对按键进行处理,P1.0 口取反
        }
```

```
        }
    }
}
/********************** 延时子函数 **********************/
void delay_Nms(unsigned int n)
{
    unsigned int i;
    unsigned int j;
    for(i = n;i > 0;i -- )
        for(j = 100;j > 0;j -- )
            _NOP();
}
```

采用以上方法实现时，编程简单。但是由于 CPU 一直读取 I/O 口的状态，耗电量大。考虑按键的特点，我们可以让 CPU 大部分时间处于休眠状态以降低功耗，当按键按下后，产生中断，唤醒 CPU。按照该方法程序可以修改为：

```
#include<msp430g2553.h>
void delay_Nms(unsigned int n);
void main(void)
{
    WDTCTL = WDTPW + WDTHOLD;                  //关闭看门狗
    P1DIR& = ~BIT3;                            //P1.3 设为输入
    P1DIR| = BIT0 + BIT1 + BIT2 + BIT4 + BIT5 + BIT6 + BIT7;   //其余引脚设为输出
    P1OUT| = BIT3;
    P1REN| = BIT3;                             //使能上拉电阻
    P1IE = BIT3;                               //P1.3 使能中断
    P1IES| = BIT3;                             //P1.3 下降沿触发
    P1IFG = 0;                                 //清除中断标志位
     _EINT();                                  //全局中断使能
    LPM3;                                      //进入低功耗模式
  }
/********************** 延时子函数 **********************/
void delay_Nms(unsigned int n)
{
    unsigned int i;
    unsigned int j;
    for(i = n;i > 0;i -- )
        for(j = 100;j > 0;j -- )
            _NOP();
}
/*********************************************
函数名称: PORT1_ISR
功    能: P1 口中断服务函数,用于检测按键并处理
参    数: 无
返回值: 无
*********************************************/
#pragma vector = PORT1_VECTOR
__interrupt void PORT1_ISR(void)
{
    if(P1IFG&BIT3)
```

```
    {
        delay_Nms(10);
        if(!(P1IN&BIT3))
        {
          while(!(P1IN&BIT3));
          P1OUT ^ = BIT0;
        }
    }
  LPM3_EXIT;                        //由于本程序不需要唤醒 CPU,所以本条语句可以省略
  P1IFG = 0;                        //清除 P1 口中断标志位
  return;
}
```

6.2.4 键盘

由按键组成的独立式键盘的电路图如图 6-3 所示，组成的矩阵式键盘的电路图如图 6-4 所示。

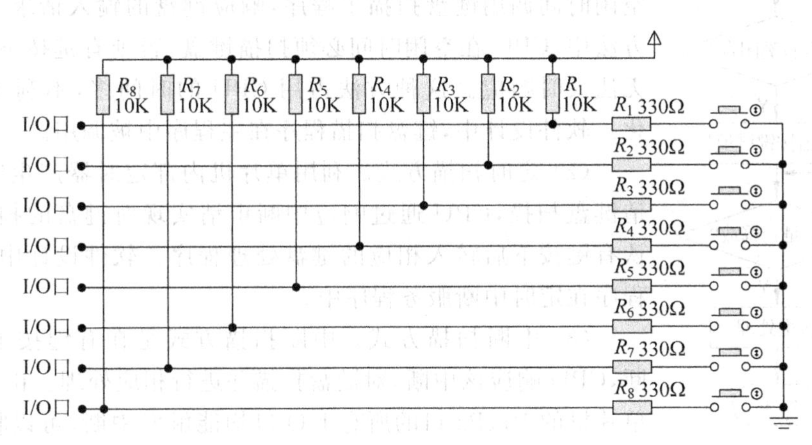

图 6-3 独立式键盘

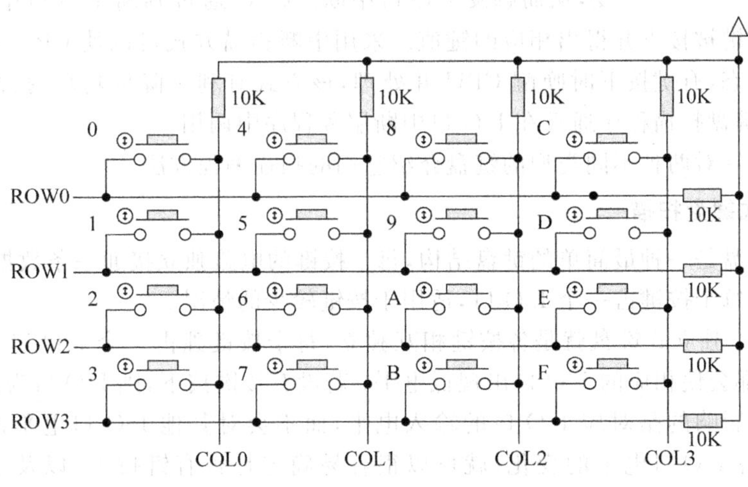

图 6-4 4×4 矩阵式键盘

键盘识别的过程大致分为以下几步，键盘扫描过程如下：

第一步：判断是否有键按下。

第二步：延时去抖动，如确有键按下，判断是哪一个按键被按下并求出相应的键值。

第三步：判断键释放，按键闭合一次只能进行一次按键功能操作。要等待按键释放后才能根据键值执行相应的功能操作。

第四步：键处理。判断键释放后，根据键值，找到相应的按键处理程序入口并执行。流程图如图6-5所示。

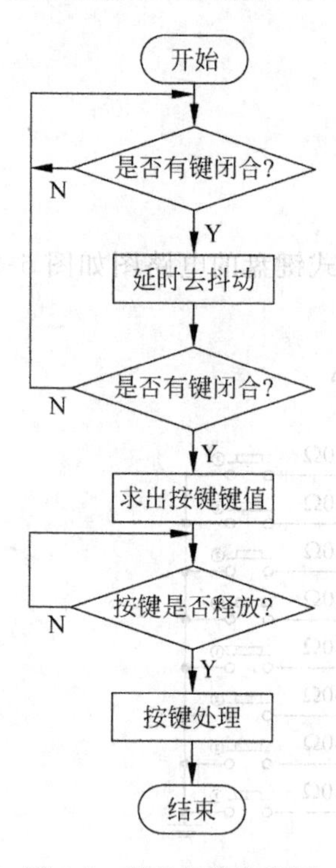

图6-5 键盘扫描流程图

在编写键盘识别程序时，需要兼顾两方面的要求：一是CPU响应要及时，以保证对每次按键都能做出响应；二是CPU不能占用太多，毕竟除了扫描键盘，CPU还有其他大量的任务需要处理。因此，要根据需要选择适当的键盘扫描方式。键盘扫描方式有3种。

(1) 编程扫描方式。编程扫描方式也称查询方式，利用CPU空闲时间调用键盘扫描子程序，响应键盘的输入请求。这种扫描方法中，CPU在空闲时间必须扫描键盘，否则有键按下时CPU将无法及时响应。这种方法占用CPU的时间多，不利于程序的优化。软件设计中，键盘扫描程序在主程序中被调用。

(2) 定时扫描方式。利用单片机内部定时器产生定时中断申请键盘扫描，CPU通过响应中断申请实现对键盘的扫描，并在确认有键按下后转入相应的键盘处理程序。软件设计中，键盘扫描程序在定时中断服务程序中。

(3) 中断扫描方式。中断扫描方式是在有键按下时触发中断，CPU响应该中断，对键盘扫描并进行相应处理。由于MSP430单片机的P1、P2口的所有I/O口均能触发中断，可以将键盘引线与P1或P2口引脚相连，当有键按下时，相应的I/O口会有电平跳变，从而触发I/O口中断。CPU通过判断I/O口中断标志位，确定出哪一个按键被按下并得出相应的键值。采用中断扫描方式可以使CPU在无按键按下时处于休眠状态，有键按下时唤醒CPU并处理，该方式有利于降低功耗，提高CPU效率。软件设计中，键盘扫描程序通常在I/O口中断服务程序中调用。

下面分别针对两种不同类型的键盘介绍它们的扫描编程方法。

1. 独立式键盘扫描

独立式键盘是一种最简单的键盘结构，每个按键的电路独立接通一条数据线，输出按键的通断状态。每个按键占一个I/O口，适用于按键较少的情况。

识别过程：独立式键盘就是各按键相互独立，每个按键独占一个I/O口。当任意一个按键被按下，都会使相应的I/O口出现低电平；若没有按键按下，则I/O口为高电平。一个按键的开和关影响的是对应I/O口的输入电平，而不会对其他I/O口电平产生影响。这样，通过检测各I/O口电平的变化，就可以很容易确定是否有键按下，以及是哪个按键按下。因此，按键识别过程是只需不断地查询I/O口的高低电平的状态就能判断该I/O口所连按键是否按下。

例 6.2 利用由 4 个按键组成的独立式键盘控制 4 个 LED 灯，当某按键按下时，对应的 LED 灯点亮。

硬件连接：单片机的 P2.0～P2.3 接按键，P1.4～P1.7 接 LED 灯，电路图如图 6-6 所示。

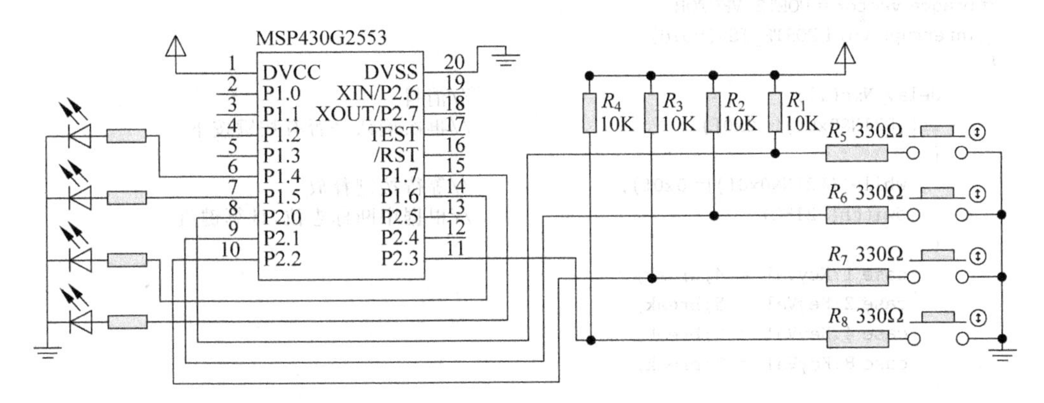

图 6-6 硬件电路图

```
#include<msp430g2553.h>
void delay_Nms(unsigned int n);
unsigned char KeyVal = 0;                        //按键的键值
void main(void)
{
    WDTCTL = WDTPW + WDTHOLD;                    //关闭看门狗
    P2DIR& = ~(BIT0 + BIT1 + BIT2 + BIT3);       //P2.0～P2.3 设为输入
    P2OUT| = BIT0 + BIT1 + BIT2 + BIT3;
    P2REN| = BIT0 + BIT1 + BIT2 + BIT3;          //使能上拉电阻
    P1DIR = 0xff;                                //P1 口方向设置为输出
    P1OUT = 0xf0;                                //P1 输出赋初值
    P2IE| = BIT0 + BIT1 + BIT2 + BIT3;           //P2.0～P2.3 使能中断
    P2IES| = BIT0 + BIT1 + BIT2 + BIT3;          //P2.0～P2.3 下降沿触发
    P2IFG = 0;                                   //P2 口中断标志位清 0
     _EINT();                                    //全局中断使能
   while(1)
   {
      LPM3;                                      //进入低功耗模式,仅留 ACLK
      P1OUT& = ~(1 << KeyVal);
   }
}
/******************** 延时子函数 ********************/
void delay_Nms(unsigned int n)
{
    unsigned int i;
    unsigned int j;
    for(i = n;i > 0;i--)
        for(j = 100;j > 0;j--)
          _NOP();
}
/*******************************************
```

```
函数名称: PORT2_ISR
功  能: P2 口中断服务函数,用于检测键盘并计算键值
参  数: 无
返回值: 无
********************************************** /
#pragma vector = PORT2_VECTOR
__interrupt void PORT2_ISR(void)
{
    delay_Nms(1);                               //消抖
    if((P2IN&0x0f)!= 0x0f)                      //再次确认是否有按键按下
    {
        while((P2IN&0x0f)!= 0x0f);              //等待按键释放
        switch(P2IFG)                           //根据中断标志位,计算键值
        {
        case 1:KeyVal  =  4;break;
        case 2:KeyVal  =  5;break;
        case 4:KeyVal  =  6;break;
        case 8:KeyVal  =  7;break;
        }
    }
    LPM3_EXIT;                                  //低功耗模式退出
    P2IFG  =  0;                                //清除 P2 口中断标志位
    return;
}
```

2. 矩阵式键盘

由于独立式键盘每个按键都要占用一个 I/O 口,I/O 口利用率不高,当按键数量多时,为了减少占用单片机的 I/O 端口线,可采用矩阵式键盘结构。

矩阵式结构中,每条行线与列线在交叉处通过一个按键相连,在 N 条行线和 M 条列线组成的矩阵式键盘中,可以形成 $N\times M$ 个按键,但只需要 $N+M$ 个 I/O 口。由矩阵式键盘结构可以看出,当键盘上没有按键按下时,所有的行线和列线都被断开,相互独立,所有行线和列线 I/O 口都是高电平;当键盘上有按键按下时,该键所对应的行线和列线将被接通,即行列状态保持一致,这时若通过单片机的控制将该键对应的行线电平拉低,则对应的列线也将会变为低电平。

矩阵式键盘按键识别的过程如下:

(1) 判断是否有键按下。

通过单片机将所有行线输出为低电平,然后读入列线的状态。若所有列线均为高电平,说明没有按键按下;若列线状态不全为高电平,则说明有按键按下。

(2) 消抖处理。软件延时 10ms。

(3) 再次判断是否有键按下,并确认是哪个按键。通常通过行列反转法或行(列)扫描法来判断键值。

行(列)扫描法又称逐行(列)扫描查询法,若将行作为输出,列作为输入,则扫描过程是:依次将列线 $Y_0\sim Y_3$ 置为低电平,再逐行检测各行的电平状态。若某行的电平为低,则该行与置为低的列线的相交处的按键为闭合的按键。

行列反转法确认键值的过程为:首先,行线输出低电平,读入列线状态。当有键按下时,列线至少有一位为低电平,说明该列至少有一个按键闭合,即可确认出该键所在的列。

然后，线反转。列线输出低电平，读入行线状态。当有键按下时，行线至少有一位为低电平，说明该行至少有一个按键闭合，即可确认出该键所在的行。最后，将确认的列和行进行组合，即可得到按键的键值。

(4) 按键释放检测，判断按键释放后才能执行相应的按键处理子程序。

(5) 执行按键处理子程序。

6.3 项目实施

6.3.1 构思——方案选择

该项目实现的功能为：一个由16个按键构成的4×4矩阵式键盘，当某个按键按下时，利用1个数码管显示该按键的键值0～F。

对4×4矩阵式键盘进行扫描可以采用的方式有查询式扫描方式、定时扫描方式和中断扫描方式。利用查询式实现以上功能，CPU一直读取I/O口并处理，耗电很大。

考虑到键盘是个慢速的设备，可以采用定时扫描方式对键盘进行扫描，每10ms对I/O口扫描一次，在10ms的间隔时间内，让CPU及其他无关设备休眠以降低功耗。也可以通过中断唤醒模式进行扫描，即只在有键按下时，才唤醒CPU并处理，其余时间处于休眠状态。

在此，考虑到功耗的因素，本方案选择中断法扫描键盘并利用共阳极数码管静态显示方式显示键值。

6.3.2 设计——硬件电路设计、软件编程

1. 硬件电路设计

该系统使用单片机的P1口的8个I/O口与数码管的段对应相连，用作段控制线，来控制数码管显示的数据。利用引脚P2.0～P2.7分别与4×4矩阵键盘的行和列相连，采用的是共阳极数码管，数码管的位选线接电源，保证数码管始终处于导通状态。硬件电路如图6-7所示。

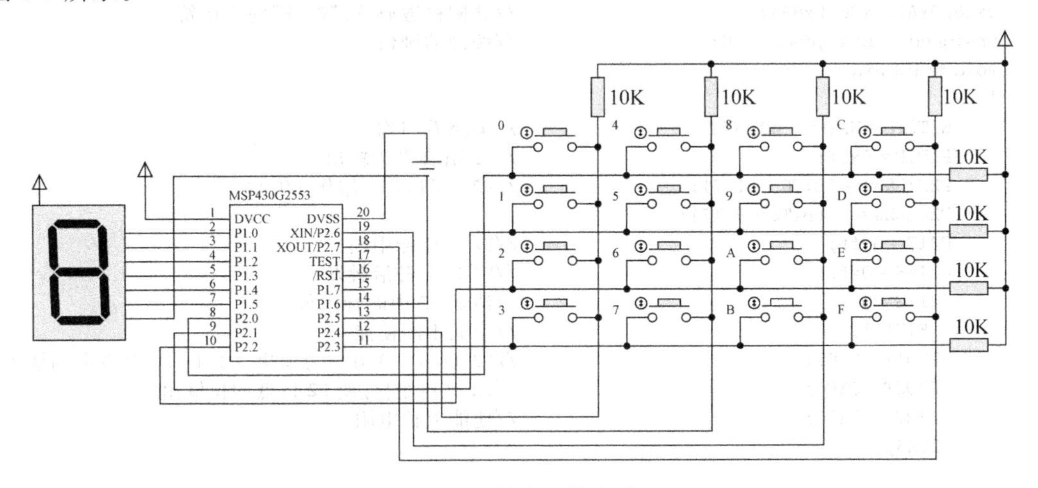

图6-7 键盘硬件电路

2. 程序设计

由图 6-7 可知，4×4 矩阵键盘的行线与 P2.0～P2.3 相连，列线与 P2.4～P2.7 相连。利用行列反转法对键盘进行扫描，过程为：首先 P2.0～P2.3 输出低电平，读入 P2.4～P2.7 输入的电平情况，判断出按键所在列；然后 P2.4～P2.7 输出低电平，读入 P2.0～P2.3 输入的电平情况，判断出按键所在行；最后将行列值进行组合，得到按键键值。将键值赋给 P1 口，让数码管显示该键值。

（1）数码管显示按键键值的程序流程图如图 6-8 所示。

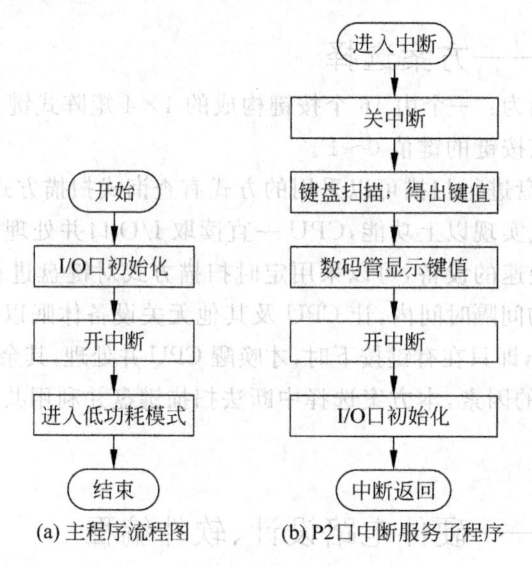

图 6-8 流程图

（2）软件实现：

```
#include<msp430g2553.h>
void delay_Nms(unsigned int n);                //定义延时函数
unsigned char data[16] = {0xC0,0xF9,0xA4,0xB0,0x99,0x92,0x82,0xF8,0x80,0x90,0x88,0x83,
0xC6,0xA1,0x86,0x84};                          //共阳极数码管,"0～F"的字形符
unsigned char keycode = 0;                     //按键的键值
void main(void)
{
    WDTCTL = WDTPW + WDTHOLD;                  //关闭看门狗
    P1DIR = 0xff;                              //P1 引脚设为输出
    P2SEL& = ～(BIT6 + BIT7);                  //P2.6 和 P2.7 用作 I/O 口
    P2SEL2& = ～(BIT6 + BIT7);
    P2IE = 0xff;                               //P2 口使能中断
    P2IES = 0xff;                              //P2 口上升沿触发
    P2IFG = 0;                                 //清除 P2 中断标志位
    _EINT();                                   //全局中断使能
     P2DIR = 0X0F;                             //P2.0～P2.3 方向为输出,P2.4～P2.7 方向为输入
     P2OUT = 0XF0;                             //P2 口初始化,使 P2 口低四位输出 0
     P2REN = 0XF0;                             //使能上拉电阻
     LPM3;
  }
/******************** 延时子函数 ********************/
void delay_Nms(unsigned int n)                 //延时,去抖动
```

```
{
    unsigned int i;
    unsigned int j;
    for(i = n;i > 0;i--)
        for(j = 100;j > 0;j--)
          _NOP();
}
/********************************************
函数名称: PORT2_ISR
功　能: P2 口中断服务函数,键盘扫描,计算键值
参　数: 无
返回值: 无
********************************************/
#pragma vector = PORT2_VECTOR
__interrupt void PORT2_ISR(void)
{
    unsigned char key,key1;
    P2IE = 0;                              //关中断
    key = P2IN&0XF0;
    if(key!= 0xF0)                         //判断是否有键按下
    {
        delay_Nms(10);                     //消抖
        key = P2IN&0XF0;
        if(key!= 0xF0)                     //再次判断
        {
            P2DIR = 0XF0;
            P2OUT = 0X0F;
            P2REN = 0X0F;
            key1 = P2IN&0X0F;
            while((P2IN&0X0F)!= 0x0f);     //等待按键释放
            key = key|key1;
            switch(key)                    //计算键值
            {
                case 0xEE:{keycode = 0;}break;
                case 0xDE:{keycode = 1;}break;
                case 0xBE:{keycode = 2;}break;
                case 0x7E:{keycode = 3;}break;
                case 0xED:{keycode = 4;}break;
                case 0xDD:{keycode = 5;}break;
                case 0xBD:{keycode = 6;}break;
                case 0x7D:{keycode = 7;}break;
                case 0xEB:{keycode = 8;}break;
                case 0xDB:{keycode = 9;}break;
                case 0xBB:{keycode = 10;}break;
                case 0x7B:{keycode = 11;}break;
                case 0xE7:{keycode = 12;}break;
                case 0xD7:{keycode = 13;}break;
                case 0xB7:{keycode = 14;}break;
                case 0x77:{keycode = 15;}break;
            }
        }
    }
    P1OUT = data[keycode];                 //P1 口输出键值
```

```
    P2IE = 0xff;                          //开中断,并对 P2 口重新初始化
    P2IFG = 0;                            //清中断标志位
    P2IES = 0xff;
    P2DIR = 0X0F;
    P2OUT = 0XF0;
    P2REN = 0XF0;
}
```

6.3.3 实现——硬件组装、软件调试

1. 元器件汇总

所需元器件清单如表 6-3 所示。

表 6-3 键盘系统元器件清单

模　　块	元器件名称	参数	数量
MSP-EXP430G2 LaunchPad 最小系统			1
LED 数码显示模块	电阻	100Ω	8
	数码管	共阳	1
矩阵式键盘模块	按键		16
	电阻	10kΩ	8

2. 电路板制作

元器件准备好以后,就可以在万用板上焊接电路了,焊接好后的键盘电路实物图如图 6-9 所示。

焊接按键时应注意以下几点。

(1) 按键要排列整齐。

(2) 按键必须与万用板紧紧相接,使之平整无缝隙,不能高低不平,左歪右斜。

(3) 按键有 4 只引脚,在焊接时将 4 只引脚中对角处的两只引脚分别焊接在电路中。

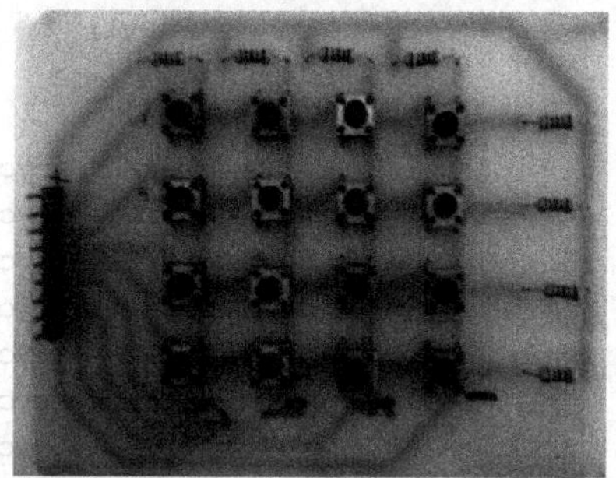

图 6-9 键盘电路

3. 软件调试

程序的调式应分两部分进行,分别调试键盘和显示子程序。调试的基本步骤如下:

将所要调试的程序下载到单片机中,然后进行编译,根据系统的提示查找原因将出错的地方调整正确,例如,有的是标号未定义,有的是少标点符号等。

6.3.4 运行——运行测试、结果分析

将单片机开发板与计算机连接,然后在 CCS 中进行编译、运行程序。若运行不正常,用万用表或示波器检测相应引脚,判断是否与程序一致,对程序进行单步运行,观察运行结果是否正确,修改程序直到运行正常。

在调试过程中易出现的问题有：

(1) 没有去抖动，或延时时间不合适。

(2) P2.6 和 P2.7 没有设置为 I/O 口功能状态。

本章小结

通过对数码管显示键盘键值的调试与制作，掌握按键的基本操作和独立式键盘、矩阵式键盘的特点及编程方法。通过本项目的练习，掌握 MSP430 单片机的中断系统和低功耗模式的原理及应用。

思考题

1. 机械式按键组成的键盘，应如何消除按键抖动？
2. 矩阵式键盘按键值识别的编程步骤有哪些？
3. 将项目中扫描键盘方式改为定时扫描，则程序需要作哪些改变？

项目7 液晶显示

7.1 项目内容

利用液晶显示器12864显示汉字及符号，显示内容为“单片机MSP430”。

7.2 必备知识

7.2.1 LCD显示器

液晶显示模块（Liquid Crystal Display Mould，LCM）是一种将液晶显示器件LCD、连接件、集成电路、PCB线路板、背光源、结构件装配在一起的组件。由于液晶显示器件具有显示信息丰富、功耗低、体积小、质量小、无辐射等优点，得到了广泛的应用。

根据显示方式，LCD显示器可分为字符型、点阵型以及专用符号型。字符型LCD可在屏幕上固定显示各种符号、数字和字母，常用型号有1602等。点阵型LCD由按行、列排列的像素点组成，可以在任意位置显示任意符号，适合于需要显示图形以及汉字等场合，目前常用的型号为12864等。

12864液晶的型号通常为XX12864Y，其中XX是厂家标志，12864是指128×64点阵，Y是厂家对各种12864的编号。12864液晶的控制器主要有以下几类。

（1）ST7920类。带中文字库，支持画图方式，支持68时序8位和4位并口以及串口。

（2）KS0108类。指令简单，不带字库，支持68时序8位并口。

（3）T6963C类。功能强大，带西文字库，有文本和图形两种显示方式，支持80时序8位并口。

（4）COG类。结构轻便，成本低，支持68时序8位并口，80时序8位并口和串口。

本项目选用的是带中文字库的HS12864-15B液晶模块，控制器为ST7920，具有8位/4位并行接口和串行接口。其显示分辨率为128×64，内置8192个16×16点汉字和126个16×8点ASCII字符集。利用该模块灵活的接口方式和简单、方便的操作指令，可以显示8×4行16×16点阵的汉字，也可完成图形显示。

1. 引脚及功能

12864共计20个引脚，引脚图如图7-1所示。

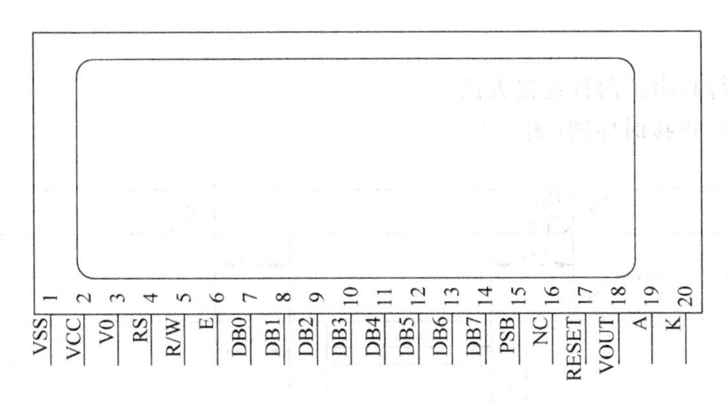

图 7-1 12864 引脚图

12864 各引脚功能如表 7-1 所示。

表 7-1 12864 引脚功能表

引脚号	引脚名称	电平	引脚功能描述
1	VSS	0V	电源地
2	V_{CC}	+3～+5V	电源正(未标明为 5V)
3	V0	—	对比度(亮度)调整
4	RS(CS)	H/L	并行时为指令/数据选择信号: RS="H",表示 DB7～DB0 为显示数据; RS="L",表示 DB7～DB0 为显示指令。 串行为片选信号,低电平有效
5	R/W(SID)	H/L	并行的读写选择信号: R/W="H",E="H",数据被读到 DB7～DB0; R/W="L",E="H→L", DB7～DB0 的数据被写到 IR 或 DR。 串行的数据线
6	E(SCLK)	H/L	并行的使能信号,串行的同步时钟输入
7～14	DB0～DB7	H/L	三态数据线
15	PSB	H/L	H 为 8 位或 4 位并口方式,L 为串口方式。 注:如在实际应用中仅使用串口通信模式,可将 PSB 接固定低电平,也可以将模块上的 J8 和"GND"用焊锡短接
16	NC	—	空脚
17	/RESET(RST)	H/L	复位端,低电平有效。 注:模块内部接有上电复位电路,因此在不需要经常复位的场合可将该端悬空
18	VOUT(VEE)	—	LCD 驱动电压输出端
19	A	V_{DD}	背光源正端(+5V)。 注:如背光和模块共用一个电源,可以将模块上的 JA 和 JK 用焊锡短接
20	K	VSS	背光源负端(0V)。 注:如背光和模块共用一个电源,可以将模块上的 JA 和 JK 用焊锡短接

2．时序

模块有并行和串行两种连接方法。

1）8位并行连接时序图(图7-2)

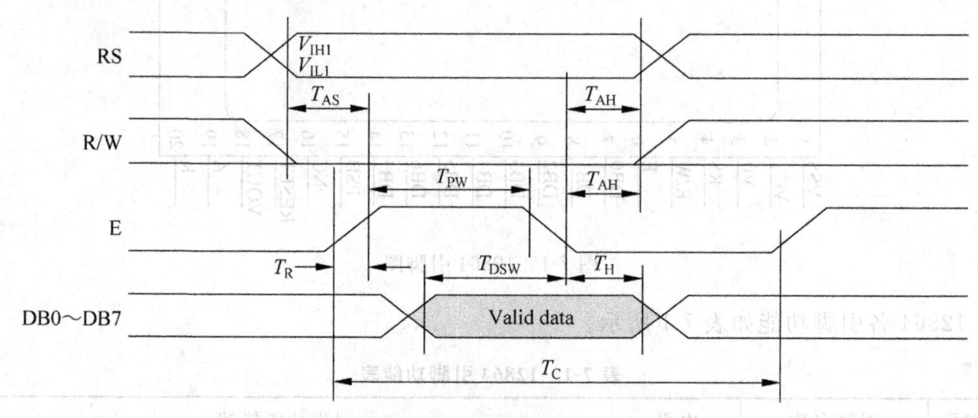

(a) MPU写资料到模块时序图

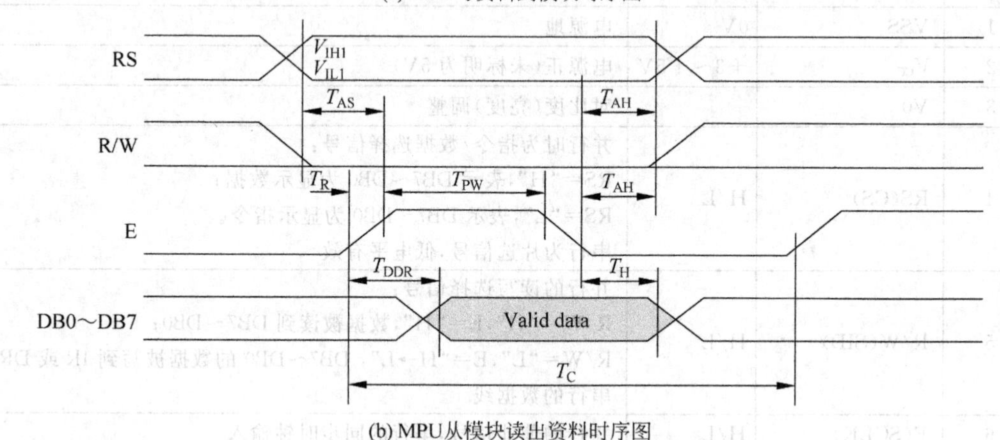

(b) MPU从模块读出资料时序图

图7-2　12864芯片8位并行连接时序图

2）串行连接时序图(图7-3)

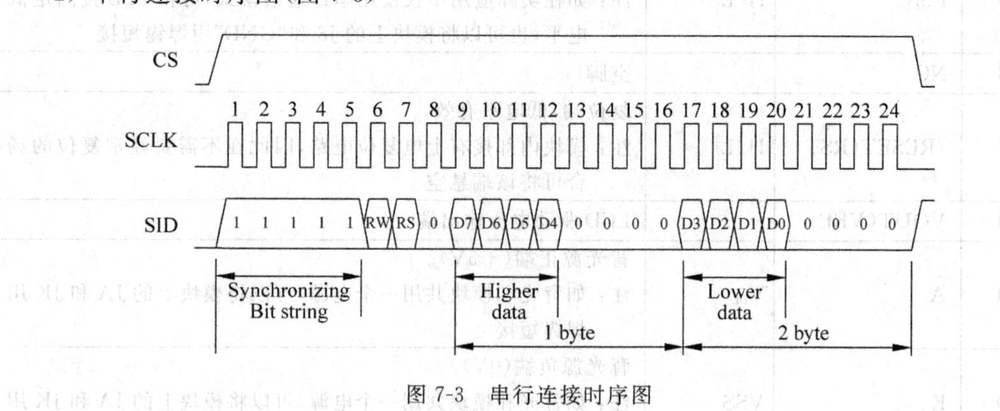

图7-3　串行连接时序图

3. 控制命令

控制命令如表 7-2 和表 7-3 所示。

表 7-2 指令表 1(RE=0：基本指令集)

指令	指令码									
	RS	RW	DB7	DB6	DB5	DB4	DB3	DB2	DB1	DB0
清除显示	0	0	0	0	0	0	0	0	0	1
	功能：清除显示屏幕，把 DDRAM 地址计数器调整为“00H”									
地址归位	0	0	0	0	0	0	0	0	1	X
	功能：把 DDRAM 地址计数器调整为“00H”，游标回原点，该功能不影响显示 DDRAM									
进入点设定	0	0	0	0	0	0	0	1	I/D	S
	指定在资料的读取与写入时，设定游标移动方向及指定显示的移位									
显示状态：开/关	0	0	0	0	0	0	1	D	C	B
	D=1：整体显示 ON；C=1：游标 ON；B=1：游标位置 ON									
光标或显示移位控制	0	0	0	0	0	1	S/C	R/L	X	X
	功能：设定游标的移动与显示的移位控制位，这个指令并不改变 DDRAM 的内容									
功能设定	0	0	0	0	1	DL	X	0/RE	X	X
	DL=1(必须设为 1)；RE=1：扩充指令集动作；RE=0：基本指令集动作									
设定 CGRAM 地址	0	0	0	1	AC5	AC4	AC3	AC2	AC1	AC0
	设定 CGRAM 地址到地址计数器(AC)									
设定 DDRAM 地址	0	0	1	AC6	AC5	AC4	AC3	AC2	AC1	AC0
	设定 DDRAM 地址到地址计数器(AC)									
读取忙标志(BF)和地址	0	1	BF	AC6	AC5	AC4	AC3	AC2	AC1	AC0
	读取忙碌标志(BF)可以确认内部动作是否完成，同时可以读出地址计数器(AC)的值									
写数据到 RAM	1	0	D7	D6	D5	D4	D3	D2	D1	D0
	写入资料到内部的 RAM(DDRAM/CGRAM/IRAM/GDRAM)									
读出 RAM 的值	1	1	D7	D6	D5	D4	D3	D2	D1	D0
	从内部 RAM 读取资料(DDRAM/CGRAM/IRAM/GDRAM)									

表 7-3 指令表 2(RE=1：扩充指令集)

指令	指令码									
	RS	RW	DB7	DB6	DB5	DB4	DB3	DB2	DB1	DB0
待命模式	0	0	0	0	0	0	0	0	0	1
	功能：进入待命模式，执行其他命令都可终止待命模式									
卷动地址或 IRAM 地址选择	0	0	0	0	0	0	0	0	1	SR
	SR=1：允许输入垂直卷动地址；SR=0：允许输入 IRAM 地址									
反白选择	0	0	0	0	0	0	0	1	R1	R0
	选择 4 行中的任一行作反白显示，并可决定反白与否									
睡眠模式	0	0	0	0	0	0	1	SL	X	X
	SL=1：脱离睡眠模式；SL=0：进入睡眠模式									
扩充功能设定	0	0	0	0	1	1	X	1/RE	G	0
	RE=1：扩充指令集动作；RE=0：基本指令集动作； G=1：绘图显示 ON；G=0：绘图显示 OFF									

续表

指　　令	指　令　码									
	RS	RW	DB7	DB6	DB5	DB4	DB3	DB2	DB1	DB0
设定 IRAM 地址或卷动地址	0	0	0	1	AC5	AC4	AC3	AC2	AC1	AC0
	SR=1：AC5～AC0 为垂直卷动地址； SR=0：AC3～AC0 为 ICON IRAM 地址									
设定绘图 RAM 地址	0	0	1	AC6	AC5	AC4	AC3	AC2	AC1	AC0
	设定 CGRAM 地址到地址计数器(AC)									

注：

① 当模块在接收指令前，微处理器必须先确认模块内部处于非忙碌状态，即读取 BF 标志时 BF 需为 0，方可接收新的指令；如果在送出一个指令前并不检查 BF 标志，那么在前一个指令和这个指令中间必须延迟一段较长的时间，即是等待前一个指令确实执行完成，指令执行的时间请参考指令表中的个别指令说明。

② “RE”为基本指令集与扩充指令集的选择控制位元，当变更“RE”位元后，之后的指令集将维持在最后的状态，除非再次变更“RE”位元，否则使用相同指令集时，不需要每次重设“RE”位元。

7.2.2　12864 显示屏的操作

1. 操作分类

1）并行操作方式

当模块的 PSB 接高电平时，模块为并行接口模式。可由基本指令集中的功能设定指令 DL 位的设定来选择 8 位或 4 位接口方式。

根据时序图 7.2 和图 7.3 可知，对 LCD 12864 的并行操作可以通过 RS 和 RW 控制，它分为以下 4 种模式。

(1) 读状态。RS＝0，RW＝1，E＝1。读忙标志 BF(D7)以及地址计数器 AC 的值(D0～D6)。

(2) 写指令。RS＝0，RW＝0，E 由高电平变低电平。液晶屏通过 D7～D0 将指令写入指令寄存器 IR。

(3) 读数据。RS＝1，RW＝1，E＝1。从液晶屏数据寄存器 DR 中读取数据。

(4) 写数据。RS＝1，RW＝0，E 由高电平变低电平，液晶屏通过 D7～D0 传送数据。

2）串行工作方式

当模块的 PSB 接高电平时，模块为串行接口模式。利用串行数据线 SID 和串行时钟线 SCLK 来传送数据。利用片选线 CS 可以实现同时接入多个液晶显示模块，以完成多路信息显示功能。

根据串行通信的时序图 7-3 可知，串行数据传送共分三个字节完成。

第一字节：串口控制——格式为 11111ABC

A 为数据传送方向控制：H 表示数据从 LCD 到 MCU，L 表示数据从 MCU 到 LCD。

B 为数据类型选择：H 表示数据是显示数据，L 表示数据是控制指令。

C 固定为 0。

第二字节：(并行)8 位数据的高 4 位——格式为 DDDD0000。

第三字节：(并行)8 位数据的低 4 位——格式为 DDDD0000。

2. LCD12864 的显示的操作过程

1）使用前的准备

先给模块加上工作电压，再调节 LCD 的对比度，使其显示出黑色的底影。此过程亦可以初步检测 LCD 有无缺段现象。

2）液晶屏初始化

在使用 LCD 12864 液晶屏显示之前，必须在主程序中对液晶屏进行初始化操作，即设置液晶控制模块的工作方式，具体项目可根据需要选择，例如显示模式控制、光标控制、显示器开关控制等。常用的 LCD 12864 液晶显示模块初始化内容有：

(1) 写命令 0x30。基本指令集，若使用扩展指令集，则为 0x34。

(2) 写命令 0x02。地址归位。

(3) 写命令 0x01。清屏，地址指针指向 00H。

(4) 写命令 0x0E。整体显示，开游标，关位置。

(5) 写命令 0x06。光标的移动方向。

3）确认显示的位置

字符显示 RAM 在液晶模块中的地址为 80H～9FH。字符显示的 RAM 的地址与 32 个字符显示区域有着一一对应的关系，其对应关系如表 7-4 所示。

表 7-4 字符显示的 RAM 的地址与 32 个字符显示区域的对应关系

	X 坐标							
Line1	80H	81H	82H	83H	84H	85H	86H	87H
Line2	90H	91H	92H	93H	94H	95H	96H	97H
Line3	88H	89H	8AH	8BH	8CH	8DH	8EH	8FH
Line4	98H	99H	9AH	9BH	9CH	9DH	9EH	9FH

表 7-4 中每个地址都可写入两个字节的内容，它们是按高位在前低位在后排列的，即每一个地址可以写入一个汉字或两个 ASCII 码字符。

4）设置要显示的内容

带中文字库的 12864 每屏可显示 4 行 8 列共 32 个 16×16 点阵的汉字，或 4 行 16 列共 64 个 ASCII 码字符。字符显示是通过将字符显示编码写入该字符显示 RAM 实现的。

根据写入内容的不同，可分别在液晶屏上显示 CGROM(中文字库)、半宽的 HCGROM(ASCII 码字库)及 CGRAM(自定义字形)的内容。三种不同字符/字形的选择编码范围如下。

(1) 显示自定义字形。将两个字节的编码写入显示 RAM，有 0000、0002、0004 和 0006 4 种编码。

(2) 显示半宽 ASCII 码字符。将两个字节的编码写入显示 RAM，范围是 02H～7FH，字符表(02H～7FH)如图 7-4 所示，要显示的字符即为 CGROM 内的字符编码。如显示字符 A，将编码 0x41 写入液晶屏即可。

(3) GB 2312 中文字库字形。将两个字节的编码写入显示 RAM,先写高 8 位,后写低 8 位,范围是 A1A0H～F7FFH。

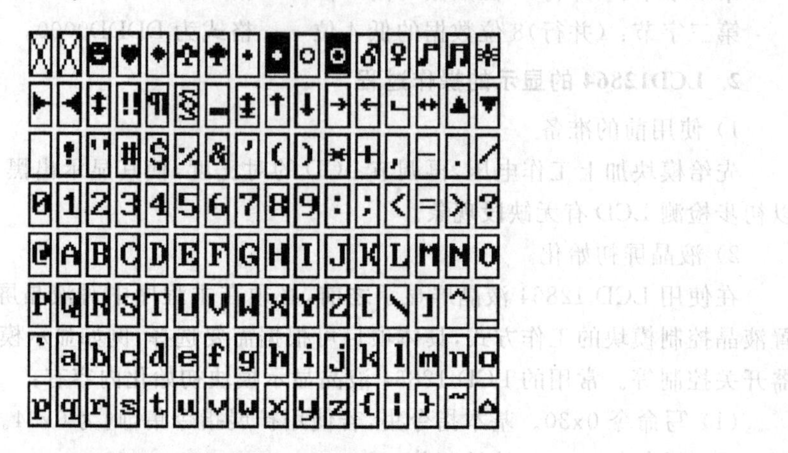

图 7-4 字符表代码(02H～7FH)

注意:液晶显示器是慢显器件,所以在执行每条指令之前一定要判断液晶显示器是否处于忙状态,即读取 BF 标志时 BF 需为“0”,方可接收新的指令。如果在送出一个指令前不检查 BF 标志,则在前一个指令和这个指令中间必须延迟一段较长的时间,即等待前一个指令确定执行完成。指令执行的时间请参考指令表中的指令执行时间说明。

7.3 项目实施

7.3.1 构思——方案选择

利用 LCD 12864 在显示器中间位置显示汉字及符号。12864 液晶显示方式有 8/4 位并行通信和串行通信方式。并行通信方式时,数据线和控制线与单片机相连,占用 I/O 口资源较多,传输数据速度快。串行通信方式具有节省 I/O 资源的优点,但传送数据速度较慢。

由于本项目硬件较少,连接简单且对速度没有特殊要求,我们将用并行接口方式和串行接口方式分别予以实现。

7.3.2 设计——硬件电路设计、软件编程

1. 并行接口方式

1) 硬件电路设计

PSB 接高时选择为并口方式操作,接低时选择串口方式进行操作,因此在这里我们将 PSB 接电源。连线方式如表 7-5 所示,硬件电路图如图 7-5 所示。

表 7-5 硬件连线图

MSP430G2553 引脚	0	+5V	+5V(或空)	P2.0	P2.1	P2.2	P1.0～P1.7	+5V	+5V	0V
12864 引脚	GND	V_{CC}	VO	RS	RW	E	D0～D7	PSB	A	K

2) 软件编程

(1) 并行方式驱动液晶屏显示,主程序流程图如图 7-6 所示。

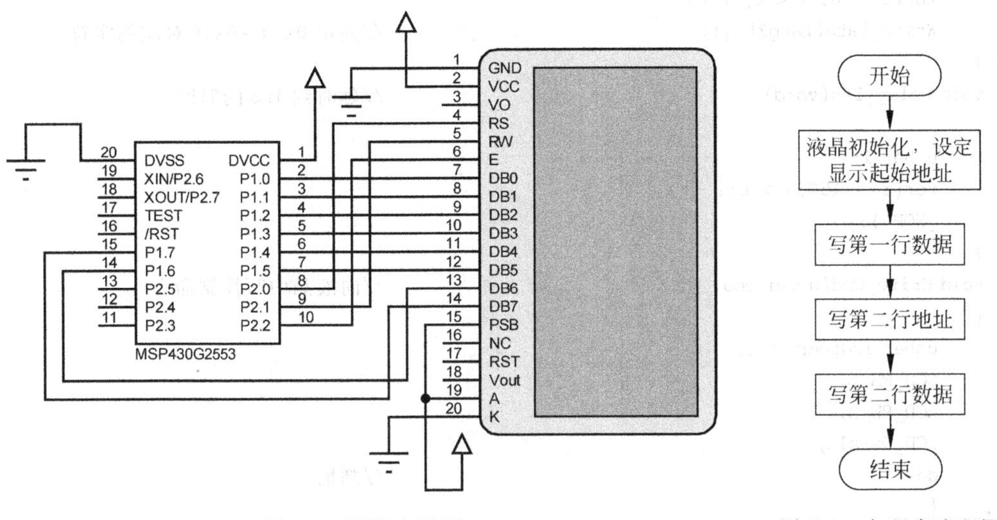

图 7-5 硬件电路图　　　　图 7-6 主程序流程图

(2) 软件实现

```
#include "msp430g2553.h"
typedef unsigned char uchar;
typedef unsigned int  uint;
#define LCD_DataIn      P1DIR = 0x00              //数据口方向设置为输入
#define LCD_DataOut     P1DIR = 0xff              //数据口方向设置为输出
#define LCD2MCU_Data    P1IN
#define MCU2LCD_Data    P1OUT
#define LCD_CMDOut      P2DIR |= 0x07             //P2 口的低三位设置为输出
#define LCD_RS_H        P2OUT |= BIT0             //P2.0
#define LCD_RS_L        P2OUT &= ~BIT0            //P2.0
#define LCD_RW_H        P2OUT |= BIT1             //P2.1
#define LCD_RW_L        P2OUT &= ~BIT1            //P2.1
#define LCD_EN_H        P2OUT |= BIT2             //P2.2
#define LCD_EN_L        P2OUT &= ~BIT2            //P2.2
void Delay_1ms(void);
void Delay(unsigned int n);
void Write_Cmd(unsigned char cod);
void Write_Data(unsigned char dat);
void Ini_Lcd(void);
void Disp_HZ(unsigned char addr,const unsigned char * pt,unsigned char num);
const uchar hang1[ ] = {"单片机"};
const uchar hang2[ ] = {"msp430"};

void main( void )
{
    uchar i;
    WDTCTL = WDTPW + WDTHOLD;                     //关闭看门狗
    Ini_Lcd();                                    //初始化液晶
    Disp_HZ(0x82,hang1,3);                        //写第一行的汉字
    Write_Cmd(0x93);                              //写第二行的显示地址
```

```
        for(i = 0; i < 6; i++)
        Write_Data(hang2[i]);                              //显示 0x40～0x4f 对应的字符
    }
    void Delay_1ms(void)                                   //延时约 1ms 的时间
    {
        uchar i;
        for(i = 150;i > 0;i-- )
        _NOP();
    }
    void Write_Cmd(uchar cmd)                              //向液晶中写控制命令
    {
        uchar lcdtemp = 0;
        LCD_RS_L;
        LCD_RW_H;
        LCD_DataIn;
        do                                                 //判忙
        {
            LCD_EN_H;
            _NOP();
            lcdtemp = LCD2MCU_Data;
            LCD_EN_L;
        }while(lcdtemp & 0x80);
        LCD_DataOut;
        LCD_RW_L;
        MCU2LCD_Data = cmd;
        LCD_EN_H;
        _NOP();
        LCD_EN_L;
    }
    void  Write_Data(uchar dat)                            //向液晶中写显示数据
    {
        uchar lcdtemp = 0;
        LCD_RS_L;
        LCD_RW_H;
        LCD_DataIn;
        do                                                 //判忙
        {
            LCD_EN_H;
            _NOP();
            lcdtemp = LCD2MCU_Data;
            LCD_EN_L;
        }while(lcdtemp & 0x80);
        LCD_DataOut;
        LCD_RS_H;
        LCD_RW_L;
        MCU2LCD_Data = dat;
        LCD_EN_H;
        _NOP();
        LCD_EN_L;
    }
    void Ini_Lcd(void)                                     //初始化液晶模块
```

```
{
    LCD_CMDOut;                              //液晶控制端口设置为输出
    Write_Cmd(0x30);                         //基本指令集
    Delay_1ms();
    Write_Cmd(0x02);                         //地址归位
    Delay_1ms();
    Write_Cmd(0x0c);                         //整体显示打开,游标关闭
    Delay_1ms();
    Write_Cmd(0x01);                         //清除显示
    Delay_1ms();
    Write_Cmd(0x06);                         //游标右移
    Delay_1ms();
    Write_Cmd(0x80);                         //设定显示的起始地址
}
void Disp_HZ(uchar addr,const uchar * pt,uchar num)
//控制液晶显示汉字
{
    uchar i;
    Write_Cmd(addr);
    for(i = 0;i < (num * 2);i++)
    Write_Data( * (pt++));
}
```

2. 串行接口方式

1）硬件电路设计

利用串行方式驱动 12864 液晶屏时，PSB 接低电平，硬件连接情况如表 7-6 所示，硬件电路图如图 7-7 所示。

表 7-6 硬件连线图

MSP430G2553 引脚	0	+5V	+5V(或空)	P2.0	P2.1	P2.2	0V	+5V	0V
12864 引脚	GND	V_{CC}	VO	CS(RS)	SID(RW)	CLK(E)	PSB	A	K

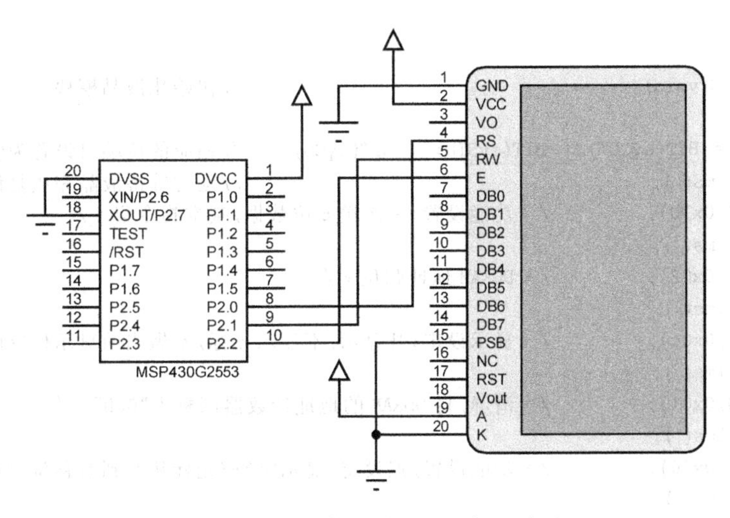

图 7-7 串行工作方式下的硬件电路图

2）程序实现

```
#include  <msp430g2553.h>
typedef unsigned int uint;
typedef unsigned char uchar;
#define BIT(x)(1 << (x))
void Send(uchar type,uchar transdata);
#define cyCS        0                                   //P2.0,片选信号
#define cySID       1                                   //P2.1,串行数据
#define cyCLK       2                                   //P2.2,同步时钟
#define cyPORT      P2OUT
#define cyDDR       P2DIR
const uchar hang1[] = {"单片机"};
const uchar hang2[] = {"msp430"};
void Ini_Lcd(void);
void Disp_HZ(uchar addr,const uchar * pt,uchar num);
void main(void)
{
    uchar i;
    WDTCTL = WDTPW + WDTHOLD;                           //关闭看门狗
    Ini_Lcd();                                          //初始化液晶
    Disp_HZ(0x80,hang1,3);
    Send(0,0x90);                                       //显示的起始地址
    for(i = 0; i < 6; i++)
    {
        Send(1,hang2[i]);
    }
        LPM4;
}
void delay_1ms(void)                                    //延时约1ms的时间
{
    uchar i;
    for(i = 150;i > 0;i--)
    _NOP();
}

void Ini_Lcd(void)                                      //初始化液晶模块
{
   cyDDR |= BIT(cyCLK) + BIT(cySID) + BIT(cyCS);        //相应的位端口设置为输出
    delay_1ms( );                                       //延时等待液晶完成复位
    Send(0,0x30);         /* 功能设置:一次送8位数据,基本指令集 */
    delay_1ms( );
    Send(0,0x02);         /* DDRAM 地址归位 */
    delay_1ms( );
    Send(0,0x0c);         /* 显示设定:开显示,不显示光标,不做当前显示位反白闪动 */
    delay_1ms( );
    Send(0,0x01);         /* 清屏,将 DDRAM 的地址计数器调整为"00H" */
    delay_1ms( );
    Send(0,0x06);         /* 功能设置,点设定:显示字符/光标从左到右移位,DDRAM 地址加1 */
    delay_1ms( );
}
```

```
void Send(uchar type,uchar transdata)  //MCU向液晶模块发送一个字节的数据
{
    uchar firstbyte = 0xf8;
    uchar temp;
    uchar i,j = 3;
    if(type) firstbyte |= 0x02;
    cyPORT |= BIT(cyCS);
    cyPORT &= ~BIT(cyCLK);
    while(j > 0)
    {
        if(j == 3) temp = firstbyte;
        else if(j == 2) temp = transdata&0xf0;
        else  temp = (transdata << 4) & 0xf0;
        for(i = 8;i > 0;i-- )
        {
            if(temp & 0x80)cyPORT |= BIT(cySID);
            else    cyPORT &= ~BIT(cySID);
            cyPORT |= BIT(cyCLK);
            temp <<= 1;
            cyPORT &= ~BIT(cyCLK);
        }              //三个字节之间一定要有足够的延时,否则易出现时序问题
        if(j == 3) delay_1ms( );
        else      delay_1ms( );
        j-- ;
    }
    cyPORT &= ~BIT(cySID);
    cyPORT &= ~BIT(cyCS);
}
void Disp_HZ(uchar addr,const uchar * pt,uchar num)
{
    uchar i;
    Send(0,addr);
    for(i = 0;i < (num * 2);i++)
        Send(1, * (pt++));
}
```

7.3.3 实现——硬件组装、软件调试

1. 元器件汇总

该系统所需元器件清单如表7-7所示。

表7-7 LCD1 2864液晶屏显示系统元器件清单

模　　块	元器件名称	参数	数量
MSP-EXP430G2 LaunchPad最小系统			1
液晶显示模块	液晶屏	LCD 12864模块	1

2. 电路板制作

本项目使用的是HS12864-15B液晶显示模块,已经包含驱动等部分,只需在引脚焊上

插针即可使用。直接用导线与单片机相连，就完成了硬件部分的设计。使用该模块时需要注意：模块背面有电位器，通过调节电位器可改变屏幕的对比度；屏幕背面的 S 和 P 初始状态是断开的，若在使用中仅使用串行方式，需要将 PSB 接固定低电平，可以将模块上的 S 和 GND 用焊锡短接，若在仅使用并行方式时，需要将 PSB 接固定高电平，这时可以将模块上的 P 和 V_{CC} 用焊锡短接。所以模块如果不是第一次使用，一定要先确定 PSB 的连接情况。

在焊接液晶屏时需要注意以下几点。

(1) 处理保护膜。在装好的液晶屏表面贴有一层保护膜，以防在装配时污染或划伤显示表面，在整机装配结束前不要揭去，以免弄脏或损坏屏。

(2) 一般而言，液晶屏不需要而且尽量避免进行焊接操作。在这里我们使用引脚插座的方式连接液晶屏。如果必须要进行焊接时，例如在焊接液晶屏外引线，接口电路时，应按如下规程操作：烙铁头温度小于 280℃，焊接时间小于 3～4s，不要使用酸性助焊剂，焊接材料为共晶型、低熔点，重复焊接不要超过 3 次，且每次重复需间隔 5 分钟。

3. 软件调试

对程序进行编译，成功后下载至单片机，观察液晶屏显示情况，若不能正常显示，需要测量引脚电平情况，判断是否正确。或单步运行，检测程序运行是否正常。

7.3.4 运行——运行测试、结果分析

运行测试时发现屏幕显示不清楚，有网格存在，若直接将 VO 接电源后，显示正常，这说明是对比度不够深造成的。通过电位器调节 VO 值以改变对比度，调节后，VO 端去掉电源，液晶屏可正常显示。液晶屏显示结果如图 7-8 所示。

注意：液晶显示屏只需要输入一次数据，在不断电的情况下，即可一直显示所输入的数据。如果需要更新某些内容，就直接输入要更改位置的地址，然后再输入要更改的内容就行了。

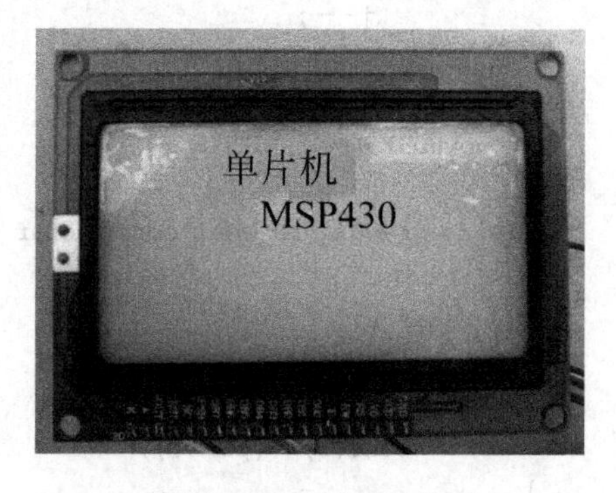

图 7-8 液晶屏显示结果

本章小结

通过本项目的实施，了解 LCD 的分类及 12864 液晶屏的引脚结构，掌握 LCD 与单片机的连接方法及编程方式，能够利用并行和串行两种方式驱动 LCD 显示字符、汉字及图像。

思考题

1. 将项目中显示的内容“单片机 MSP430”，在屏幕中的第一行顶格显示，将如何编程？

2. 利用 12864 液晶屏显示数据时，要求显示游标、从右到左显示数据，游标从右到左移位。应如何设计液晶屏的初始化编程？

项目8 倒计时器

8.1 项目内容

利用单片机片内16位定时器Timer_A的定时功能，实现1s定时。利用4位共阳型数码管显示时间，显示格式为“x-xx”，分别代表“分”、“十秒”和“秒”。每隔1s，倒计时器的时间减1，倒计时从4分59秒开始至0分0秒结束，共计5分钟。当0分0秒后，停止计时。系统复位后重新从4分59秒开始倒计时。

8.2 必备知识

8.2.1 Timer_A定时器的结构和原理

1. MSP430单片机常见定时器

单片机系统中常用到定时器来实现定时、计数等功能，定时器可以产生中断，可以满足各种应用。MSP430单片机有丰富的定时器资源，不同系列配备模块不同。常用的有看门狗定时器(WDT)、基本定时器(Basic Timer)、定时器A(Timer_A)、定时器B(Timer_B)和实时时钟(RTC)等。

看门狗定时器是一个16位计数器，有8种可选的定时时间。通过将看门狗电路设置为定时器状态，实现定时功能，具体见1.4.2节。

基础定时器是MSP430F4XX单片机内部提供的一个产生周期节拍的定时器，能在无须CPU干预的情况下产生2N个时钟周期的定时中断，供间歇唤醒系统用。

定时器A(Timer_A)存在于全系列的MSP430单片机中。除用于精确定时、计数或定时外，还具有捕获/比较模块，能够在无须CPU干预的情况下根据触发条件捕获定时器计数值，或自动产生各种输出波形。

定时器B(Timer_B)和Timer_A基本功能相似，但性能更高，功能更强大。平时可当作Timer_A用。不同点主要有：Timer_B的计数长度可通过寄存器配置进行选择；捕获单元TBCCRx双缓冲，可被成组操作；可设为高阻状态。

2. Timer_A定时器的结构及控制

Timer_A定时器分为定时计数器模块和比较/捕获模块两个部分。Timer_A是一个16

位定时器/计数器，并且具有三个捕获/比较模块，支持多路捕获/比较、PWM 输出等功能。Timer_A 可产生中断，计数溢出或由捕获/比较模块能触发中断。

Timer_A 功能包括：

(1) 4 种操作模式的异步 16 位定时器/计数器；

(2) 可选的、可配置的时钟源；

(3) 两个或三个可配置的捕获/比较寄存器；

(4) 可配置的输出 PWM 能力；

(5) 异步输入输出锁存；

(6) 中断向量寄存器快速解码所有的 Timer_A 中断。

MSP430G2553 单片机中有两个相同的 Timer_A：Timer0_A 和 Timer1_A。下面我们以 Timer0_A 为例介绍。

注意：*若使用 Timer1_A，则相关的寄存器名称不完全相同，具体可在 MSP430G2553 的头文件中查看。*

Timer_A 定时器的结构如图 8-1 所示，由图可以看出 Timer_A 定时器包括定时/计数器模块、捕获/比较模块 CCR0、CCR1 和 CCR2。

定时计数器模块由时钟源选择、预分频器、计数器寄存器 TAR 和计数模式选择几部分组成，相关的控制字有 TASSELx、IDx、TACLR 和 MCx。

3 个捕获/比较模块相互独立，具有单独的模式控制寄存器及捕获/比较值寄存器，图 8-1 中画出的是 CCR2 的结构，其余两个模块结构相同。捕获/比较模块可分为两部分：上半部分是捕获电路，下半部分是比较电路。捕获模式是用某个指定管脚的输入电平跳变触发捕获电路，将此刻的主计数器的计数值自动保存到相应的捕获寄存器中；比较模式是将自身的比较值寄存器与主计数器的计数值进行比较，一旦相等，就将自动地改变某个指定管脚的输出电平。

Timer_A 的寄存器如表 8-1 所示。

表 8-1　Timer_A 寄存器

寄　存　器	简　称	寄存器类型	地　址
Timer_A 控制寄存器	TACTL	读/写	0160H
Timer_A 计数器寄存器	TAR	读/写	0170H
Timer_A 捕获/比较控制寄存器 0	TACCTL0	读/写	0162H
Timer_A 捕获/比较寄存器 0	TACCR0	读/写	0172H
Timer_A 捕获/比较控制寄存器 1	TACCTL1	读/写	0164H
Timer_A 捕获/比较寄存器 1	TACCR1	读/写	0174H
Timer_A 捕获/比较控制寄存器 2	TACCTL2	读/写	0166H
Timer_A 捕获/比较寄存器 2	TACCR2	读/写	0176H
Timer_A 中断向量寄存器	TAIV	只读	012EH

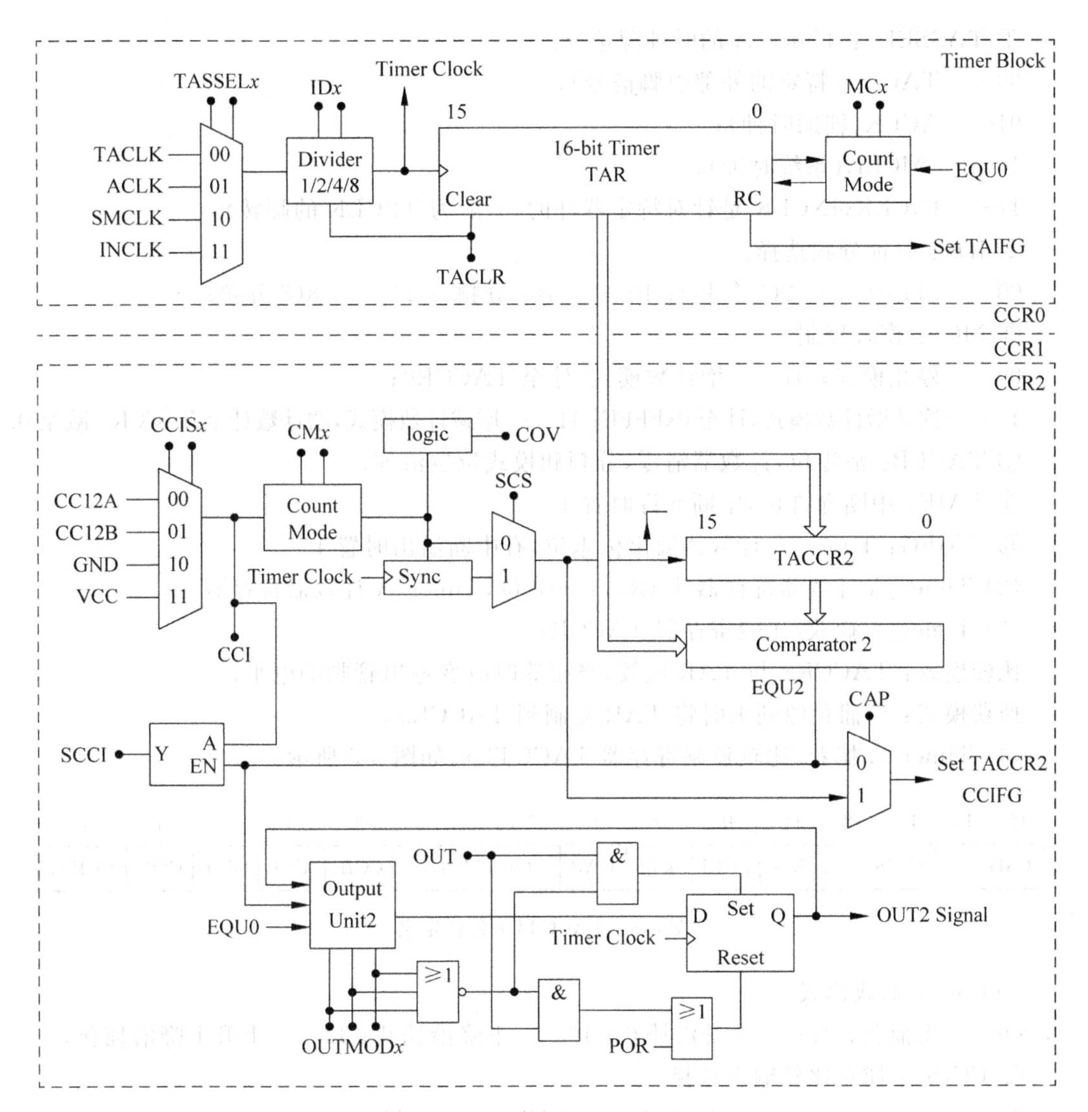

图 8-1 Timer_A 的结构

主计数器相关的控制位都位于 TACTL 寄存器中，主计数器的计数数值存放于 TAR 寄存器中。捕获/比较模块相关的控制位都位于 TACCTLx(x=0,1,2)寄存器中，捕获比较寄存器 TACCRx(x=0,1,2)。在一般定时器应用中，可提供额外的定时中断触发条件；在 PWM 输出模式之下，TACCRx 可用于设置周期和占空比；在捕获模式下，TACCRx 存放捕获结果。另外还有一个中断向量寄存器 TAIV，可以通过 TAIV 寄存器的值来确定中断原因。

(1) Timer_A 控制寄存器 TACTL，如图 8-2 所示。

15～10	9	8	7	6	5	4	3	2	1	0
未使用	TASSELx		IDx		MCx		未使用	TACLR	TAIE	TAIFG

图 8-2 TACTL 各位定义

① TASSELx：Timer_A 的时钟源选择。

00——TACLK(特定的外部引脚信号)；

01——ACLK(辅助时钟)；

10——SMCLK(系统时钟)；

11——INCLK(INCLK 是针对特定器件的,一般为 TBCLK 的翻转)。

② IDx：时钟分频选择。

00——/1；01——/2(2 分频)；10——/4(4 分频)；11——/8(8 分频)。

③ MCx：模式控制。

00——停止模式；01——增计数模式,计至 TACCR0；

10——连续增计数模式,计至 0xFFFF；11——增减计数模式,增计数计至 TACCR0 减至 0。

④ TACLR：清零位,计数器清零,分频和模式位也清零。

⑤ TAIE：中断允许位,中断允许时置 1。

⑥ TAIFG：Timer_A 计数器溢出标志位,有中断溢出时置 1。

(2) Timer_A 计数器寄存器 TAR。15～0 位,Timer_A 计数器寄存器。

(3) Timer_A 捕获/比较寄存器 TACCRx。

比较模式：TACCRx 与 TAR 比较,当相等时改变输出管脚的电平。

捕获模式：当捕获源到来时将 TAR 复制到 TACCRx。

(4) Timer_A 捕获/比较控制寄存器 TACCTLx,如图 8-3 所示。

15	14	13	12	11	10	9	8	7	6	5	4	3	2	1	0
CMx		CCISx		SCS	SCCI	未用	CAP	OUTMODx			CCIE	CCI	OUT	COV	CCIFG

图 8-3 TACCTLx 各位定义

① CMx：捕获模式。

00——无捕获；01——上升沿捕获；10——下降沿捕获；11——上升下降沿捕获。

② CCISx：捕获比较输入选择。

00——CCIxA；01——CCIxB；10——GND；11——V_{CC}。

③ SCS：同步异步选择。

0——异步捕获；1——同步捕获。

④ SCCI：捕获同步信号输入端。

⑤ CAP：捕获模式。

0——比较模式；1——捕获模式。

⑥ OUTMODEx：输出模式配置

000——模式 0；001——模式 1；010——模式 2；011——模式 3；

100——模式 4；101——模式 5；110——模式 6；111——模式 7。

⑦ CCIE：

0——不允许中断；1——中断允许。

⑧ CCI：捕获比较输入。

⑨ OUT：在模式 0,该位直接控制输出电平。

⑩ COV：捕获溢出控制位。

0——无捕获溢出；1——捕获溢出。

⑪ CCIFG：捕获比较中断标志。

0——无中断发生；1——中断发生。

(5) Timer_A 中断向量寄存器 TAIV：寄存器的值可用于确定中断源。

8.2.2 Timer_A 的中断

16 位的 Timer0_A0 有两个中断向量：TIMER0_A0_VECTOR 和 TIMER0_A1_VECTOR。

捕获/比较寄存器 TACCR0 独占一个中断向量 TIMERA0_VECTOR，响应速度最快，具有最高优先级。相关的中断事件有：①捕获模式下，通道 0 发生捕获事件；②比较模式下，通道 0 的主计数值计至 TACCR0。这两种情况下，当 TAR 计数值从 TACCR0－1 跳至 TACCR0 的时刻，中断标志位 CCIFG 被置 1。

TA0 的中断向量 TIMER0_A0_VECTOR 的服务子程序格式：

```
#pragma vector = TIMER0_A0_VECTOR
__interrupt void Timer_A (void)
{
  …;                              //捕获/比较模块 0 的中断服务子程序
}
```

注意：不同型号单片机中断向量可能有所不同，可以在头文件内的 interrrupt vector 中查看。

其他捕获/比较寄存器和定时/计数器共用一个复合向量 TIMERA1_VECTOR，可由 TAIV 寄存器的值确定中断源。相关的中断事件有：①捕获模式下，通道 1,2 发生捕获事件；②比较模式下，主计数值计至 TACCRx(x=1,2)；③主计数器模式下，主计数器溢出。

对于前两种情况，当 TAR 计数值从 TACCRx－1 跳至 TACCRx 的时刻，中断标志位 CCIFG 被置 1。第三种情况，当 TAR 计数值从 TACCRx 跳至 0(或从 0xFFFF 跳至 0)的时刻，标志位 TAIFG 将被置位。

所有中断标志置位与各自的中断允许位无关。如果通用中断允许位和相应的中断允许位置位，该中断标志置位将产生中断请求。

由以上分析可知，几个事件共用了 TIMERA1_VECTOR 中断向量，需要在中断服务程序中根据 16 位中断向量寄存器 TAIV 的值来确定具体中断源，如表 8-2 所示。

表 8-2 Timer_A 中断向量寄存器表

TAIV 值	中断源	中断标志	优先级
00H	无中断发生		
02H	捕获/比较模块 1	TACCTL1 内的 CCIFG	最高
04H	捕获/比较模块 2	TACCTL2 内的 CCIFG	↓
06H	*捕获/比较模块 3	TACCTL3 内的 CCIFG	
08H	*捕获/比较模块 4	TACCTL4 内的 CCIFG	
0AH	定时器溢出	TAIFG	最低

注：带*号的中断源只对 Timer_A5 单片机有效。

如果 CCIEx 或 TAIE 置位(将 TA 的中断打开),并且 GIE 置位(开总中断),那么标志位 CCIFGx 或 TAIFG 的置位将会产生一个中断请求。TACCTL0 内的 CCIFG 中断位具有最高优先级,其余优先级次序由 TAIV 决定。读取中断向量寄存器 TAIV 后,中断标志位(CCIFGx 或 TAIFG)将自动复位。

中断向量 TIMER0_A1_VECTOR 的服务子程序格式:

```
#pragma vector = TIMER0_A1_VECTOR
__interrupt void Timer_A (void)
{
  switch(TAIV)
   {
     case 2:…;                //捕获/比较模块 1 的中断服务子程序
               break;
    case 4:…;                 //捕获/比较模块 2 的中断服务子程序
               break;
    case 10:…;                //主计数器计满溢出的中断服务子程序
               break;
   }
}
```

8.2.3 Timer_A 定时器的定时功能

Timer_A 的主计数部分可以实现定时和计数功能。与主计数器相关的控制位都位于 TACTL 寄存器中,具体内容见 8.2.2 节。

通过控制位 TASSELx 和 IDx,可以设置定时/计数时钟。在需要低功耗应用及长时间定时或计数的情况下,可以用 ACLK 作为时钟源,加上预分频,最长的定时周期可达十几秒。在需要高精度定时的应用中,可以选择 SMCLK 作为时钟源,但由于 SMCLK 无法关闭,不能进入 LPM3 模式,会增加功耗。

若选择 TACLK 作为时钟源,定时器实际上成为外部脉冲的计数器,累积从 TACLK 管脚上输入的脉冲,采用上升沿计数。若选择 TACLK 取反作为时钟源,则对 TACLK 的下降沿计数。

Timer_A 定时/计数器有 4 种计数模式:停止模式、增计数模式、连续增计数模式和增减计数模式。

1. 停止模式

定时/计数器暂停计数,所有寄存器保存的内容保持不变,一旦恢复计数,则根据当前状态开始计数。

2. 增计数模式

每检测到一个时钟脉冲,TAR 值加 1。当 TAR 值与 TACCR0 寄存器的值相等时,定时器复位,从 0 开始重新计数,同时将 Timer_A 溢出标志位 TAIFG 置 1。如果 TA 中断被允许,还会引发中断。改变 TACCR0 寄存器的值就可以改变定时周期,且不存在初值装载问题,非常适合产生周期定时中断,如图 8-4 所示。

3. 连续增计数模式

定时/计数器从 TAR 当前值开始计数,每个时钟周期 TAR 加 1,计数至 0xFFFF 后溢出,定时器从 0 开始重新计数,同时将溢出标志位 TAIFG 置 1,如果 TA 中断被允许,会引发中断。若产生周期定时中断，需要在中断服务子程序中，对 TAR 重装初值。连续模式一般在捕获模式中使用较多，可以实现多个定时信号，如图 8-5 所示。

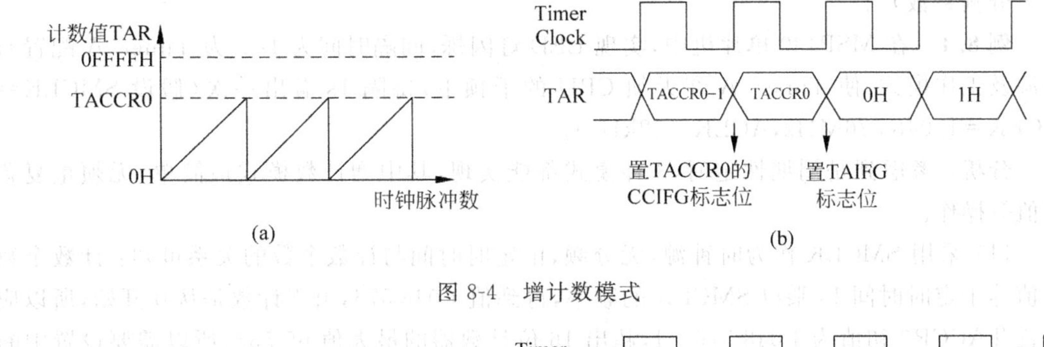

图 8-4 增计数模式

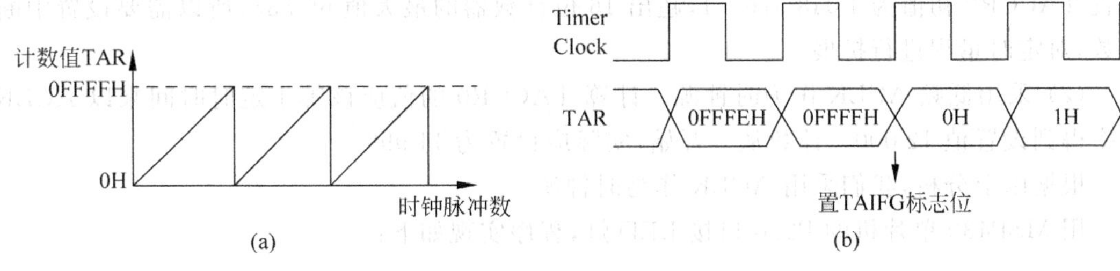

图 8-5 连续计数模式

4. 增/减模式

计数器从 0 开始增计数，计数值与 TACCR0 的值相等后，自动切换为减计数模式，计数值减到 0 后又恢复为增计数模式，依次循环，计数周期为 TACCR0 的两倍，TAR 从 1 变为 0 的时刻产生 TAIFG 中断标志。增减模式一般不用来定时或计数，常用于 PWM 发生器，如图 8-6 所示。

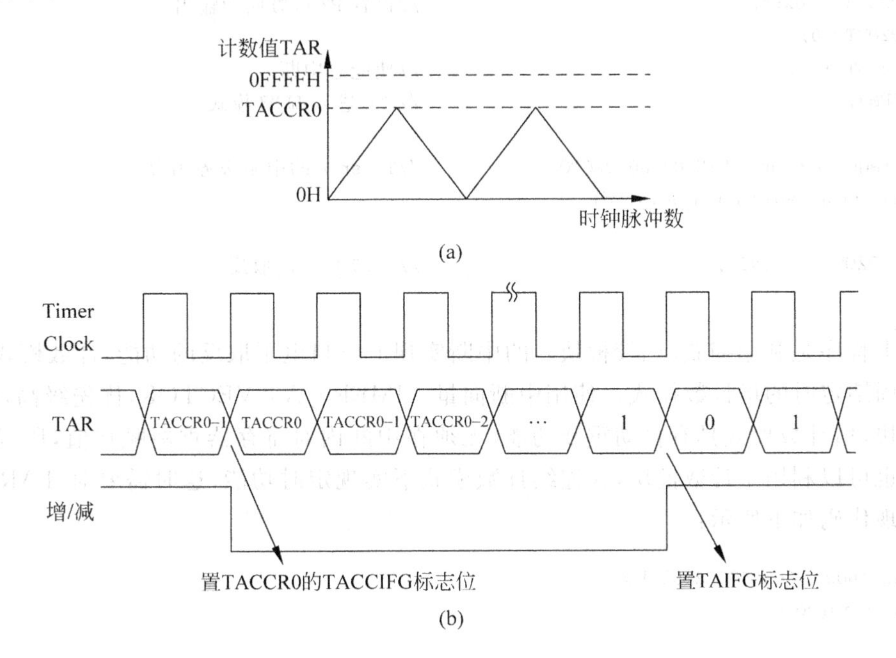

图 8-6 增/减计数模式

定时/计数器是对外部脉冲或时钟脉冲个数进行计数，得到的脉冲数乘以脉冲周期就是定时时间。定时/计数器的定时时间与计数个数的关系为"定时时间＝计数个数/(时钟频率×分频系数)"。

例 8.1 在 MSP430 单片机中，实现 LED 灯闪烁，间隔时间为 1s。为 Timer_A 配置时钟源及工作模式，使 Timer_A 在无须 CPU 的干预下，每隔 1s 溢出一次(假设 SMCLK＝MCLK＝1.048 576MHz，ACLK＝12kHz)。

分析：考虑到是周期性定时，3 种模式都能实现，其中增计数模式最简单，无须重复置初值等操作。

(1) 采用 SMCLK 作为时钟源，无分频，由定时时间与计数个数的关系可知：计数个数的值等于定时时间 1s 乘以 SMCLK 的频率，得到值 1 048 576，由于计数是从 0 开始，所以应设置 TACCR0 初值为 1 048 576－1，超出 16 位计数器的最大值 65 535，所以需要设置中断次数，对定时量程进行扩展。

(2) 采用低频 ACLK 作为时钟源。计算 TACCR0 的值应该等于定时时间乘以 ACLK 频率得到设置值 12 000。计数从 0 开始，实际应设置为 11 999。

根据以上分析，我们采用 ACLK 作为时钟源。

用 MSP430 单片机的 P2.0 口接 LED 灯，程序实现如下：

```
#include  <msp430G2553.h>
void main(void)
{
  WDTCTL = WDTPW + WDTHOLD;                       //关闭看门狗
  CCTL0 = CCIE;                                   //使能 TA0 捕获/比较模块 0 的中断
  TACTL = TASSEL_1 + ID_0 + MC_1 + TACLR;
        //定时器 A 的时钟源选择 ACLK,无分频,增计数模式
  TACCR0 = 12000 - 1;                             //设定周期 1s,计数终值
  P2DIR = 0xff;                                   //设置 P2 口方向为输出
  P2OUT = 0;
  _EINT();                                        //使能总中断
  LPM3;                                           //CPU 进入 LPM3 模式
}
#pragma vector = TIMER0_A0_VECTOR                //Timer_A 的中断服务函数
__interrupt void Timer_A (void)
{
    P2OUT ^= 0x01;                                //P2.0 口输出取反
}
```

以上程序是利用捕获/比较模块 0 的中断实现 I/O 口电平取反的功能，计数模式选用最适合于周期定时的增计数模式。使用中断向量 TIMER0_A0_VECTOR，优先级高，CPU 响应速度快，增计数模式具有自动重装功能，无须在中断内对寄存器重新赋初值，所以应用最普遍。也可以利用主计数模块，在连续计数模式下实现定时功能，这时需要对 TAR 重装初值。实现代码如下所示：

```
#include  <msp430G2553.h>
void main(void)
{
```

```
  WDTCTL = WDTPW + WDTHOLD;                    //关闭看门狗
  TACTL = TASSEL_1 + ID_0 + MC_2 + TAIE;
//定时器 A 的时钟源选择 ACLK,连续增计数模式
  TA0R = 65536 - 12000;                        //设定周期 1s
  P2DIR = 0xff;                                //设置 P2 口方向为输出
  _EINT();                                     //使能总中断
  LPM3;                                        //CPU 进入 LPM3 模式
}
#pragma vector = TIMER0_A1_VECTOR              //Timer_A 的中断服务函数
__interrupt void Timer_A (void)
{
switch(TAIV)                                   //通过 TAIV 的值判断中断源
   {
case 10: P2OUT ^= 0x01;                        //主计数器计满溢出的中断服务子程序
      TA0R = 65536 - 12000;                    //连续增计数模式下,需要重装初值
      break;
   }
}
```

8.3 项目实施

8.3.1 构思——方案选择

本项目利用 MSP430 单片机实现 5 分钟倒计时。用 Timer_A 实现 1s 定时,4 位共阳型数码管显示时间,显示格式为:“x-xx”,分别代表“分”、“十秒”和“秒”。每隔 1s,倒计时器的时间减 1,倒计时从 4 分 59 秒开始计时,至 0 分 0 秒结束,停止计时。

本项目包括 1s 定时和数码管显示两个模块。Timer_A 的时钟源可以选择 ACLK 或 SMCLK,本项目选用的 MSP430G2 系统中 ACLK 频率为 12kHz,定时周期较长;SMCLK 频率为 1MHz,适用于高分辨率、短时间的应用。考虑本项目特点,选用 ACLK 作为时钟源,实现 1s 定时。项目中用到 4 位数码管,为节省 I/O 口资源,采用动态显示方法显示。

8.3.2 设计——硬件电路设计、软件编程

1. 硬件电路设计

数码管的段控制线接单片机的 P1 口,字位控制线分别接单片机的 P2 口。硬件电路如图 8-7 所示。

对于动态显示方式,因为显示电流大,为避免大电流引起 LED 的误动作,供电电源端可以并联一个大容量滤波电容 220～1000μF。同时,LED 的供电线路最好单独分开,电源线尽量加粗。

2. 软件编程

1) 程序流程图

通过对系统的分析可知,该倒计时器系统程序的编写可以包含以下几部分。

(1) 主程序。负责初始化操作、数码管的显示调用。

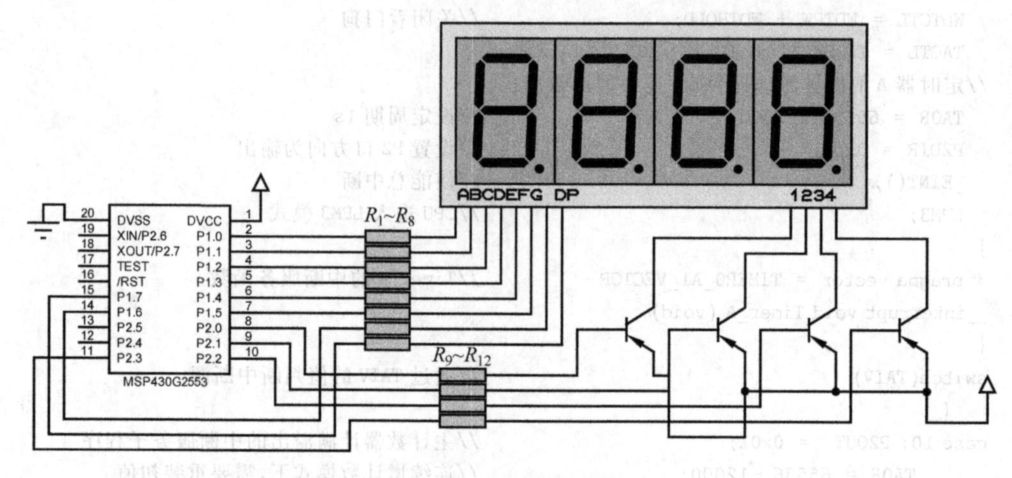

图 8-7 倒计时器电路原理图

(2) 数码管显示程序。负责 4 位数码管动态显示。

(3) 定时中断服务程序。定时中断服务程序主要完成 1s 计时和时间的修改,并判断 5 分钟时间是否到。

该系统控制程序流程图如图 8-8 所示。

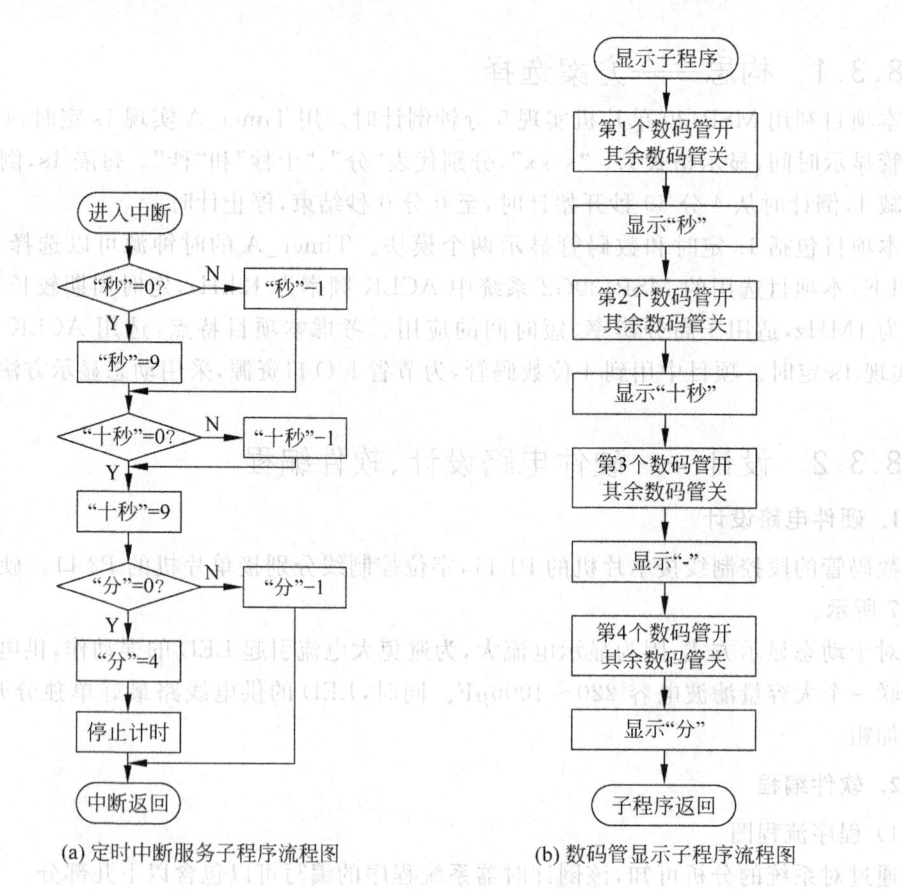

(a) 定时中断服务子程序流程图 (b) 数码管显示子程序流程图

图 8-8 倒计时器控制程序流程图

2）编写的控制程序

Timer_A 时钟源选择无分频的 ACLK，频率为 12kHz。利用增计数模式，定时周期为 1s 时，应设定的计数终值 $N=1\times12\,000-1=11\,999$。

```
#include  <msp430G2553.h>
#define LEDWEI P2OUT                          //声明 LEDWEI 表示 P2 口，数码管位控制
#define LEDDUAN P1OUT                         //声明 LEDDUAN 表示 P1 口，数码管段控制
unsigned char LED[ ] = {0xC0,0xF9,0xA4,0xB0,0x99,0x92,0x82,0xF8,0x80,0x90,0x88,0x83,0xC6,
0xA1,0x86,0x84};                              //共阳数码管
unsigned char timer[4] = {4,0xBF,5,9};        //定义显示数组，显示为"4～59"
void disp_led ();
void delay(long n)                            //延时子程序
{
    unsigned int i;
        unsigned int j;
        for(i = n;i > 0;i -- )
            for(j = 100;j > 0;j -- )
            _NOP();
}

void main(void)
{
  WDTCTL = WDTPW + WDTHOLD;                   //关闭看门狗
  CCTL0 = CCIE;                               //使能 TA0 捕获/比较模块 0 的中断
  TACTL = TASSEL_1 + ID_0 + MC_1 + TACLR;     /* 定时器 A 的时钟源选择 ACLK，增计数模式 */
  TACCR0 = 11999;                             //设定周期 1s，计数终值
  P1DIR = 0xff;                               //设置 P2 口方向为输出
  P2DIR = 0xff;                               //设置 P2 口方向为输出
   _EINT();                                   //使能总中断
  while(1)
  {
   disp_led();                                //调用数码管显示函数
 }
}
#pragma vector = TIMER0_A0_VECTOR             //Timer_A 的中断服务函数
__interrupt void Timer_A (void)
{
    if(timer[3] == 0)                         //判断秒是否减到 0
    {
      timer[3] = 9;
      if(timer[2] == 0)                       //判断十秒是否减到 0
      {
        timer[2] = 5;
        if(timer[0] == 0)                     //判断分是否减到 0
        {
          timer[0] = 4;                       //5 分钟定时到
          TACTL = MC_0;                       //停止计时
        }
        else  timer[0] -- ;                   //十秒 - 1
       }
      else  timer[2] -- ;                     //分 - 1
```

```
        }
        else timer[3] --;
    }
    void disp_led (void)                        //数码管显示函数
    {
        LEDWEI = 0xFE;                          //第 1 个数码管开启
        LEDDUAN = LED[timer[3]];
        delay(10);
        LEDWEI = 0xFD;                          //第 2 个数码管开启
        LEDDUAN = LED[timer[2]];
        delay(10);
        LEDWEI = 0xFB;                          //第 3 个数码管开启
        LEDDUAN = timer[1];
        delay(10);
        LEDWEI = 0xF7;                          //第 4 个数码管开启
        LEDDUAN = LED[timer[0]];
        delay(10);
    }
```

8.3.3 实现——硬件组装、软件调试

1. 元器件汇总

倒计时系统所需元器件清单如表 8-3 所示。

表 8-3 倒计时系统元器件清单

模 块	元器件名称	参 数	数 量
MSP-EXP430G2 LaunchPad 最小系统			1
LED 数码显示模块	电阻	4.7kΩ	4
	电阻	1kΩ	8
	三极管	9012	4
	数码管	共阳	4

2. 电路板制作

元器件准备好以后，就可以在万用板上焊接电路了，在这里只需要焊接 LED 数码管显示模块即可。硬件电路可参考项目 5，如图 5-9 所示。

3. 软件调试

根据本项目实现功能，可以分别调试显示功能和 1s 定时功能。先确保显示模块能正常显示，能够实现 1s 准确定时，然后将两部分合并，完成倒计时器的设计。

8.3.4 运行——运行测试、结果分析

系统测试包括硬件测试和软件测试两个部分。

1. 硬件测试

硬件电路只有单片机系统和数码管显示模块，测试时可以利用＋3.5V 的电源作为高电平，地线作为低电平，连接到电路板位选线和段选线上，看数码管能否正常显示。

2. 软件测试

将所要调试的程序下载到单片机中，然后进行编译，根据系统的提示查找原因，将出错的地方调整正确。

将单片机实验箱与计算机连接，然后在CCS中编译程序，运行程序，根据单片机所显示的结果分析程序，修改程序直到程序正常。

3. 联调

将生成的可执行文件载入单片机，看数码管能否正常显示。现象应该为4个数码管显示5分钟倒计时的时间，每隔1s时间，数码管显示的值减1。

在调试过程中常出现的问题：

(1) 数码管不显示或显示不正确。检查I/O口输出是否正常，如果没问题，则需检查硬件电路。

(2) 定时时间不准确。这时需要根据综合定时器选用的时钟源及其分频情况、计数模式，重新计算计数终值。运行结果如图8-9所示。

图8-9　倒计时系统电路实物图

本章小结

通过倒计时器的设计与制作，掌握定时计数器Timer_A结构、原理及应用。Timer_A具有定时、计数、捕获、比较功能。本项目介绍了其中主计数模块的定时、计数功能，通过对相关寄存器的设置，实现定时功能。

思考题

1. 在MSP430单片机中，利用Timer_A在增计数模式下，编程实现10s定时（假设ACLK为12kHz，SMCLK为1MHz）。

2. 在MSP430单片机中，利用Timer_A在连续计数模式下，编程实现100ms定时（选择SMCLK做时钟源，假设SMCLK为1.048 576MHz）。

3. 在本项目完成的倒计时器中，添加一个功能：5min定时时间到后，由蜂鸣器产生一个报警信号。项目中的硬件电路及程序需要如何处理？

4. 利用Timer_A的定时功能实现项目4中的流水灯，要求每个灯的每次点亮时间为1s。

项目9 电机控制

9.1 项目内容

利用4个按键控制直流电机的运行状态，当运行键按下时电机启动运行；停止键按下后，电机停止转动；在运行状态下，如果转向键按下，则电机改变原来运转方向，按相反方向转动；利用调速按键，可以改变电机转动速度。

9.2 必备知识

9.2.1 Timer_A 的捕获/比较模块

1. Timer_A 的捕获模式及应用

通过对寄存器 TACCTLx 中 CAPx 位置 1，可使 Timer_A 工作在捕获模式下。捕获模块的结构图如图 8.1 所示，用某个选定管脚的输入电平跳变（上升沿、下降沿或两者皆可），触发捕获电路，并将计数器寄存器 TAR 的值保存到捕获值寄存器 CCRx 中。CPU 可以通过查询或在中断内读取捕获值，根据两次捕获值之间的差即可计算出周期脉宽等信息。捕获发生后，中断标志位 CCIFGx 置位，若中断允许，还将产生中断请求。该过程纯硬件实现，无须 CPU 的干预，不存在中断响应等时间延迟，实时性很强。可以用于需要精确时间定位的场合。

捕获模式相关的控制位在寄存器 TACCTLx 中（详见 8.2.1 节寄存器表），可以通过相关设置来选择捕获源和捕获触发沿等。另外，TACCTLx 还有用来指示溢出的标志位 COV，只有在另一次捕获发生前，捕获数据已完成读取，捕获才复位。如果没有读完则 COV 置 1，说明前一次的捕获值尚未被 CPU 读取，新的捕获又发生了，这时，应该舍去该结果或另作调整。溢出标志位 COV 必须通过软件复位。

注意：当定时器暂停时捕获停止，顺序应是先停止捕获，再停止定时器。捕获功能重新开始时，顺序是先开始捕获，再开始定时器。

在对时间要求不是很精确的应用中，中断响应延迟误差可以忽略不计，可以通过在中断内读取定时器的计数值来实现周期的测量。在非常精确的应用中，低功耗唤醒、压栈等操作，都会导致测量误差。此外，还有许多地方是需要关闭中断的，或是正在执行某个中断而对其他低优先级的中断不响应，这些都会导致中断响应延迟时间变长。在这些情况下，需要利用 Timer_A 的捕获模块来测量外部信号的脉宽、周期和时间等信息。

利用 Timer_A 的捕获模块对触发信号的边沿进行捕获。在 TAx 管脚发生电平跳变的时刻，捕获模块通过硬件上的锁存器，将计数器值保存下来，同时引发中断。即使该中断不能立即被响应，由于事件发生时的计数值已经被保存下来，稍后再读也不会带来误差。

例 9.1 用 MSP430 单片机 Timer_A 的捕获模块测量外部信号的周期。

分析：利用 SMCLK 时钟源作为时钟输入信号，利用外部引脚输入信号的上升沿触发捕获，相邻两次捕获发生时，得到的捕获值的差乘以 SMCLK 信号的周期即为外部信号的周期。若信号周期较长，在两次上升沿的时间间隔内，计数器有溢出，可以利用主计数器溢出中断计算溢出次数，扩展周期。

编程实现：

```
#include  <msp430G2553.h>
unsigned int TA_cnt;                 //TA 溢出次数存放变量
unsigned int PerVal;                 //前一次捕获值存放变量
unsigned long int val ;              //val 值乘以时钟周期即可得外部信号周期
void main(void)
{
   WDTCTL = WDTPW + WDTHOLD;         //关闭看门狗
   P1DIR& = ~BIT2;
   P1SEL| = BIT2;                    //P1.2 用作 TA0.1,作为外部信号输入端
   TACTL| = TASSEL_2 + ID_0 + MC_2 + TAIE + TACLR;
                                     //定时器 A 时钟源选择 SMCLK,连续计数模式
   TACCTL1| = CAP + CM_1 + CCIS_0 + SCS + CCIE;
   _EINT();                          //使能全局中断
   LPM0;                             //定时器 A 的时钟源选择 SMCLK,只能进入低功耗模式 0
}
#pragma vector = TIMER0_A0_VECTOR    //定时器 A 的中断服务函数
__interrupt void Timer_A (void)
{
    switch(TAIV)                     //判断中断源
    {
      case 2:                        //捕获/比较模块 1 发生中断
          val = TA_cnt * 65536 + TACCR1 - PerVal;
          PerVal = TACCR1;           //保存捕获值,下次使用
          TA_cnt = 0;                //溢出次数清零
          break;
      case 4: break;                 //捕获/比较模块 2 发生中断
      case 10:                       //主计数器计满溢出
          TA_cnt++;                  //溢出次数 +1
          break;
    }
}
```

2. Timer_A 的比较模式

当控制位 CAP 为 0 时，Timer_A 工作在比较模式。比较模式通常用来产生 PWM 波信号或在特定时间间隔产生中断。在比较模式下，捕获/比较模块将不断地对比主计数器的计

数值和比较值寄存器 TACCRx 的值。如果值相等，那么：

(1) 中断标志位 CCIFGx 置位，如果 GIE 和 CCIEx 置位将产生中断请求。

(2) EQUx 置位(当 TAR 的值大于或等于 CCR0 值时，EQU0 信号置位。当 TAR 的值等于相应的 CCR1 和 CCR2 的值时，EQU1 和 EQU2 信号置位)。

(3) 根据输出模式的不同，EQUx 会自动地改变某个指定管脚(TAx 管脚)的输出电平。有 8 种输出模式可以选择，从而能在无须 CPU 干预的情况下输出 PWM 调制、可变单稳态脉冲、移相方波和相位调制等常用波形。

(4) 比较器相等信号 EQU 将选定的输入信号 CCI 锁定在锁存器中，由 SCCI 输出。

整个过程无须 CPU 干预，软件中只需改变 TACCRx 的值即可改变输出波形的某些参数。对于不同型号的芯片，波形输出 TAx 所对应的管脚有所不同，可参考相应型号所对应的芯片手册。

9.2.2 Timer_A 的输出单元

Timer_A 的每个捕获/比较模块都包含一个输出单元，用于产生输出信号。Timer_A 的捕获/比较模块产生 EQU 信号，触发输出逻辑，再通过 TACCTLx 寄存器中的 OUTMODE 控制位配置输出模式，在 OUT 位的控制下，经由 D 触发器在 TAx 管脚输出波形。每个输出单元有 8 种输出模式，这些模式与 TAR 的值、TACCRx 的值和 OUT 的值有关。Timer_A 的 8 种输出模式情况如表 9-1 所示。

表 9-1 Timer_A 的 8 种输出模式

OUTMODEx 控制位	输出模式	说明
000 模式 0	输出模式	TAx 输出信号由 TACCTLx 寄存器中 OUT 位的值决定，并在写入该寄存器值后立即改变
001 模式 1	置位模式	TAx 输出信号在 TAR 的值等于 TACCRx 的值时置 1，并保持置位状态到定时器复位或选择另一种输出模式为止；输出值在定时器时钟上升沿时发生变化
010 模式 2	PWM 翻转/复位模式	TAx 输出信号在 TAR 的值等于 TACCRx 时翻转，TAR 的值等于 TACCR0 时复位；输出值在定时器时钟上升沿时发生变化
011 模式 3	PWM 置位/复位模式	TAx 输出信号在 TAR 的值等于 TACCRx 时置位，TAR 的值等于 TACCR0 时复位；输出值在定时器时钟上升沿时发生变化
100 模式 4	翻转模式	TAx 输出信号在 TAR 的值等于 TACCRx 时翻转，输出周期是定时周期的 2 倍；输出值在定时器时钟上升沿时发生变化
101 模式 5	复位模式	TAx 输出信号在 TAR 的值等于 TACCRx 时复位，并保持低电平直到选择另一种输出模式；输出值在定时器时钟上升沿时发生变化
110 模式 6	PWM 翻转/置位模式	TAx 输出信号在 TAR 的值等于 TACCRx 时翻转，TAR 的值等于 TACCR0 时置位；输出值在定时器时钟上升沿时发生变化
111 模式 7	PWM 复位/置位模式	TAx 输出信号在 TAR 的值等于 TACCRx 时复位，TAR 的值等于 TACCR0 时置位；输出值在定时器时钟上升沿时发生变化

在输出模式 0 下，TAx 管脚与普通的输出 I/O 口一样，可以由软件操作 OUT 控制位来控制 TAx 管脚的高低电平，当写入寄存器 TACCTL 中 OUT 位的值后，输出值立即改变。在其他输出模式下，输出值都是在定时器时钟的上升沿发生变化。

在增计数模式下，以 TACCR0 和 TACCR1 为例，不同输出模式的输出波形如图 9-1 所示。

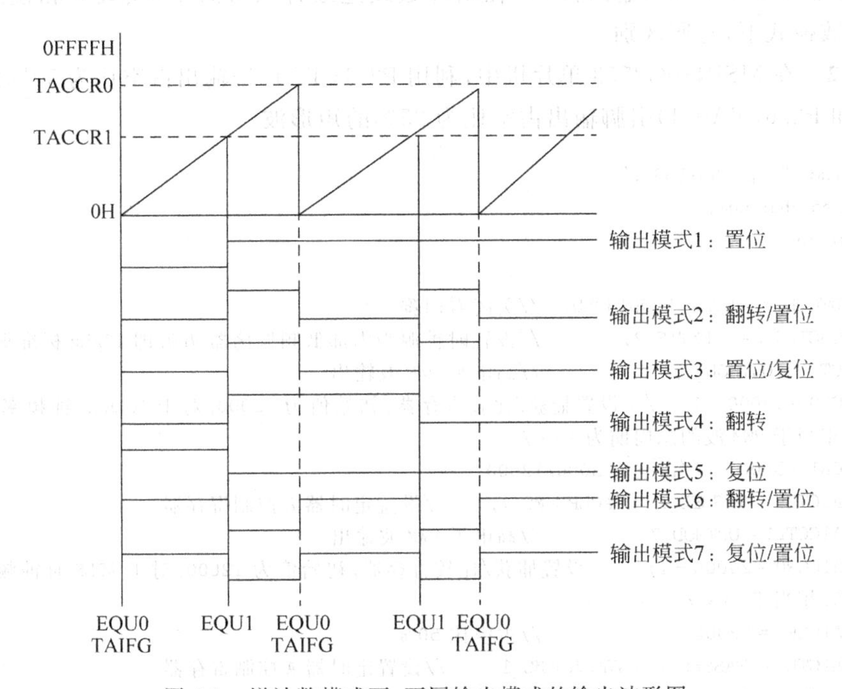

图 9-1 增计数模式下，不同输出模式的输出波形图

第 1 个波形为模式 1 的输出，当 TAR 值计至 TACCR1 时，TAx 引脚置 1。若开始时将 TAx 置为低电平，当经过 TACCR1 个周期时，TAx 自动输出高电平。这样就得到了一个低电平脉冲，可以通过改变 TACCR1 的值，改变低电平脉冲的周期。脉冲产生过程不占用 CPU。

第 2 个波形为模式 2 的输出，当 TAR 值计至 TACCR1 时，输出发生翻转，当 TAR 值计至 TACCR0 时，输出置 0。输出波形高低电平的时间由 TACCR1 和 TACCR0 的值决定。通过改变 TACCR1 和 TACCR0 的值可以改变输出波形的占空比。

第 3 个波形为模式 3 的输出，当 TAR 值计至 TACCR1 时，输出置 1，当 TAR 值计至 TACCR0 时，输出置 0。在增计数或连续计数方式下，模式 2 和模式 3 相同。在增减计数模式下，有所区别。

第 4 个波形为模式 4 的输出，当 TAR 值计至 TACCR1 时，输出值翻转。通过改变 TA 的计数周期可以改变 TAx 管脚的输出频率，通过改变 TACCRx 的值可以改变波形相位。

第 5 个波形为模式 5 的输出，与模式 1 相反，当 TAR 值计至 TACCR1 时，TAx 引脚置 0。若开始时将 TAx 置为高电平，当经过 TACCR1 个周期时，TAx 自动输出低电平。这样就得到了一个高电平脉冲，可以通过改变 TACCR1 的值，改变高电平脉冲的周期。脉冲产生过程不占用 CPU。

第6个波形为模式6的输出，与模式2相反，当TAR值计至TACCR1时，输出发生翻转，当TAR值计至TACCR0时，输出置1。输出波形高低电平的时间由TACCR1和TACCR0的值决定。通过改变TACCR1和TACCR0的值可以改变输出波形的占空比。

第7个波形为模式7的输出，与模式3相反，当TAR值计至TACCR1时，输出置0，当TAR值计至TACCR0时，输出置1。在增计数或连续计数方式下，模式6和模式7相同。在增减计数模式下，有所区别。

例9.2 在MSP430G2553单片机中，利用P2.1(TA1.1)输出占空比为50%的矩形波，从P1.2和P2.6(TA0.1)引脚输出占空比为25%的矩形波。

```
#include "msp430g2553.h"
unsigned char num;
void main()
{
    WDTCTL = WDTPW + WDTHOLD;  //关闭看门狗
    BCSCTL3 |= LFXT1S_2;       //设置时钟源为内部低频振荡器 VLO,即 12kHz 标准振荡器
    CCTL1 = OUTMOD_7;          //高电平 PWM 波输出
    CCR0 = 12000 - 1;   /*设置捕获/比较寄存器,初始值为 12000,对于 ACLK 时钟频率为 12kHz 的
频率,相当于 PWM 波的总周期为 1s*/
    CCR1 = 3000;   //占空比 3000/12000
    TA0CTL = TASSEL_1 + TACLR + MC_1;    //设置定时器 A 控制寄存器
    TA1CCTL1 = OUTMOD_7;       //高电平 PWM 波输出
    TA1CCR0 = 24000 - 1;   /*设置捕获/比较寄存器,初始值为 12000,对于 ACLK 时钟频率为 12kHz
的频率,相当于 2s*/
    TA1CCR1 = 12000;           //占空比 50%
    TA1CTL = TASSEL_1 + TACLR + MC_1;    //设置定时器 A 控制寄存器
    P1SEL|= BIT2;              //TA0,P1.2 输出占空比为 25% 的 PWM 波
    P1DIR|= BIT2;
    P2SEL|= BIT6;              //P2.6 输出与 P1.2 完全相同的 PWM 波
    P2SEL&=~BIT7;
    P2DIR|= BIT6;
    P2SEL|= BIT1;              //TA1,P2.1 输出占空比为 50% 的 PWM 波
    P2DIR|= BIT1;
    LPM3;                      //进入低功耗模式
}
```

9.2.3 PWM控制直流电动机

电动机是依据电磁感应定律实现电能转换或传递的一种电磁装置。在电路中用于产生驱动转矩，作为电器或各种机械设备的动力源。按电动机的结构和工作原理可分为直流电动机、异步电动机和同步电动机。其中直流电动机是将直流电能转化为机械能的装置。

电动机的正反转和转速等都可以利用单片机技术实现数字化控制，是电气传动发展的主要方向之一。利用单片机的控制，使整个系统实现全数字化，并且有结构简单、可靠性高、操作维护方便等优点。下面主要介绍PWM对直流电机的控制方法。

1. PWM技术

脉宽调制PWM是指在脉冲周期一定的情况之下，通过调整脉冲的宽度，来获得等效的

波形，是利用微处理器的数字输出来对模拟电路进行控制的一种非常有效的技术，广泛应用在测量、通信、功率控制与变换的许多领域中。

PWM 技术中，负载接通时间与一个周期总时间之比叫做占空比。输出电压的平均值取决于输出波形的幅度和占空比，当波形幅度一定时，占空比越大，平均值就越大。在 PWM 控制的系统中，根据需要改变一个周期内“接通”和“断开”时间的长短。通过改变直流电机电枢上电压的“占空比”来达到改变平均电压大小的目的，从而控制电动机的转速。脉冲波形如图 9-2 所示。

在图 9-2 中，波形周期为 T，高电平脉冲宽度时间为 t_1，低电平脉冲宽度时间为 t_2，则占空比为 $D=t_1/T$；加在直流电动机两端的电压平均值为 $U_0=t_1/T\times U_{\max}$。

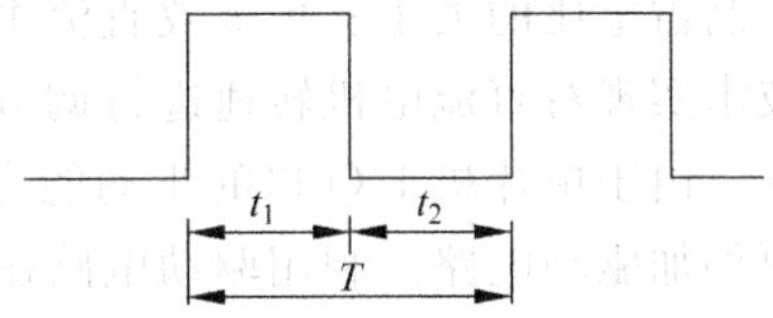

图 9-2 PWM 方波

设电机始终接通电源时，电机转速最大为 $V_{\max}$，电机的平均速度为 V_a，占空比为 $D=t_1/T$，则电机的平均速度为 $V_a=V_{\max}\times D$。

由上面的公式可见，当我们改变占空比 $D=t_1/T$ 时，就可以得到不同的电机平均速度 V_a，从而达到调速的目的。严格来说，平均速度 V_a 与占空比 D 并非严格的线性关系，但是在一般的应用中，我们可以将其近似地看成是线性关系。

MSP430 单片机 Timer_A 的输出模式 2、3、6、7 都可用作 PWM 波输出，通过改变 TACCR0 的值可以改变 PWM 的周期，改变 TACCRx 的值可以改变从 TAx 管脚输出信号的占空比。模式 3 和 7 也常一起使用，用于产生两路对称的波形。模式 2 和 6 一起使用，可以在增减计数模式下，产生带死区的 PWM 波，即可以设定“死区时间”来确保两路 PWM 波不会有同时为高电平的时刻。

PWM 控制本身属于开环控制，具有调节功能，但不具有稳定负载的能力，也不保证输出结果正比于占空比。例如在电机调速实验中，通过 PWM 控制可以改变电动机的功率，但不能稳定电动机的转速，电动机的转速会受负载力矩的影响。当需要高精度，高稳定性，快速且无超调的控制时，必须采用反馈控制系统。反馈控制系统，是将系统输出值与期望值相比较，并根据两者之间的误差调制系统，使输出值尽量接近于期望值的闭环控制系统。在 MSP430 单片机中，通过 ADC 采集功能测量实际被控量作为反馈信号，结合强大 CPU 计算能力实现各种反馈控制算法，最终通过 PWM 控制输出量，可以用单芯片构成各种反馈式控制系统。

2. PWM 波对直流电机的控制

直流电动机具有优秀的线性机械特性、宽的调速范围、大的启动转矩和简单的控制电路等优点。能满足生产过程、自动化系统各种不同的特殊运行要求，在许多需要调速或快速正反向的电力拖动系统领域中得到了广泛的应用。

直流电动机的转速调节主要有三种方法：调节电枢供电的电压、减弱励磁磁通和改变电枢回路电阻。改变电枢回路电阻调速只能实现有级调速，减弱磁通虽然能够平滑调速，但这种方法的调速范围不大，一般都是配合变压调速使用。所以在直流调速系统中，都是以变压调速为主。其中，在变压调速系统中，大体上又可分为可控整流式调速系统和直流 PWM 调速系统两种。直流 PWM 调速系统与可控整流式调速系统相比有下列优点。

由于PWM调速系统的开关频率较高，仅靠电枢电感的滤波作用就可获得平稳的直流电流，低速特性好、稳速精度高、调速范围宽。同样，由于开关频率高，快速响应特性好，动态抗干扰能力强，可以获得很宽的频带；开关器件只工作在开关状态，因此主电路损耗小、装置效率高；直流电源采用不可控整流时，电网功率因数比相控整流器高。

根据PWM控制的基本原理可知，一段时间内加在惯性负载两端的PWM脉冲与相等时间内冲量相等的直流电加在负载上的电压等效，要改变等效直流电压的大小，可以通过改变脉冲幅值U和占空比来实现，因为在实际系统设计中脉冲幅值一般是恒定的，通常通过控制占空比的大小实现等效直流电压在$0\sim U$之间的任意调节，从而达到利用PWM控制技术实现对直流电机转速进行调节的目的。

由于单片机I/O口的驱动能力有限，使用单片机产生的PWM波控制直流电机时还需要外加驱动电路。利用驱动电路还可以改变电机的转速。常用的驱动方法有由分立元件实现或专用驱动芯片。

1）由分立元件根据H桥原理搭建驱动电路

目前常用的驱动电路由复合体管组成H形桥式电路构成，原理图如图9-3所示，电路中4只三极管和电机组成一个H形状，4个二极管在电路中起保护作用，防止晶体管产生反向电压。

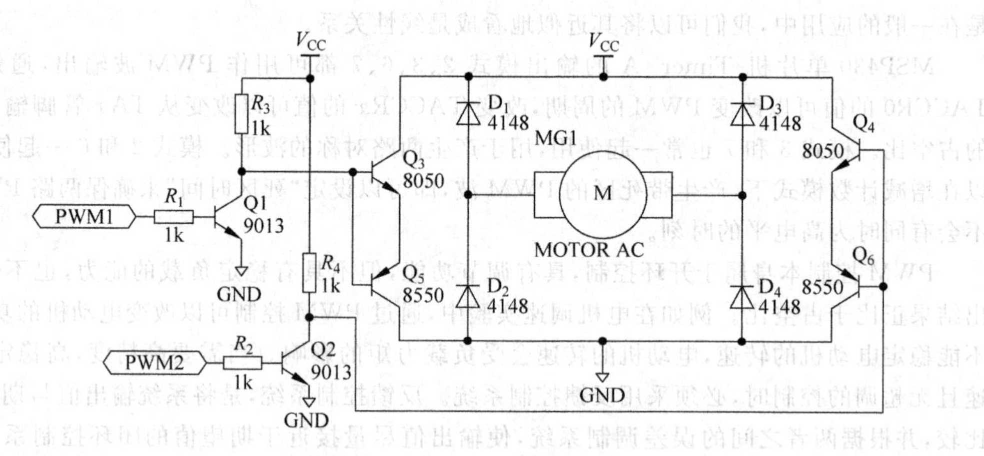

图9-3　H桥驱动电路原理图

要使电机运转，必须导通对角线上的一对三极管。根据不同三极管对的导通情况，可以控制电机中电流的流向，从而控制电机的转向。当Q_1管和Q_4管导通时，电流流向如图9-4所示，该流向的电流将驱动电机顺时针转动。当三极管Q_2和Q_3导通时，电流流向如图9-5所示，从而驱动电机沿逆时针方向转动。

当PWM1输入高电平，PWM2输入低电平时，电机正转；当PWM1输入低电平，PWM2输入高电平时，电机反转。从而实现了对电动机转向的控制。利用PWM波的占空比的调节，实现对电动机速度的控制。

2）专用驱动芯片

目前有许多H桥集成驱动芯片。驱动芯片不但可以供给电机足够的驱动电流还能起到隔离的作用，避免电机产生的冲击电流损坏控制器件。

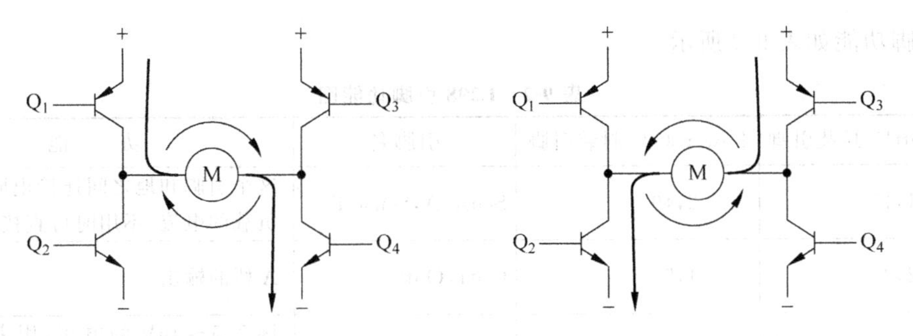

图 9-4 Q_1 和 Q_4 管导通时，电流流向　　图 9-5 Q_2 和 Q_3 管导通时，电流流向

L298 是一种内含两个 H 桥的高电压大电流全桥式驱动器。该芯片有 Multiwatt15 和 PowerSO20 两种封装形式，引脚图如图 9-6 所示。可以用来驱动直流电动机和步进电动机、继电器线圈等感性负载。使用 L298N 芯片驱动电机，该芯片可以驱动两个二相电机或一个四相步进电机，也可以驱动两台直流电机。L298N 可实现电机正反转及调速，启动性能好，启动转矩大，适合应用于机器人设计及智能小车的设计中。

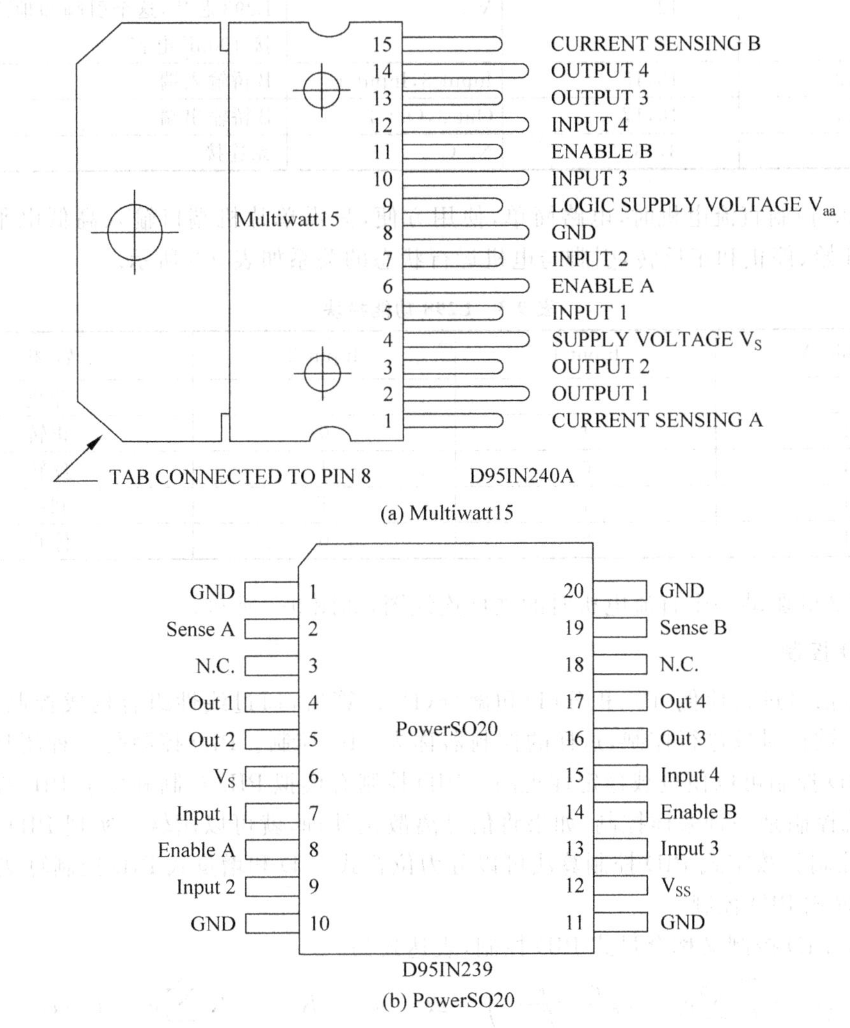

图 9-6 L298 的封装图与引脚图

引脚功能如表 9-2 所示。

表 9-2　L298 引脚功能图

Multiwatt15 封装引脚	PowerSO20 封装引脚	引脚名	功　能
1,15	2,19	Sense A,Sense B	这个引脚和地之间连接电阻来控制负载的电流,不用时可直接接地
2,3	4,5	Out1,Out2	A 桥的输出
4	6	V_s	接 2.5～46V 的电压,用来驱动电机,这个引脚和地之间需连接 100nF 电容
5,7	7,9	Input 1,Input 2	A 桥输入端
6,11	8,14	Enable A,Enable B	A 桥和 B 桥的使能端,低电平禁止工作
8	1,10,11,20	GND	接地端
9	12	V_{SS}	接 4.5～7V 的电压的,用来驱动 L298 芯片,这个引脚和地之间需连接 100nF 电容
10,12	13,15	Input 3,Input 4	B 桥输入端
13,14	16,17	Out 3,Out 4	B 桥输出端
—	3,18	N. C	无连接

用 L298 控制直流电机时,电路简单,使用方便,只需单片机端口输入高低电平就可以控制电机开始、停止和正反转,引脚与电机运行状态的关系如表 9-3 所示。

表 9-3　L298 功能模块

Enable A	Input 1	Input 2	运转状态
0	×	×	停止
1	1	0	正转
1	0	1	反转
1	1	1	刹停
1	0	0	停止

利用 L298 驱动一个直流电机时的硬件连线图,如图 9-7 所示。

3. PID 控制

将偏差信号进行比例(P)、积分(I)和微分(D)运算后,通过线性组合构成控制量,用这一控制量对被控对象进行控制,这样的控制器称为 PID 控制。PID 控制是一种闭环反馈算法,通过 PID 控制可以使负载稳定性提高。PID 控制有模拟 PID 控制和数字 PID 控制。

计算机控制是一种采样控制,如果将信号离散化处理,就可以用软件实现 PID 控制,即数字 PID 控制。数字式 PID 控制算法可以分为位置式 PID 和增量式 PID 控制算法。

1) 位置式 PID 控制

位置式 PID 控制又称全量式 PID 控制,表达式为

$$u_k = K_p\left(e_k + \frac{T}{T_i}\sum_{j=0}^{k} e_j + T_d\,\frac{e_k - e_{k-1}}{T}\right) \quad 或 \quad u_k = K_p e_k + K_i \sum_{j=0}^{k} e_j + K_d(e_k - e_{k-1})$$

式中,k 为采样序号;u_k 表示第 k 次采样的输出值;e_k 表示第 k 次采样的偏差值(e_k=理论值-实际值);e_{k-1}表示第 $k-1$ 次采样的偏差值;K_p 为比例系数;K_i 为积分系数;K_d 为微分系数。

这种算法的缺点是:由于控制量是全量输出,所以每次输出均与过去状态有关,计算时要对过去所有偏差值进行累加,工作量大;并且,因为计算机输出的是执行机构的实际位置,如果计算机出现故障,输出的结果将大幅度变化,会引起执行机构的大幅度变化,有可能因此造成严重的生产事故,这在实际生产中是不允许的。增量式 PID 控制算法可以避免这种现象发生。

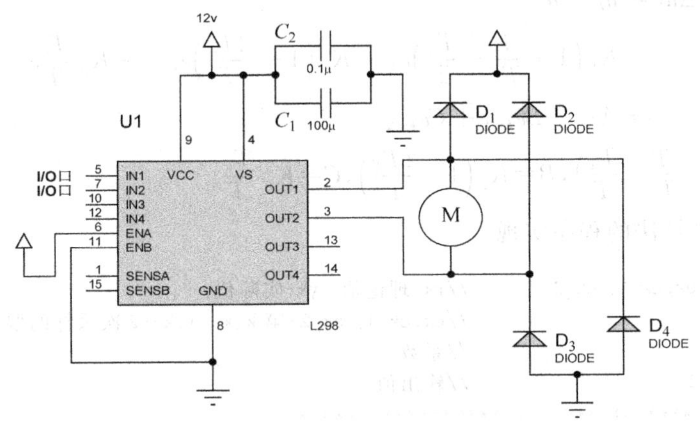

图 9-7 L298 驱动电机连线图

位置式 PID 算法的程序实现:

```
long int integral = 0;              //积分累计
float rk,yk,ek,ek_1;                //rk:理论值; yk:实际值;ek:第 k 次采样的偏差;
                                    //ek_1:第 k-1 次采样的偏差
float kp,ki,kd;                     //系数
float P,I,D;                        //PID 分量
float uk;                           //输出值
/*******************************************
函数名称: pid( )
功    能: 位置式 PID 算法
入口参数: yk,实际测量值
出口参数: PID 输出值
说    明: 根据位置式 PID 算法,利用理论值与实际值的偏差,调整输出
*******************************************/
float pid(float yk)                 //位置式 PID 计算输出量
{
    ek = rk - yk;                   //ek 为给定值与实际输出值的差
    P = kp * ek;                    //计算比例分量
    I = ki * integral;              //计算积分分量
    D = kd * (ek - ek_1);           //计算微分分量
    uk = P + I + D;                 //PID 合成输出量
    integral += ek;                 //累计偏差值,下次计算积分分量用
    if(uk > 100)
      uk = 100;                     //限定输出上限
```

```
    if(uk<5)
      uk = 5;                          //限定输出下限
    return(uk);
}
```

2）增量 PID 控制

增量式 PID 是指数字控制器输出的只是控制量的增量 Δu_k。当执行机构需要的控制量是增量，而不是位置量的绝对数值时，可以使用增量式 PID 控制算法进行控制。增量式 PID 控制的表达式为

$$\begin{aligned}\Delta u_k &= u_k - u_{k-1} \\ &= K_p\left(1+\frac{T}{T_i}+\frac{T_d}{T}\right)e_k - K_p\left(1+\frac{2T_d}{T}\right)e_{k-1} + K_p\frac{T_d}{T}e_{k-2} \\ &= Ae_k - Be_{k-1} + Ce_{k-2}\end{aligned}$$

式中，$A=K_p\left(1+\frac{T}{T_i}+\frac{T_d}{T}\right)$，$B=K_p\left(1+\frac{2T_d}{T}\right)$，$C=K_p\frac{T_d}{T}$。

位置式 PID 算法的程序实现：

```
float rk,yk,ek,ek_1, ek_2;             //rk:理论值; yk:实际值;
                                       //ek,ek_1, ek_2:第 k、k-1、k-2 次采样的偏差
float a,b,c;                           //系数
float uk,uk_1;                         //输出值
/*********************************************
函数名称: pid( )
功    能: 增量式 PID 算法
入口参数: yk,实际测量值
出口参数: PID 输出值
说    明: 根据增量式 PID 算法,利用理论值与实际值的偏差,调整输出
*********************************************/
float pid(float yk)                    //增量 PID 计算输出量
{
    ek = rk - yk;                      //ek 为给定值与实际输出值的差
    uk = uk_1 + a * ek - b * ek_1 + c * ek_2;
    ek_2 = ek_1;
    ek_1 = ek;
    uk_1 = uk;
    if(uk>100)
      uk = 100;                        //限定输出上限
    if(uk<5)
      uk = 5;                          //限定输出下限
    return(uk);
}
```

程序中的三个系数，需要不断凑试、调整，以达到最佳效果。

9.3 项目实施

9.3.1 构思——方案选择

本项目是利用 MSP430 单片机控制直流电机，通过按键操作改变电机的运行状态，共

有 4 种控制键,分别控制电机的启动、停止、转向和转速。

PWM 控制技术具有控制简单、灵活和动态响应好等优点,可以利用这种控制方式,通过改变电压的占空比实现对直流电机速度的控制。

MCS-51 系列单片机中没有直接产生 PWM 波的功能,通常利用软件定时的方法产生 PWM 波并控制波形的占空比。MSP430 系列单片机,可以利用 Timer_A 的比较输出模式直接产生 PWM 波。

PWM 控制属于开环控制,要得到高精度、高稳定度、快速、无超调的控制结果时,需要反馈式控制系统,利用软件实现反馈控制算法。

单片机 I/O 口的驱动能力有限,所以需要外加驱动电路,常用的驱动方式有以下两种。

方案一:采用"H 桥"驱动电路,通过 PWM 波控制三极管的通断来实现电机的正反转,但电路连接复杂,正反转时电流大,易烧毁三极管。

方案二:采用 L298N 驱动模块,其优点是电路驱动能力强,有过流保护功能。实现直流电机调速,实现简单,调速范围大,在这里我们选用方案二。

9.3.2 设计——硬件电路设计、软件编程

1. 硬件电路设计

MSP430G2553 的 TAx 管脚有 P1.1(TA0.0)、P1.2(TA0.1)、P1.5(TA0.0)、P1.6(TA0.1)、P2.0(TA1.0)、P2.1(TA1.1)、P2.2(TA1.1)、P2.3(TA1.0)、P2.4(TA1.2)、P2.5(TA1.2)和 P2.6(TA0.1)。因为本项目只有一个直流电机,所以可以在以上管脚中任选一个,产生一路 PWM 波即可完成对电机的控制。用驱动芯片 L298 实现对电机的驱动。利用单片机的 P2.0～P2.3 与按键相连,P2.4 和 P2.5 会产生相同 PWM 波,硬件电路如图 9-8 所示。

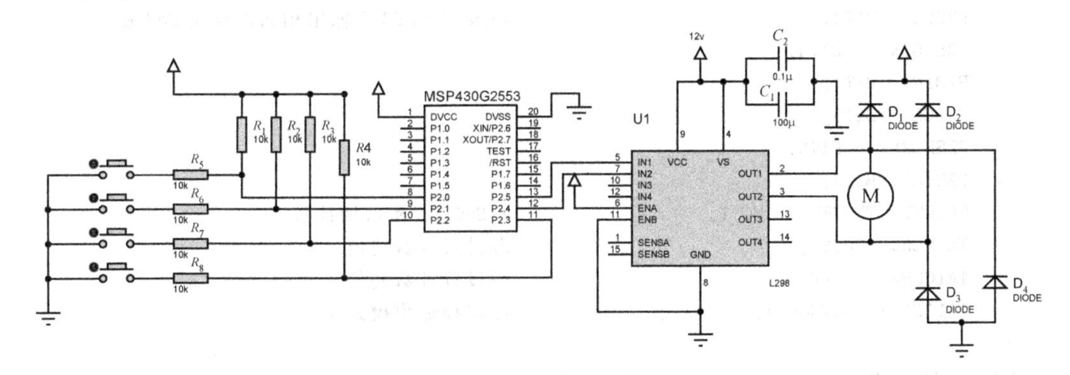

图 9-8 电路原理图

2. 程序设计

本项目程序设计可分为以下三部分。

主程序:主要用于对 I/O 口和 Timer_A 等进行初始化,为了降低功耗,初始化完毕后即可进入低功耗模式。

电机控制子程序:通过改变 I/O 口 PWM 的输出情况及占空比调节,来控制电机的运行状态。

P2 口中断服务子程序：当有键按下时，进入中断子程序，对按键进行检测得出键值，根据键值控制电机状态。

1）程序流程图（图 9-9）。

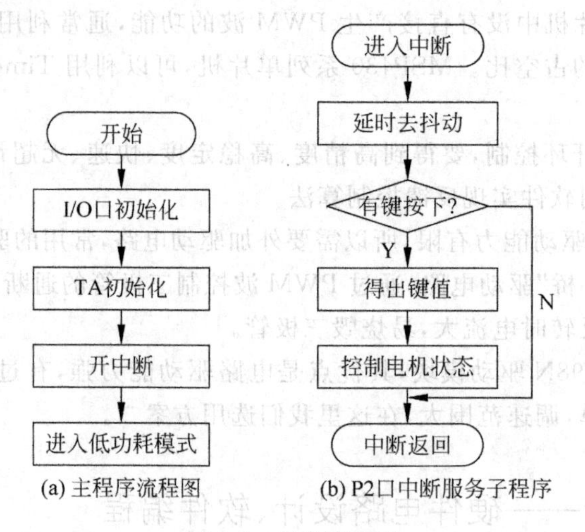

(a) 主程序流程图　　(b) P2口中断服务子程序

图 9-9　程序流程图

2）程序代码

```
#include"msp430g2553.h"
void delay_Nms(unsigned int n);              //延时函数
unsigned char KeyVal = 0;                    //按键的键值
void motorctr(unsigned char ctr);            //定义电机控制函数
void Init_Motor(void)                        //初始化 I/O 口和 TA
{
    P2SEL| = BIT4;                           //p2.4 和 P2.5 输出相同占空比 PWM 波
    P2SEL2& = ~BIT4;
    P2DIR| = BIT4;
    P2SEL| = BIT5;
    P2SEL2& = ~BIT5;
    P2DIR| = BIT5;
    TA1CTL = TASSEL_2 + MC_1;                //SMCLK,1MHz,增计数
    TA1CCR0 = 60000;                         //设置计数终值
    TA1CCR2 = 10000;                         //设置计数初值
    TA1CCTL2 = OUTMOD_7;                     //选择输出模式 7
}
void main(void)
{
    WDTCTL = WDTHOLD + WDTPW;                //关闭看门狗
    P2DIR& = ~(BIT0 + BIT1 + BIT2 + BIT3);   //P2.0~P2.3 设为输入
    P2OUT| = BIT0 + BIT1 + BIT2 + BIT3;
    P2REN| = BIT0 + BIT1 + BIT2 + BIT3;      //使能上拉电阻
    P2IE| = BIT0 + BIT1 + BIT2 + BIT3;       //P2.0~P2.3 使能中断
    P2IES| = BIT0 + BIT1 + BIT2 + BIT3;      //P2.0~P2.3 上升沿触发
    P2IFG = 0;                               //清中断标志位
    _EINT();                                 //全局中断使能
```

```
    Init_Motor();                             //初始化 I/O 口和 TA
    P2SEL& = ~BIT4;                           //P2.4 和 P2.5 的初始状态都没有 PWM 输出
    P2OUT& = ~BIT4;
    P2SEL& = ~BIT5;
    P2OUT& = ~BIT5;
    LPM1;                                     //进入低功耗模式
}
void motorctr(unsigned char ctr)              //电机状态控制函数
{
    switch(ctr)                               //电机状态判断
    {
      case 1:                                 //前进
       {
          P2SEL& = ~BIT5;
          P2OUT& = ~BIT5;                     //P2.5 无 PWM
          P2SEL| = BIT4;                      //P2.4 有波
          break;
        }
     case 2:                                  //后退
        {
          P2SEL& = ~BIT4;
          P2OUT& = ~BIT4;                     //P2.4 无 PWM
          P2SEL| = BIT5;                      //P2.5 有波
          break;
        }
    case 3:                                   //停止
       {
          P2SEL& = ~BIT4;
          P2OUT| = BIT4;                      //P2.4 无 PWM
          P2SEL& = ~BIT5;
          P2OUT| = BIT5;                      //P2.5 无 PWM
    break;
        }
     case 4:                                  //加速
       {
          P2SEL& = ~BIT5;
          P2OUT& = ~BIT5;                     //P2.5 无 PWM
          P2SEL| = BIT4;                      //P2.4 有波
          TA1CCR2 = TA1CCR2 + 5000;           //修改计数初值,以改变 PWM 占空比
          if(TA1CCR2 == 60000)                //设置计数初值上限
             TA1CCR2 = 0;
          break;
    }
  }
}
#pragma vector = PORT2_VECTOR
__interrupt void  PORT2_ISR(void)             //P2 口中断子程序,用于检测键值
{
    delay_Nms(1);                             //延时消抖
    if((P2IN&0x0f)!= 0x0f)                    //再次确认是否有键按下
{
```

```
        while((P2IN&0x0f)!= 0x0f);           //等待按键释放
        switch(P2IFG)                        //根据中断标志位,得出键值
        {
          case 1: KeyVal = 1;break;
          case 2: KeyVal = 2;break;
          case 4: KeyVal = 3;break;
          case 8: KeyVal = 4;break;
        }
      }
        P2IFG = 0;                           //清中断标志位
        motorctr(KeyVal);                    //调用电机控制函数
}
void delay_Nms(unsigned int n)               //延时
{
    unsigned int i;
    unsigned int j;
    for(i = n;i > 0;i--)
        for(j = 100;j > 0;j--)
          _NOP();
}
```

9.3.3 实现——硬件组装、软件调试

1. 元器件汇总

直流电机控制系统所需元器件清单如表 9-4 所示。

表 9-4 直流电机控制系统元器件清单

模 块	元器件名称	参 数	数 量
MSP-EXP430G2 LaunchPad 最小系统			1
电机模块	直流电机		1
电机驱动模块	电机驱动芯片	L298N	1
	散热片		1
独立键盘模块	按键		4
	电阻	10kΩ	4

2. 电路板制作

元器件准备好以后,即可焊接电路。本项目中硬件电路分为单片机系统、4 个按键组成的独立键盘、电机模块和电机驱动模块 4 部分。焊接时也要分模块制作,制作完毕后按照原理图用导线连接。L298 模块实物图如图 9-10 所示。

图 9-10 L298 模块实物图

3. 软件调试

软件的调试分两步进行:首先调试电机控制部分,不接入键盘,在程序中对参数 ctr 赋值,观察电机能否按要求运转;电机控制调试完毕后,接入键盘,

观察用键盘控制电机情况。

9.3.4 运行——运行测试、结果分析

将单片机实验箱与计算机连接，然后在 CCS 中进行编译、运行程序。运行测试时，应该先确保硬件能正常工作。

1. 键盘测试

将键盘引脚连至 4 个 LED 灯，测试按键能否控制 LED 的亮灭，判断键盘是否正确。

2. 电机及其驱动模块测试

将 L298 和电机按原理图连接完毕，其中输入引脚 in1 和 in2 分别与电源和地相连，观察电机状态。改变两个输入引脚的电平，看电机状态变化，从而判断电机及其驱动模块是否正常工作。

若运行不正常，用万用表检测连线或检查硬件本身是否有问题。

硬件测试完毕后，将程序下载至单片机，运行。运行结果应该是：按下前进键，电机正转；按下后退键，电机反转；按下停止键，电机停止；按加速键后，电机转速变快，到达最大转速之后，又从 0 开始重新加速。

9.4 扩充知识——步进电动机原理及应用

步进电动机是将电脉冲信号转换成角位移或线位移的电磁机械装置。步进电机是数字控制电机，它将脉冲信号转变成角位移，即步进电动机接收到一个脉冲信号，就转动一个固定角度(步距角)。在非超载的情况下，电动机的步距角和转速只取决于脉冲信号的频率和脉冲数，而不受负载变化等外界因素的影响，我们可以通过控制脉冲个数来控制角位移量，通过控制脉冲频率来控制电机转动的速度和加速度，从而达到调速的目的，非常适合于单片机控制。

步进电动机可分为反应式步进电动机(VR)、永磁式步进电动机(PM)和混合式步进电动机(HB)。

下面以应用广泛的反应式步进电动机为例，介绍单片机对步进电动机的控制技术。

9.4.1 反应式步进电机原理

反应式步进电动机有二相、三相、四相、五相等多种。其中相数指的是产生不同对极 N、S 磁场的激磁线圈对数。

以三相步进电动机为例，用 A、B、C 表示三相，若要按 A→B→C→A 相顺序轮流通电，步进电动机会按顺时针方向正转。如果将通电顺序改为 A→C→B→A，则步进电动机会按逆时针方向反转。以上通电方式，每次只对一个相通电，完成一个磁场周期性变化需要换相 3 次即 3 个脉冲信号，所以这种工作方式称为“单三拍”工作方式。另外，还有“双三拍”工作方式：正转通电方式为 AB→BC→CA，反转通电方式为 BA→AC→CB。“六拍”工作方式：正转通电方式为 A→AB→B→BC→C→CA，反转通电方式为 A→AC→C→CB→B→BA。

对应一个脉冲信号，电机转子转过的角位移称为步距角，用 θ 表示。当通电状态的改变

完成一个循环时，转子转过一个齿距角。电动机转一周需要的齿距角数，称为转子齿数。$\theta=360°/($转子齿数×运行拍数$)$，那么电动机转过一周需要的脉冲数为 $360/\theta$ 个。

步进电机的驱动电路根据控制信号工作，控制信号由单片机产生。通过控制电动机各相通电顺序控制电机的转动方向，通过调整单片机发出的脉冲频率或占空比，对步进电机进行调速。

9.4.2 步进电动机的单片机控制

步进电动机的控制系统由硬件电路和软件程序组成。

1. 硬件电路

步进电动机要靠单片机产生的脉冲来控制转矩，不能由单片机 I/O 口直接驱动，需要驱动电路，常用的驱动方式有由分立元件构建驱动电路和利用专用驱动芯片。所以一个步进电机控制系统包括控制器、驱动器和电机三部分。

1）分立元件构建驱动电路

使用分立元件组成驱动电路的方法有很多，例如图 9-11 为采用双电压驱动的三相双拍步进电机驱动控制系统设计的主要电路结构。

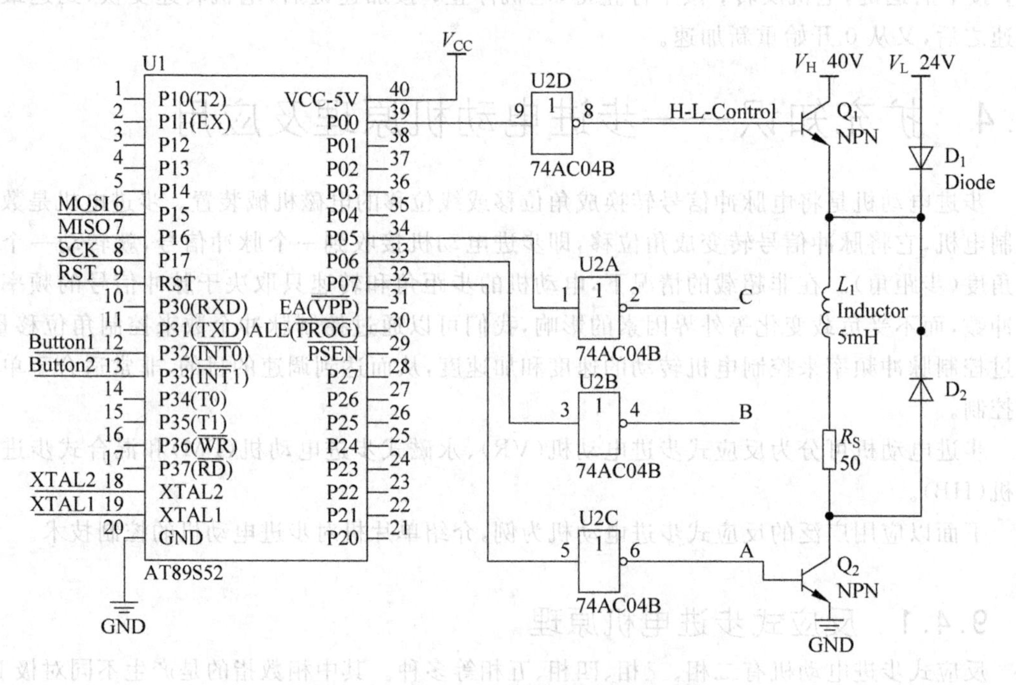

图 9-11 分立元件构建驱动电路图

图 9-11 中的 74AC04B 反相器用来给功率三极管提供驱动信号，P00 脚用来输出高频和低频脉冲时的控制选择信号，P00 为低电平时，Q_1 导通，D_1 截止，低电压源不起作用，D_2 截止，P05、P06 和 P07 输出高频脉冲，使得高电压源作用，电流响应变快。P00 为高电平时，Q_1 截止，高电压源不起作用，低电压源作用，P05、P06 和 P07 输出低频脉冲，经三极管 Q_2，在线圈上产生低电压的脉冲电源。Q_2 截止时，因线圈电感电流不可突变，D_2 起续流的作用，使能量消耗在电阻 R_s 上。电机选用三相 57 步 57BYG350B 型号的步进电机。技术指标为三相混合式，线电流有效值为 2.8A，驱动电压直流为 24～40V，最大静转矩 0.8N·m，

线电阻为 1.4Ω,线电感为 4.1mH,质量为 0.7kg,最大空载启动转速为 280r/min,因此功率开关管 $Q_1 \sim Q_6$ 正常工作时,$I_{CM} > 2.8A$,由于电路上存在电感,基极 B 开路时,U_{ce} 可能达到的电压为安全电压的 2~8 倍,因此选 $\beta V_{CEO} > 40 \times 8V = 320V$,另外一个因素是有功率开关管的集电极允许耗散功率(P_{CM}),前两者的指标越大,则 P_{CM} 也越大。一般来讲,本着"大能代小"的原则来选择。根据以上参数,可选择功率开关管 2SC2625 TO-3P,$V_{CEo} = 400V$,$V_{CBo} = 450V$,$I_c = 10A$,$I_{cm} = 20A$,$I_b = 3A$。

其开关特性:在 $V_{CC} = 150V$,$I_C = 5A$,$R_L = 30\Omega$,$t_{on} = 1\mu s$,下降时间 falltime$=1\mu s$,storagetime$=2.5\mu s$,基本能够满足高频特性要求。

2)驱动芯片

也可以用驱动芯片实现对步进电动机的驱动,常用的驱动芯片有 ULN2003、L297 和 L298 等。驱动电路如图 9-12 所示。

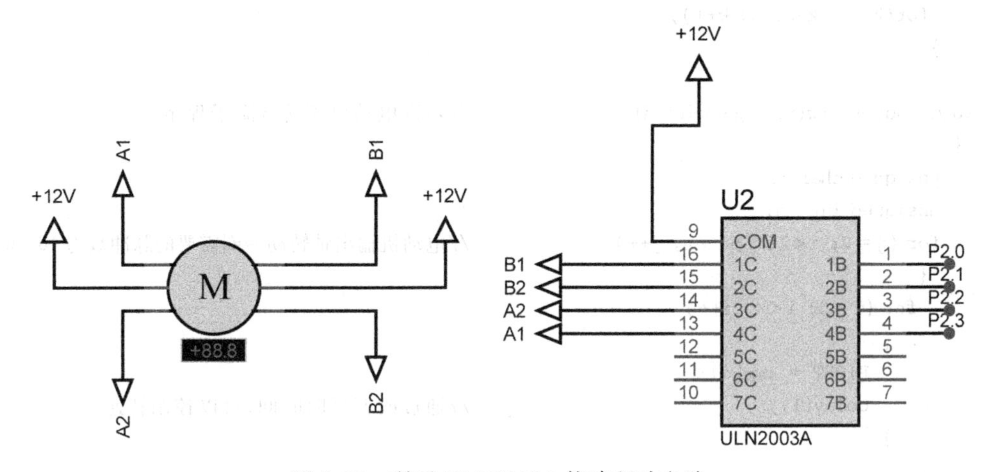

图 9-12 利用 ULN2003A 构建驱动电路

2. 程序设计

以常用的步进电机 28BYJ-48 为例,说明步进电动机的程序设计方法,步进电机 28BYJ-48 型为四相八拍电动机,电压为 DC 5~12V。四相步进电机常见的通电方式有单四拍(A-B-C-D-A),双四拍(AB-BC-CD-DA-AB)和八拍(A-AB-B-BC-C-CD-D-DA-A)三种。28BYJ-48 是一款带减速的步进电机,减速比为 1∶64,步距角为 5.625/64。所以脉冲个数 $N=64$ 时,电动机转一圈(不是外面所看到的输出轴,是里面的传动轮转了一周),$N=64\times64$ 时,步进电动机主轴转一圈。

在四相单四拍方式下,控制代码如表 9-5 所示。

表 9-5 四相单四拍方式下的控制代码

P1.3	P1.2	P1.1	P1.0	正转	反转	控制代码(P1)
D 相	C 相	B 相	A 相			
0	0	0	1	↓	↑	0x01
0	0	1	0			0x02
0	1	0	0			0x04
1	0	0	0			0x08

根据表9-5可知，控制字数组为

```
unsigned char cw[4] = {0x01,0x02,0x04,0x08};
```

电机使用端口为P1.0、P1.1、P1.2、P1.3，将上组数据按正序送到P1口，可控制电动机正转，按逆序送到P1口时，可控制电动机反转。

28BYJ-48型步进电动机正反转控制程序为：

```
unsigned char cw[4] = {0x01,0x02,0x04,0x08};
void delay(unsigned int t)
{
   unsigned int k;
   while(t--)
   {
    for(k = 0; k < 125; k++);
   }
}
void  motor_ffw(unsigned int n)                    //步进电动机正转n圈子程序
 {
   unsigned char i;
   unsigned int  j;
   for (j = 0; j < 16 * 64 * n; j++)               //电动机输出轴转动一圈需要的脉冲数为16 * 64 * 4
    {
     for (i = 0; i < 4; i++)
       {
         P1OUT = cw [i];
         delay(1);                                  //通过改变延时时间，可以控制转速
       }
    }
 }
void  motor_rev(unsigned int n)                    //步进电动机反转n圈子程序
{
  unsigned char i;
  unsigned int j;
  for (j = 0; j < 16 * 64 * n; j++)
      {
       for (i = 3; i >= 0; i -- )
       {
         P1OUT = cw [i];
         delay(1);
       }
      }
}
```

本章小结

本项目利用MSP430单片机实现对直流电机状态的控制。通过本项目的学习，掌握Timer_A的捕获与比较模块及输出单元的设置与应用；了解直流电机的工作原理及驱动方

法，能够利用 PWM 波控制直流电机的状态。

思考题

1. 在 MSP430G2553 单片机中，捕获 2 路信号，要求 P1.1 输入的方波的上升沿触发捕获逻辑，P1.2 输入方波的上升沿和下降沿都触发捕获。假定主计数器以 ACLK 为时钟源，连续计数模式。请根据以上要求配置相关寄存器。

2. 在 MSP430G2553 单片机中，利用 Timer_A 比较模块的输出模式 1，产生单脉冲波形，来驱动一只长鸣型蜂鸣器，使蜂鸣器持续鸣响 3s 后停止。（假设 ACLK=12kHz。）

3. 利用驱动芯片 L298 驱动步进电机，由 MSP430 单片机产生 PWM 波，来控制步进电机的转向与速度。试设计出其硬件电路及软件编程。

项目10 模数转换器 ADC

10.1 项目内容

利用 MSP430G2553 单片机对单片机周围温度进行检测并显示。要求显示的温度值精确到小数点后一位。

10.2 必备知识

10.2.1 MSP430 内部 ADC

MSP430 系列单片机内部集成了 ADC，这为硬件电路设计提供了很大的方便。同时，不同的单片机中集成了不同类型的 ADC，有精度高但速度慢的 SD16，有适用于多通道采集的 ADC12，也有适用于高速度采集的 ADC10。在 MSP430G2 系列单片机内部通常集成的是 10 位 ADC。MSP430G2553 中，P1.0～P1.7 口可作为 8 个通道的模拟量输入端，对寄存器 ADC10AE0 的位置 1，可以将对应的 I/O 口作为模拟量外部采样通道使用。

1. ADC10 的特点

ADC10 模块是 MSP430 单片机的片上模数转换器，它能够快速完成 10 位的模拟数字转换，该模块内部集成了一个 SAR 型内核、采样选择控制器、参考电压发生器和数据传输控制器(DTC)。数据传输控制器能够在 CPU 不参与的情况下，完成采样数据的转换并将 AD 数据存储到内存的任意位置。它具有如下特点：

(1) 8 个外部输入通道，采样率 200 千次/s，精度 10 位；

(2) 采样保持器的采样周期可通过编程设置；

(3) AD 采样起始信号可软件触发，也可由 Timer_A 控制；

(4) 带内部基准电压(1.5V 或 2.5V)，也可外接基准电压；

(5) 编程选择内部或者外部电压参考源；

(6) 内置通道可直接对内部温度传感器、芯片供电电压和外部基准电压采样；

(7) 有单通道单次采样、单通道重复采样、多通道轮流采样和多通道重复采样 4 种转换模式；

(8) 采样数据可自动存储在指定的存储空间中；

(9) 可单独关闭 ADC 和基准电压源以便降低功耗。

2. ADC10 的结构

ADC10 的结构图如图 10-1 所示。

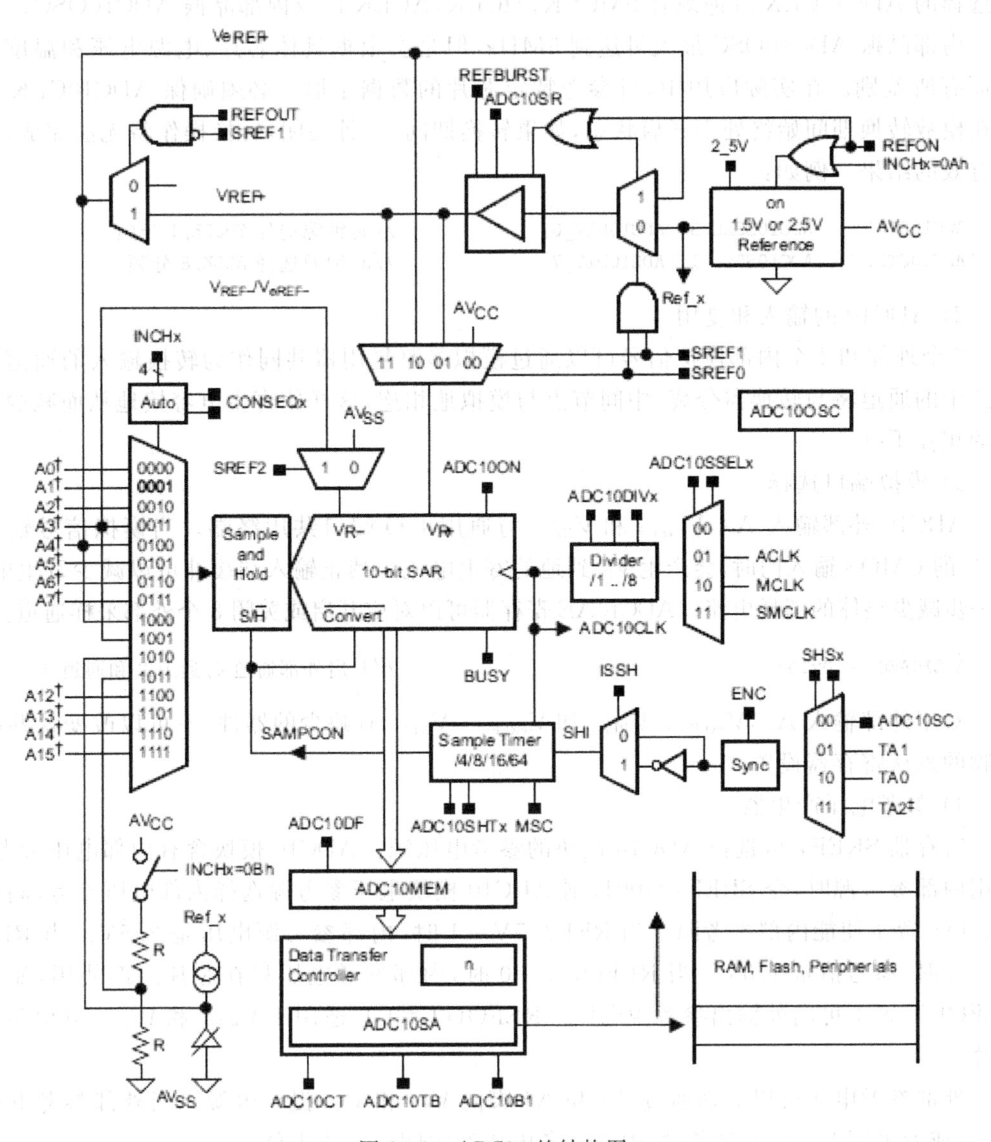

图 10-1 ADC10 的结构图

从图 10-1 中可以看出 ADC10 有 16 个采样通道(A0～A15),其中 A0～A7 是外部采样通道,A10 是对内部温度传感器的采样通道。只有 MSP430F22XX 系列单片机存在 A12～A15 通道,在其他芯片当中 A12～A15 通道与通道 A11 是连接在一起的。ADC10 模块工作的核心是 10b SAR。10b SAR 将模拟量转换成 10 位数字量并储存在 ADC10MEM 寄存器里。

3. ADC10 模块操作

ADC10 模块可由用户软件配置,接下来将讨论 ADC10 的设置和使用。

1）转换时钟选择

ADC10CLK 可作为转换时钟也可作为产生采样周期的时钟来使用，由图 10-1 可知，ADC10 时钟源可通过 ADC10SSELx 位进行选择，通过 ADC10DIVx 位进行 1～8 分频。可供选择的 ADC10CLK 时钟源有 SMCLK，MCLK，ACLK 以及内部晶振 ADC10OSC。

内部晶振 ADC10OSC 最大可达到 5MHz，但是会根据具体芯片、电源电压和温度的不同而有所差别。在实际应用中，可参考特定芯片的数据手册。必须确保 ADC10CLK 的时钟在模数转换期间始终处于开启状态，如果转换期间，时钟关闭，转换操作将无法完成，得不到有效的结果。例如：

```
ADC10CTL1 |= ADC10SSEL_3 + ADC10DIV_0;        //时钟源选择 SMCLK,1 分频
ADC10CTL1 |= ADC10SSEL_1 + ADC10DIV_7;        //时钟源选择 ACLK,8 分频
```

2）ADC10 的输入和复用

8 个外部和 4 个内部模拟信号可以通过模拟多路复用器共同作为转换输入的通道。不被选中的通道将与转换器分离，中间节点与模拟地相连，这样使寄生电容接地从而减少引脚间的相互干扰。

3）模拟端口选择

ADC10 外部输入 Ax，V_{eREF+} 和 V_{REF-} 与通用 I/O 端口共用终端。当模拟信号输入到 ADC 的 CMOS 输入门时，会产生 V_{CC} 到地的寄生电流。禁止输入端缓冲可以减少寄生电流，进一步减少整体的消耗电流。ADC10AE 寄存器可以对应开启或关闭 8 个外部采样通道。

```
ADC10AE0|= 0x15;                              //开启外部通道 0,通道 2 和通道 4
```

对于外部输入 Ax，V_{eREF+} / V_{REF+} 和 V_{eREF-} / V_{REF-} 有缺少的器件，不可以改变这些缺少引脚的默认寄存器设置。

4）参考电压产生器

寄存器 SREFx 可选择 ADC10 模块的参考电压源。ADC10 模块含有内部电压参考源，使用内部参考源时，令 SREFx＝001，则 ADC10 模块电压参考源选择内部电压参考，同时将 REFON 置 1 使能内部参考源。当 REF2_5V＝1 时，内部参考源电压是 2.5V。当 REF2_5V＝0 时，参考值是 1.5V。当 REFOUT＝0 时，内部参考电压只在芯片内部使用，如果将 REFOUT 置 1 可向外输出参考源电压。REFOUT＝1 只适用于 V_{REF+} 和 V_{REF-} 引脚存在的芯片。

外部参考电压可以分别通过 A3 和 A4 脚向 V_{R+} 和 V_{R-} 提供电源。当外部参考电压被选中，或者采用 V_{CC} 作为参考时，内部参考电压源关闭以节省电能。

```
ADC10CTL0 |= SREF_1 + REFON + REF2_5V;        //选择并使能内部参考源,电压 2.5V
```

5）采样和转换时间

ADC10 转换可以被 SHI 信号的上升沿所触发，SHI 信号可以被 SHSx 位选择为：ADC10SC 位、TIMER_A. OUT1、TIMER_A. OUT0 和 TIMER_A. OUT2。SHI 信号的极性会随着 ISSH 位翻转。采样周期 t_{sample} 可通过 SHTx 位进行选择为 4，8，16，64 个 ADC10 时钟周期。当 SAMPCON 由低变高时，采样定时器开始计时，采样时间等于 SAMPCON 由高到低的时间，采样完后开始转化，大约需要 13 个 ADC10 时钟周期的时间进行转化。

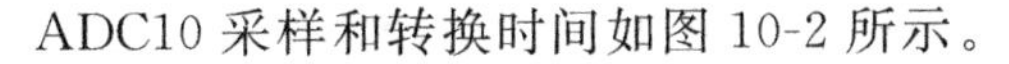
ADC10 采样和转换时间如图 10-2 所示。

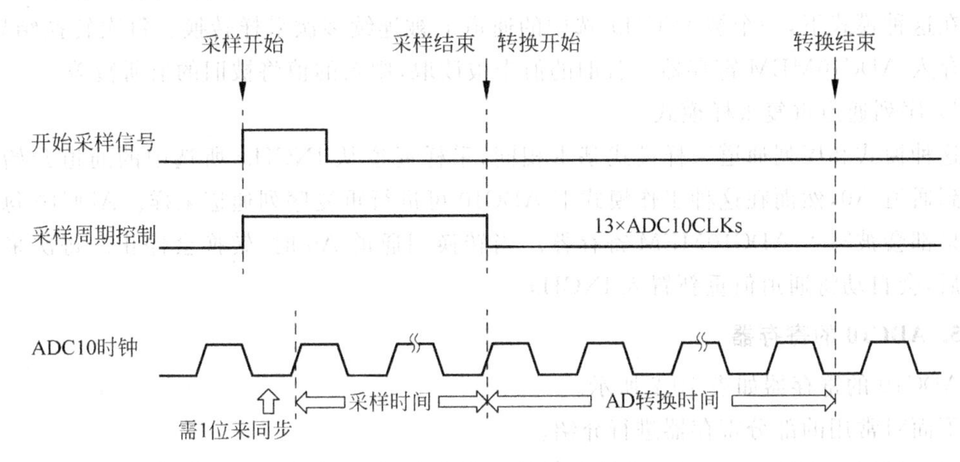

图 10-2 ADC10 采样和转换时间

4. ADC10 转换模式

ADC10 有 4 个操作模式，可以通过一个两位的寄存器 CONSEQx 来选择。具体情况如表 10-1 所示。

表 10-1 ADC10 的转换模式

CONSEQx	模 式	操 作
00	单通道单次采样	一个通道被采样转换一次
01	序列通道采样	多个通道被依次采样转换
10	单通道重复采样	一个通道被多次采样转换
11	序列通道重复采样	多个通道被重复采样转换

1）单通道单次采样模式

单个被 INCHx 所选中的通道 x 被采样并转换一次。ADC 结果被写入 ADC10MEM 寄存器。采用 ADC10SC 触发转换时，ADC10SC 位可以成功地触发并完成一次转换。当切换至其他触发源时，在两次转换之间，ENC 需要被切换。在采样模式 0 下，首先令 ADC10ON=1 即开启 ADC10 模块，接着确定采样通道 x，然后等待触发。当 SHS=0，ENC=1 时，ADC10SC 可触发采样开始。或者用 TIMERA 进行触发采样，当 ENC 的上升沿到来之后，它将等待 TIMERA 所产生的 PWM 波进行触发。ADC10 采样完成后，经过 12 个 ADC10CLK 的时钟周期进行采样结果转换，再经过 1 个 ADC10CLK 的时钟周期，ADC10 将转换后的结果存入寄存器 ADC10MEM，同时 ADC10 的中断标志位 ADC10IFG 被置 1。在转换过程中的任意时刻，如果将 ENC 置 0 则会关闭 ADC10 模块。

2）序列通道采样模式

ADC10 在这种工作模式下，采样开始后采样通道从 INCHx 选中的通道依次转换到通道 A0，并且只完成一次序列通道采样。每一个 ADC 采样结果都会被存入 ADC10MEM 寄存器。当转换到通道 A0 时，转换会停止。可以使用 ADC10SC 来触发一个序列的转换。当其他的触发源被使用时，在两次转换之间，ENC 需要被切换。

3）单通道重复采样模式

在这种模式下，一个被 INCHx 选中的通道 x 被连续多次采样转换。每次转换结果，都将被存入 ADC10MEM 寄存器。若旧的值未被读取，则新的值将被旧的值所覆盖。

4）序列通道重复采样模式

这种模式和序列通道采样模式基本相同，采样通道从 INCHx 所选中的通道开始依次转换到通道 A0，然而在这种工作模式下 ADC10 可进行重复序列通道采样。ADC10 每次转换结果都会被写入 ADC10MEM 寄存器。当转换到通道 A0 时，转换会停止。每次采样完成之后，会自动将通道值重新置入 INCHx。

5. ADC10 的寄存器

ADC10 的寄存器如表 10-2 所示。

下面对常用的部分寄存器进行介绍。

(1) ADC10CTL0（ADC10 控制寄存器 0）的各位定义，如图 10-3 所示。

表 10-2　ADC10 的寄存器

寄　存　器	缩写形式	寄存器类型	地　址	初始状态
ADC10 输入使能寄存器 0	ADC10AE0	可读写	04AH	上电复位
ADC10 输入使能寄存器 1	ADC10AE1	可读写	04BH	上电复位
ADC10 控制寄存器 0	ADC10CTL0	可读写	01B0H	上电复位
ADC10 控制寄存器 1	ADC10CTL1	可读写	01B2H	上电复位
ADC10 数据传输控制寄存器 0	ADC10DTC0	可读写	048H	上电复位
ADC10 数据传输控制寄存器 1	ADC10DTC1	可读写	049H	上电复位
ADC10 数据传输起始地址	ADC10SA	可读写	01BCH	上电后 0200H
ADC10 内存	ADC10MEM	只读	01B4H	无变化

15	14	13	12	11	10	9	8
SREFx			ADC10SHTx		ADC10SR	REFOUT	REFBURST
rw-(0)	rw-(0)	rw-(0)	rw-(0)	rw-(0)	rw-(0)	rw-(0)	rw-(0)

7	6	5	4	3	2	1	0
MSC	REF2_5V	REFON	ADC10ON	ADC10IE	ADC10IFG	ENC	ADC10SC
rw-(0)	rw-(0)	rw-(0)	rw-(0)	rw-(0)	rw-(0)	rw-(0)	rw-(0)

图 10-3　ADC10CTL0 的各位定义

注：只有 ENC=0 时 ADC10CTL0 的内容才能被修改。

① SREFx：基准源选择位。

000——$V_{R+}=V_{CC}$，$V_{R-}=V_{SS}$；

001——$V_{R+}=V_{REF+}$，$V_{R-}=V_{SS}$；

010——$V_{R+}=V_{eREF+}$，$V_{R-}=V_{SS}$；

011——$V_{R+}=\text{Buffered } V_{eREF+}$，$V_{R-}=V_{SS}$；

100——$V_{R+}=V_{CC}$,$V_{R-}=V_{REF-}/V_{eREF-}$；

101——$V_{R+}=V_{REF+}$,$V_{R-}=V_{REF-}/V_{eREF-}$；

110——$V_{R+}=V_{eREF+}$,$V_{R-}=V_{REF-}/V_{eREF-}$；

111——$V_{R+}=$Buffered V_{eREF+},$V_{R-}=V_{REF-}/V_{eREF-}$。

② ADC10SHTx：ADC10 采样和保持时间设置位。

00——4 个 ADC10CLK 周期；01——8 个 ADC10CLK 周期；

10——16 个 ADC10CLK 周期；11——64 个 ADC10CLK 周期。

③ ADC10SR：ADC10 采样率设置位。

该位的选择参考缓冲器驱动能力的最大采样率。设置 ADC10SR 可降低基准缓冲器的电流消耗。

0——参考缓冲器支持高达 200 千次/秒的采样速度；1——参考缓冲器支持高达 50 千次/秒的采样速度。

④ REFOUT：参考源输出控制位。

0——参考源输出关闭；1——参考源输出开启。

⑤ REFBURST：可利用此位降低功耗。

0——参考源一直开启；1——只有在采样和转换时开启参考源。

⑥ MSC：多重采样和转换，该位只用于序列或重复采样模式。

0——SHI 信号的上升沿触发每个采样和转换；

1——SHI 信号的第一个上升沿触发采样定时器，但是进一步的采样和转换只有在前一次的转换完成时才进行。

⑦ REF2_5V：参考源电压选择位，更改时 REFON 必须开启。

0——参考源电压 1.5V；

1——参考源电压 2.5V。

⑧ REFON：参考源开关。

0——参考源关闭；1——参考源开启。

⑨ ADC10ON：ADC10 模块开关。

0——ADC10 关闭；1——ADC10 开启。

⑩ ADC10IE：ADC10 模块使能开关。

0——禁止 ADC10 中断；1——允许 ADC10 中断。

⑪ ADC10IFG：中断标志位。采样转换完成后，ADC10IFG 被置为 1。单片机响应 ADC10 中断以后，ADC10IFG 自动被置为 0，也可软件置 0。

0——无中断请求；1——有中断请求。

⑫ ENC：采样使能开关。

0——ADC10 使能关闭；1——ADC10 使能开启。

⑬ ADC10SC：采样开始。

0——停止采样；1——开始采样。

(2) ADC10CTL1 的各位定义,如图 10-4 所示。

15	14	13	12	11	10	9	8
INCHx				SHSx		ADC10DF	ISSH
rw-(0)	rw-(0)	rw-(0)	rw-(0)	rw-(0)	rw-(0)	rw-(0)	rw-(0)

7	6	5	4	3	2	1	0
ADC10DIVx			ADC10SSELx		CONSEQx		ADC10BUSY
rw-(0)	rw-(0)	rw-(0)	rw-(0)	rw-(0)	rw-(0)	rw-(0)	r-0

图 10-4 ADC10CTL1 的各位定义

注:只有 ENC=0 时 ADC10CTL1 中的内容才能被修改。

① INCHx:通道选择。

0000——A0;0001——A1;0010——A2;0011——A3;0100——A4;0101——A5;

0110——A6;0111——A7;1000——V_{eREF+};1001——V_{REF-}/V_{eREF-};

1010——内部温度传感器;1011——$(V_{CC}-V_{SS})/2$;

1100——$(V_{CC}-V_{SS})/2$,MSP430F22XX 系列单片机才有此通道;

1101——$(V_{CC}-V_{SS})/2$,MSP430F22XX 系列单片机才有此通道;

1110——$(V_{CC}-V_{SS})/2$,MSP430F22XX 系列单片机才有此通道;

1111——$(V_{CC}-V_{SS})/2$,MSP430F22XX 系列单片机才有此通道。

② SHSx:采样保持源选择。

00——ADC10SC 位;01——Timer_A. OUT1;

10——Timer_A. OUT0;11——Timer_A. OUT2。

③ ADC10DF:数据格式。

0——二进制数;1——二进制数的补码。

④ ISSH:输入采样信号反转。

0——输入的采样信号不反转;1——输入的采样信号反转。

⑤ ADC10DIVx:ADC10 时钟分频选择。

000——1 分频;001——2 分频;010——3 分频;011——4 分频;

100——5 分频;101——6 分频;110——7 分频;111——8 分频。

⑥ ADC10SSELx:ADC10 时钟源选择。

00——ADC10OSC;01——ACLK;10——MCLK;11——SMCLK。

⑦ CONSEQx:ADC10 工作模式选择。

00——单通道单次采样模式;01——序列通道采样模式;

10——单通道重复采样模式;11——序列通道重复采样模式。

⑧ ADC10BUSY:ADC10 模块忙标志。

0——ADC10 模块无操作;1——ADC10 模块正在进行采样或转换。

(3) ADC10AE0(输入使能寄存器 0)。ADC10 输入使能寄存器有 ADC10AE0 和 ADC10AE1 两个,ADC10AE0 对应 8 个外部通道,ADC10AE1 可对应使能 A12~A15,ADC10AE1 只存在于 MSP430F22X 中,这里不作介绍。

ADC10AE0 的各位定义，如图 10-5 所示。

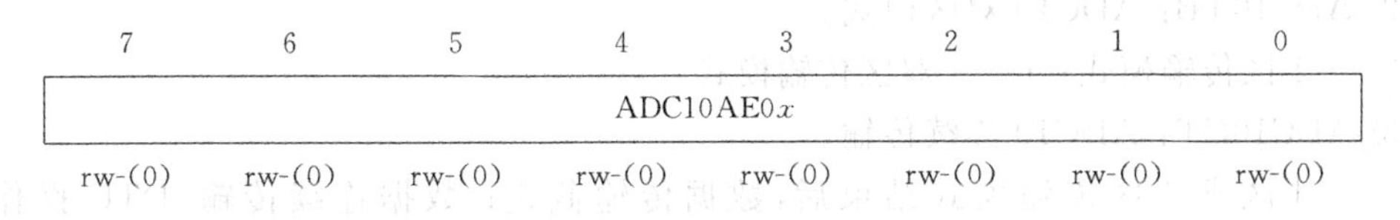

7	6	5	4	3	2	1	0
ADC10AE0x							
rw-(0)	rw-(0)	rw-(0)	rw-(0)	rw-(0)	rw-(0)	rw-(0)	rw-(0)

图 10-5 ADC10AE0 的各位定义

从图 10-5 中可知 ADC10AE0 有 8 位，从低位到高位分别对应使能通道 A0～A7，只要对应的位置 1，则对应的通道被使能。

(4) ADC10MEM(ADC10 内存，二进制格式)的各位定义，如图 10-6 所示。

15	14	13	12	11	10	9	8
0	0	0	0	0	0	Conversion Results	
r0	r0	r0	r0	r0	r0	r	r

7	6	5	4	3	2	1	0
Conversion Results							
r	r	r	r	r	r	r	r

图 10-6 ADC10MEM 的各位定义(ADC 内存，二进制格式)

转换结果存储在 ADC10MEM 中，10 位的转换结果是右对齐的，直接的二进制结构，位 9 是 MSB 优先的，位 15～10 保持为 0。

(5) ADC10MEM(ADC10 内存，2s 补充格式)的各位定义，如图 10-7 所示。

15	14	13	12	11	10	9	8
Conversion Results							
r	r	r	r	r	r	r	r

7	6	5	4	3	2	1	0
Conversion Results		0	0	0	0	0	0
r	r	r0	r0	r0	r0	r0	r0

图 10-7 ADC10MEM 的各位定义(ADC 内存，2s 补充格式)

该存储器位的转换结果是左对齐的，2s 补充格式。位 15 是 MSB 优先的，位 5～0 保持为 0。

(6) ADC10DTC0(数据传输控制寄存器 0)的各位定义，如图 10-8 所示。

7	6	5	4	3	2	1	0
Reserved				ADC10TB	ADC10CT	ADC10B1	ADC10FETCH
r0	r0	r0	r0	rw-(0)	rw-(0)	r-(0)	rw-(0)

图 10-8 ADC10DTC0(数据传输控制寄存器 0)的各位定义

① 保留：位 7～4 为保留位保持为 0。

② ADC10TB：ADC10 双区模式。

0——1 区传输模式；1——双区传输模式。

③ ADC10CT：ADC10 连续传输。

0——1 区或 2 区传输模式结束后，数据传输截止；数据连续传输，DTC 操作仅在 ADC10CT 被清除或 ADC10SA 被写入时停止。

④ ADC10B1：该位用来指示双区传输模式中，哪个区用来存储 ADC10 的转换结果。ADC10B1 只有在 DTC 期间 ADC10IFG 首次被置位时有效。ADC10TB 也必须同时被设置。

0——2 区被填充；1——1 区被填充。

⑤ ADC10FETCH：位 0，该位应该被正常复位。

(7) ADC10DTC1(数据传输控制寄存器 1)的各位定义，如图 10-9 所示。

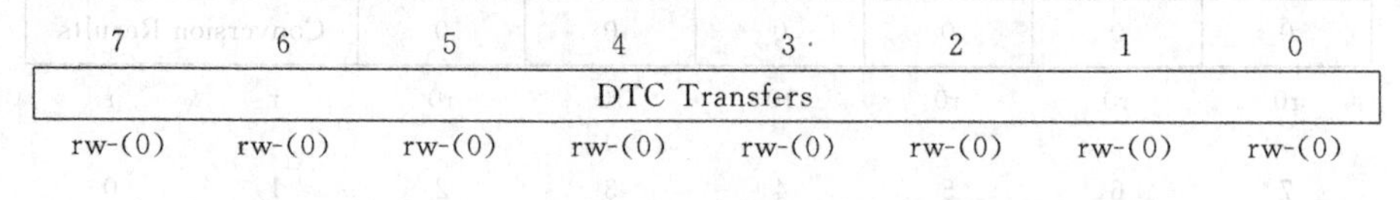

图 10-9 ADC10DTC1(数据传输控制寄存器 1)的各位定义

DTC 传输，这 8 位定义了每区中数据传输的数目。

(8) ADC10SA，数据传输起始地址的各位定义，如图 10-10 所示。

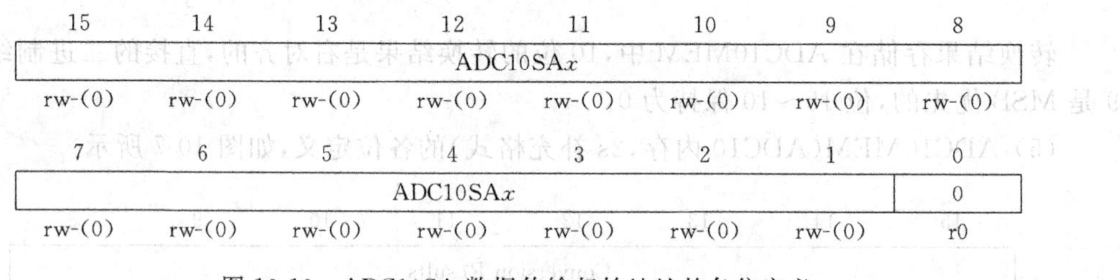

图 10-10 ADC10SA 数据传输起始地址的各位定义

ADC10SAx：ADC10 起始地址，这些位是 DTC 的起始地址。写 ADC10SA 对于 DTC 传输的初始化是必需的。

10.2.2 ADC10 模块的中断

如图 10-11 所示，有一个中断和一个中断向量与 ADC10 有关。

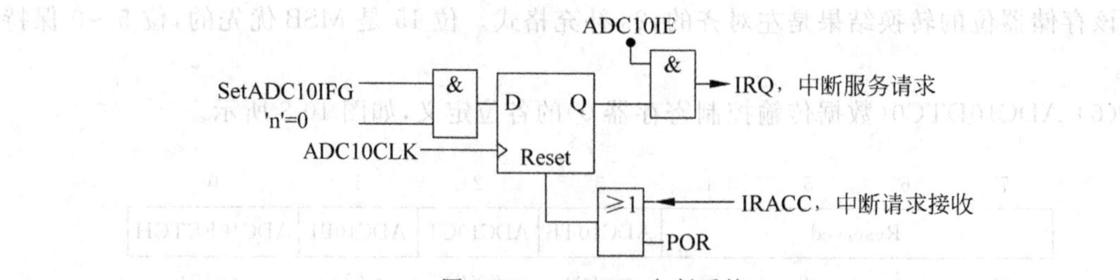

图 10-11 ADC10 中断系统

利用 ADC 进行模数转换时，在等待 ADC 采样与转换结束的过程中关闭 CPU，可以降低功耗。所以可以利用 ADC 模块的中断，使 CPU 在采样过程中处于休眠状态，采样结束后利用中断唤醒 CPU。能够产生中断的事件有：

(1) DTC 未被使用(ADC10DTC1=0)。转换结果被装载至 ADC10MEM 时 ADC10IFG 被置位。

(2) DTC 被使用(ADC10DTC1>0)。一块数据转换结束，内部传输计数器 $n=0$ 时，ADC10IFG 被置位。

如果 ADC10IE 与 GIE 位被置位，ADC10IFG 标志位就会产生中断请求。中断被响应后，ADC10IFG 标志位自动复位，也可以软件复位。

10.2.3 ADC 内部温度传感器

ADC10 内部集成了一个温度传感器，使用此温度传感器时，只要对 ADC10 的通道 10 进行采样，就可得出此温度传感器的输出值 V_{TEMP}。如果选择了外部通道，需要做一些其他配置，包括参考选择、转换存储选择等。根据 MSP430G2553 数据手册可知，采样电压值 V_{TEMP} 与实际温度 $TEMP_C$ 的关系为 $V_{TEMP}=0.00355(TEMP_C)+0.986$。使用该传感器时，采样周期必须大于 30μs。

实际使用时要对其进行校准，让单片机在一个基准温度 T_0 下，采样计算此时温度传感器输出电压值 V_0，以此点为基准进行校准，温度 $TEMP_C=(V_{TEMP}-V_0)/0.00355+T_0$，同时要将 ADC10 采样值转换为电压值。

```
void main ()
{
int ADC10_Result;
int TEMP;
  ADC10CTL1 | = CONSEQ_2;                    //单通道重复采样模式
  ADC10CTL0 | = SREF_1 + REFON;              //选择内部参考源 1.5V,打开基准源
  ADC10CTL0 | = ADC10SHT_3 + MSC;            //过采样率设置为 64 个采样周期,打开 AD 转换
  ADC10CTL1| = ADC10SSEL_3 + SHS_0;          //ACLK 二分频为采样时钟,用 ADC10SC 触发采集
  ADC10CTL1 | = INCH_1;                      //选择通道 A1
  ADC10CTL0 | = ADC10ON;                     //开启 ADC10
while(1)
{ADC10CTL0 | = ENC + ADC10SC;                //开始转换
  while((ADC10CTL0 &ADC10IFG) == 0);         //等待 ADC10IFG 标志变高(转换完成)
  ADC10_Result = ADC10MEM;                   //读取采样结果
TEMP = (ADC10_Result - 746)/(0.000355 * 678) + 286; //计算温度值,扩大 10 倍,单片机在 28.6℃
//下 ADC10 采样值为 746,选择此点进行校准。同时要将 ADC10 采样值转换为电压值,1V 电压时,采
//样值为 678
}
}
```

上例程序中 TEMP 即为采集到的温度值，由于在 while(1)循环中，所以会不停地采集温度，因为每次采集的温度不可能完全一致，若显示出该数值会发现，显示结果会一直闪动。所以实际应用中可以间隔一段时间采集一次，或多次采集后求平均值，只显示温度的平均值。

10.3 项目实施

10.3.1 构思——方案选择

方案一：采用MSP430G2553内部温度传感器检测温度值并在LCD上显示。ADC10模块内集成有温度传感器，可以通过温度传感器获得芯片内部的温度，当单片机低功耗运行时，几乎不发热，芯片的温度与环境温度是近似相等的。所以也可以通过内部温度传感器得到周围环境温度。显示部分选用带有汉字库的液晶显示屏，显示数据更方便。该方案具有硬件连线简单、功耗低、性能稳定的优点，但内部温度传感器的内部参考电压不太精准，往往需要外面接一个精确的传感器进行校准。

方案二：采用外接数字式温度传感器DS18B20采集温度，并在LED上显示。显示模块利用串行方式实现LED数码管的静态显示。系统设计方案如图10-12所示。

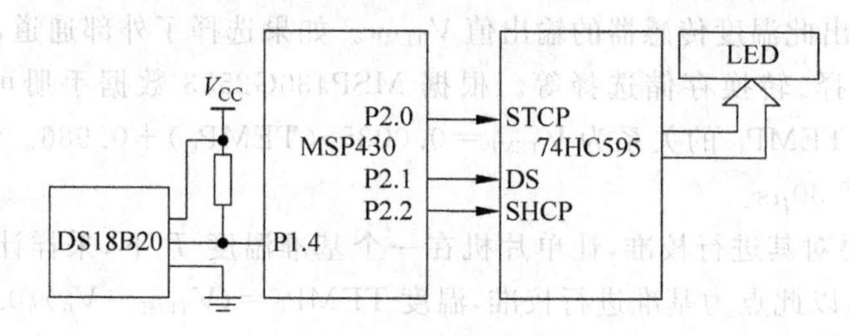

图10-12 方案二系统结构图

如图10-12所示，由单片机P1.4接收DS18B20采集的温度信号并经移位寄存器74HC595将发送来的8位串行数据转换成8位并行数据用以驱动数码管显示。DS18B20温度传感器仅需一根口线来读写，使用方便。并且传递数据精度可以进行9～12位选择等优点。LED价格低廉，显示程序简单。

综上所述，考虑到硬件简单、显示效果等因素，我们选择方案一来进行设计。

10.3.2 设计——硬件电路设计、软件编程

1. 硬件电路设计

当前温度值是利用单片机内部温度传感器测量而得。所以温度测量部分不需要外接硬件电路。本项目硬件实现较简单，只需连接显示器件即可。显示模块采用的是12864液晶屏按并行通信的方式显示温度值。连线电路可参考“项目7”中的图7-5电路原理图。

2. 软件编程

本项目的实现分为温度采集和LCD显示两个功能模块。

温度采集模块：通过寄存器设置，对单片机内部温度传感器的值进行采样，并将采样值转换成电压值，根据电压值和温度的关系，最终得到测量的温度值。为了使测量结果更准确，采用采样10次取平均值的方法。

LCD显示模块：由于项目要求显示的温度值每隔5s更新一次，所以液晶屏显示程序在定时中断中调用。测量温度值精确至小数点后一位，所有需要显示的温度值有3个数字，另

外还有固定的小数点和单位。

本项目的主要流程图如图 10-13 所示。

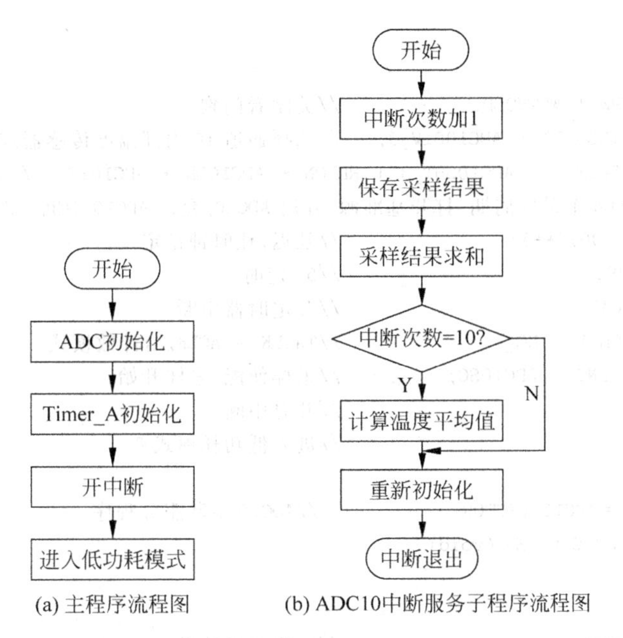

(a) 主程序流程图　　(b) ADC10中断服务子程序流程图

图 10-13　温度测量系统流程图

程序代码：

```
#include  "msp430g2553.h"
typedef unsigned char uchar;
typedef unsigned int  uint;
#define LCD_DataIn     P1DIR = 0x00       //数据口方向设置为输入
#define LCD_DataOut    P1DIR = 0xff       //数据口方向设置为输出
#define LCD2MCU_Data   P1IN
#define MCU2LCD_Data   P1OUT
#define LCD_CMDOut     P2DIR| = 0x07      //P2 口的低三位设置为输出
#define LCD_RS_H       P2OUT| = BIT0      //P2.0
#define LCD_RS_L       P2OUT& = ~BIT0     //P2.0
#define LCD_RW_H       P2OUT| = BIT1      //P2.1
#define LCD_RW_L       P2OUT& = ~BIT1     //P2.1
#define LCD_EN_H       P2OUT| = BIT2      //P2.2
#define LCD_EN_L       P2OUT& = ~BIT2     //P2.2
void Delay_1ms(void);
void Write_Cmd(uchar cod);
void Write_Data(uchar dat);
void Ini_Lcd(void);
void Disp_HZ(uchar addr,const uchar * pt,uchar num);
const uchar hang1[] = {"当前温度值为℃"};
uchar hang2[4] = {""};
long temp,avr,sum;
long IntDegF;                             //开氏温度值
```

```
long IntDegC;                                   //摄氏温度值
uchar i = 0;
void main(void)
{
  uint j;
  WDTCTL = WDTPW + WDTHOLD;                     //关闭看门狗
  ADC10CTL1 = INCH_10 + ADC10DIV_3;             //选择通道10内部温度传感器,CLK/4
  ADC10CTL0 = SREF_1 + ADC10SHT_3 + REFON + ADC10ON + ADC10IE;  /*选择内部参考源1.5V,
过采样率设置为64个采样周期,打开基准源,开启ADC10,允许ADC10中断*/
  for(j = 0;j<1000;j++);                        //延迟,让时钟稳定
  TACCR0 = 59999;                               //5s定时
  TACCTL0 |= CCIE;                              //开定时器中断
  TACTL = TASSEL_1 + MC_1;                      //TACLK = ACLK,增计数模式
  ADC10CTL0 |= ENC + ADC10SC;                   //采样使能,采样开始
  _EINT();                                      //开总中断
  LPM0;                                         //进入低功耗模式0
}
#pragma vector = ADC10_VECTOR                    //ADC10中断服务程序
__interrupt void ADC10_ISR (void)
{
    i++;
    temp = ADC10MEM;                            //读取采样结果
    IntDegC = (temp - 746)/(0.000355 * 678) + 286;  /*计算温度值,扩大10倍,单片机在28.6℃
下ADC10采样值为746,选择此点进行校准。同时要将ADC10采样值转换为电压值,1V电压时,采样
值为678*/
    sum = sum + IntDegC;                        //求和,算平均值
    if(i == 10)
   {
      avr = sum/10;
      i = 0;
      sum = 0;
   }
      ADC10CTL0 |= ENC + ADC10SC;               //采样使能,采样开始
}
#pragma vector = TIMER0_A0_VECTOR
__interrupt void ta0_isr(void)
{
    hang2[0] = avr/100 + '0';                   //拆分温度值各位,并显示
    hang2[1] = (avr % 100)/10 + '0';
    hang2[2] = '.';
    hang2[3] = avr % 10 + '0';
     Ini_Lcd();                                 //初始化液晶
     Disp_HZ(0x80,hang1,6);                     //写第一行的汉字
     Write_Cmd(0x93);                           //写第二行的显示地址
     for(i = 0; i < 4; i++)
     Write_Data(hang2[i]);                      //显示0x40~0x4f对应的字符
     Disp_HZ(0x95,hang1 + 12,1);                //显示单位符号"℃"
}
```

```
void Delay_1ms(void)                    //延时约 1ms 的时间
{
    uchar i;
    for(i = 150;i > 0;i-- )  _NOP();
}
void Write_Cmd(uchar cmd)               //向液晶中写控制命令
{
    uchar lcdtemp = 0;
    LCD_RS_L;
    LCD_RW_H;
    LCD_DataIn;
    do                                  //判忙
    {
        LCD_EN_H;
        _NOP();
        lcdtemp = LCD2MCU_Data;
        LCD_EN_L;
    }
    while(lcdtemp & 0x80);
    LCD_DataOut;
    LCD_RW_L;
    MCU2LCD_Data = cmd;
    LCD_EN_H;
    _NOP();
    LCD_EN_L;
}
void  Write_Data(uchar dat)             //向液晶中写显示数据
{
    uchar lcdtemp = 0;
    LCD_RS_L;
    LCD_RW_H;
    LCD_DataIn;
    do                                  //判忙
    {
        LCD_EN_H;
        _NOP();
        lcdtemp = LCD2MCU_Data;
        LCD_EN_L;
    }
    while(lcdtemp & 0x80);
    LCD_DataOut;
    LCD_RS_H;
    LCD_RW_L;
    MCU2LCD_Data = dat;
    LCD_EN_H;
    _NOP();
    LCD_EN_L;
}
```

```
void Ini_Lcd(void)                    //初始化液晶模块
{
    LCD_CMDOut;                       //液晶控制端口设置为输出
    Write_Cmd(0x30);                  //基本指令集
    Delay_1ms();
    Write_Cmd(0x02);                  //地址归位
    Delay_1ms();
    Write_Cmd(0x0c);                  //整体显示打开,游标关闭
    Delay_1ms();
    Write_Cmd(0x01);                  //清除显示
    Delay_1ms();
    Write_Cmd(0x06);                  //游标右移
    Delay_1ms();
    Write_Cmd(0x80);                  //设定显示的起始地址
}
void Disp_HZ(uchar addr,const uchar * pt,uchar num)
//控制液晶显示汉字
{
    uchar i;
    Write_Cmd(addr);
  for(i = 0;i < (num * 2);i++)
    Write_Data( * (pt++));
}
```

10.3.3 实现——硬件组装、软件调试

1. 元器件汇总

该系统所需元器件清单如表 10-3 所示。

表 10-3 LCD 12864 液晶屏显示系统元器件清单

模　块	元器件名称	参　数	数　量
单片机最小系统模块			1
液晶显示模块	液晶屏	LCD 12864 模块	1

2. 电路板制作

本项目使用的电路与“项目 7”相同,具体制作方法及注意事项可参考“项目 7”中相关内容。

3. 软件调试

根据项目内容可将本项目的软件调试按照以下步骤进行。

(1) 调试内部温度传感器的使用,只检测一次,结果可暂用 LED 显示,以判断结果是否正确。

(2) 程序中加入采样次数检测,采样 10 次后,求温度平均值。

(3) 程序中增加 Timer_A 定时部分,5s 定时时间到时,更新显示结果。

(4) 实现结果在 12864 液晶屏显示,注意温度值及温度单位“℃”的显示方法。

10.3.4 运行——运行测试、结果分析

将液晶屏模块与单片机系统相连，对程序进行编译，成功后下载至单片机，运行观察运行结果。显示结果如图 10-14 所示。

图 10-14 运行结果图

由于室温温度值为正值，本系统能正确显示当前温度值，且每隔 5s 更新一次。若温度值较低，可能出现负数时，程序中还需要判断温度值变量的符号位，若为正，则正常显示，若为负，则需要在温度值前加负号“－”。如果希望温度值的更新时间间隔长的话，可以在定时中断服务子程序中，设定变量记录中断次数，以延长更新时间。

10.4 扩充知识

10.4.1 数模转换器 DAC

MSP430G2553 单片机内部没有集成 DAC，但 DAC 也是重要的模拟器件，应该对其有所了解。下面以比较常用的 TI 公司的电阻串(R-String)型 DAC8411 为例对数字模拟转换作一简单的介绍。DAC8411 引脚如图 10-15 所示。

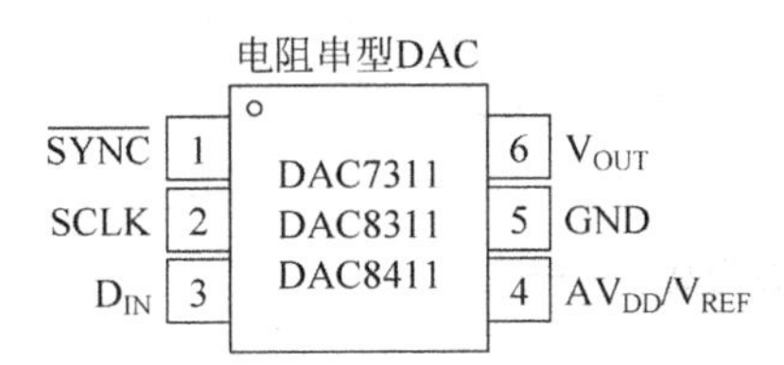

10-15 DAC8411 引脚结构图

1. DAC8411 控制原理

DAC8411 的数据帧格式如图 10-16 所示。

DB23 … DB0

PD1	PD0	D15	D14	D13	D12	D11	D10	D9	D8	D7	D6	D5	D4	D3	D2	D1	D0	X	X	X	X	X	X
节能		16 位 DAC 数据																给不给都行					

图 10-16 DAC8411 的数据帧格式

(1) 前 2 位是节能模式选择，00 是正常工作，01、10、11 分别是接 1kΩ 电阻到地、接 10kΩ 电阻到地、高阻三种节能输出(功耗依次降低)。

(2) 选择 00 模式让 DAC 正常工作，然后接 16 位 DAC 数据，最后 6 位发不发没有影响。

DAC8411 的控制时序如图 10-17 所示。

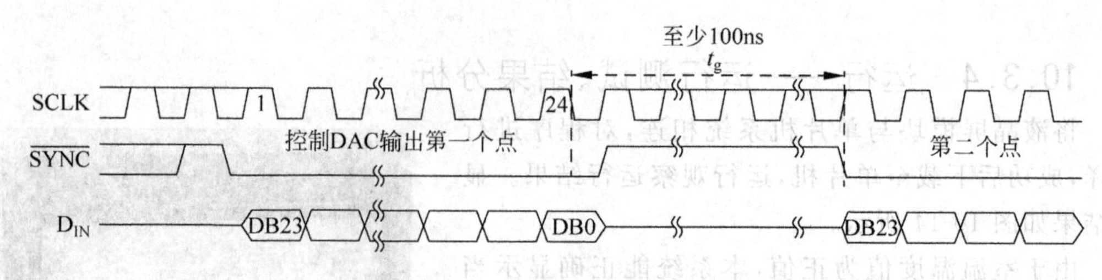

图 10-17　DAC8411 的控制时序

SYNC使能信号有效后，依次发送 24 位数据，然后 CS 禁止，至少 100ns 才能发送下次数据。对于用 MSP430G2553 控制来说，100ns 的时间已经接近最高时钟频率了，所以无须考虑延时等待的问题。

2. DAC8411 库函数

DAC8411 的库函数 DAC8411.c 非常简单，包括初始化函数、写函数等。

```
/ ********************************************************************
 * 名 称: DAC8411_Init()
 * 功 能: 初始化 DAC8411
 * 入口参数: 无
 * 出口参数: 无
 * 说 明: 初始化相关 I/O 的状态
 * 范 例: 无
/ ******************************************************************** /
void DAC8411_Init()
{
//----- 设置 I/O 为输出 -----
P1DIR | = BIT0 + BIT3;
P2DIR | = BIT2;
//----- 设置 I/O 初始状态为高 -----
SCLK_HIGH;
SYNC_HIGH;
}
// ********************************************************************
名 称: write2DAC8411(unsigned int Data)
 * 功 能: 对 DAC8411 写 16 位数据
 * 入口参数: Data,待写入的数据
 * 出口参数: 无
 * 说 明: 共需发 18 位,前两位为 0,后 16 位是 DAC 量化数据
 * 范 例: 无
/ ******************************************************************** /
void write2DAC8411(unsigned int Data)
{
unsigned int Temp = 0;
unsigned char i = 0;
Temp = Data;
SYNC_LOW;                                    //使能开始
//----- 发送 00,代表是非节能模式(节能就停止工作了)-----
SCLK_HIGH;
DIN_LOW;                                     //数据 0
```

```
SCLK_LOW;
SCLK_HIGH;
DIN_LOW;                                    //数据 0
SCLK_LOW;
//-----依次发送 16 位数据-----
  for(i=0;i<16;i++)                         //使用 DAC7311 和 DAC8311 时 i<14 即可
  {
    SCLK_HIGH;
    //-----通过位与,判断最高位是 1 还是 0,以决定发什么数据-----
    if(Temp&BITF) DIN_HIGH;
    elseDIN_LOW;
    SCLK_LOW;
    Temp = Temp << 1;                       //左移一位,永远发最高位
  }
SYNC_HIGH;                                  //使能禁止,数据锁存入 DAC8411
}
```

DAC8411.h 文件中声明两个外部函数。

```
/ ****************************** DAC8411.h ******************************* /
#ifndefDAC8411_H_
#defineDAC8411_H_
extern void DAC8411_Init(void);
extern void write2DAC8411(unsigned int Data);
    #endif/ * DAC8411_H_ * /
```

10.4.2 Flash 存储器

1. Flash 存储器简介

在 MSP430 单片机中,可以通过内置的 Flash 控制器,对 Flash 存储器的内容进行擦除或改写。Flash 存储器具有掉电后数据不丢失的优点,容量也远大于 RAM 容量,可以方便地存储数据。MSP430 Flash 存储器是可以按位、字节或字进行寻址和编程的。Flash 模块集成了一个可以控制编程和擦除操作的控制器,该控制器内有 4 个寄存器、1 个时序信号发生器和 1 个提供编程和擦除电压的电压发生器。

MSP430 Flash 存储器的特征包括:

(1) 内部编程电压的产生;

(2) 可按位、字节或字编程;

(3) 超低功耗;

(4) 段擦除和全部擦除主 Flash 区;

(5) 边界 0 和边界 1 读模式。

Flash 存储器的结构框图如图 10-18 所示。

由图 10-18 可以看出,MSP430G2553 单片机的 Flash 被分割成不同的段,最低地址为 0x0000,最高为 0xFFFF。MSP430 对于单一的位、字节或字虽然都可以被写入到 Flash 中,但段是 Flash 可擦除的最小单位。Flash 存储器分为主 Flash(Main Flash)区和信息 Flash (Info Flash)区。对两个存储区的操作是完全相同的,代码和数据可以存储到它们两个中的

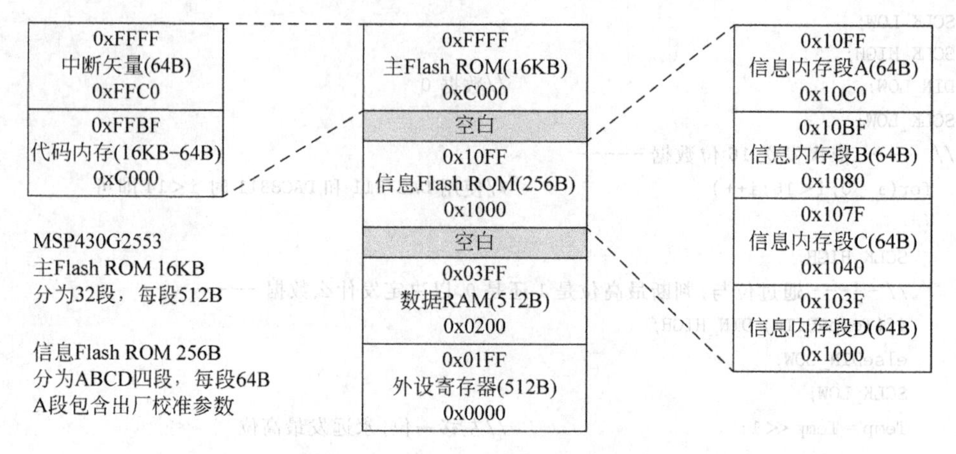

图 10-18　Flash 存储器的结构框图

任何一个，这两个区的区别在于它们段的大小和所处的物理地址范围不同。

最高地址段为主 Flash ROM，共 16KB，地址范围为 0xC000～0xFFFF。

(1) 主 Flash 分为 32 段(Segment)，每段 512B，Flash 的结构决定了段是最小擦除单位，所以 1 次最少擦 512B。

(2) 每段又分为 8 块(Block)，每块 64B，块是最大可连续写单位。

(3) 主 Flash 的最高 64B 是不能被用户占用的，那里存放了中断向量(矢量)表。

内存地址最低位置为 RAM 区域，包括变量、堆栈、16 位外设寄存器、8 位外设寄存器和 8 位 SFR 寄存器。所有 MSP430 单片机的片内外设寄存器地址都是相同的，所以不同型号的 MSP430 单片机可以很好地兼容程序代码。MSP430G2553 单片机在中间地址 0x1000～0x10FF 区域还有 4 段信息 Flash，这 A、B、C、D 四段每段大小为 64B。

信息 Flash 的 A 段我们称为 Info Flash A，它通过 LOCKA 位与其他段隔离开来。当 LOCKA＝1 时，它是不能被擦写的；当 LOCKA＝0 时，它可以像其他段一样被擦写。需要注意的是 Info Flash A 段中存放了出厂校验数据，在 MSP430G2553 中只存有 DCO 校准参数，而其他信号单片机中可能还包括电压基准校验、温度传感器校准等一系列参数。所以 Info Flash A 段非常重要，一般不要使用 A 段作为存储用途。

此外在存储器擦写期间的最低电源电压是 2.2V，如果电源电压低于 2.2V，将会出现不可预期的擦写结果。

2. Flash 的操作

Flash 的默认状态下的模式是读模式。在该模式下，Flash 是不能被擦除或者写入的，此时 Flash 的时序信号发生器和电压发生器处于关闭状态，对 Flash 的操作几乎就和 ROM 一样。MSP430 的 Flash 是可在线编程的(In-System Programmable，ISP)，无须外部电压。MSP430 CPU 可以对自身的 Flash 进行编程操作。Flash 存储器的擦/写模式是通过 BLKWRT、WRT、MERAS 和 ERASE 位来进行选择的，分别有：

(1) 写字节/字模式；

(2) 写块模式；

(3) 单段擦除模式；

(4) 全部擦除主 Flash 区模式(针对所有主 Flash 区的段,保留信息 Flash 区的内容);

(5) 全部擦除所有 Flash 模式(针对所有的段)。

在编程和擦除期间禁止向 Flash 进行读写操作。在读、写 Flash 期间 CPU 执行的代码必须放置于 RAM 中。用户可以从 Flash 内部或 RAM 对 Flash 进行任意的更新。

1) Flash 控制器的时钟

用户对 Flash 进行的写和擦除操作是由 Flash 时钟来控制的。Flash 时钟的工作频率 f_{FTG} 必须在 257~476kHz 范围内。Flash 存储器时钟控制器结构图如图 10-19 所示。

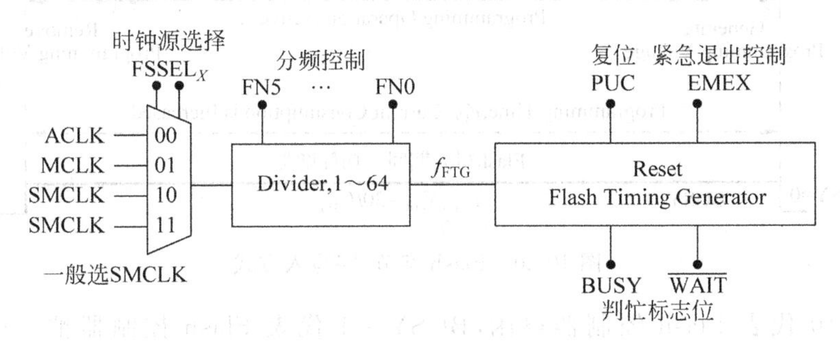

图 10-19 Flash 存储器时钟控制器结构图

由图 10-19 可以看出 Flash 时钟可以选择时钟来源和分频系数。

(1) ACLK 时钟一般为外部低频晶振 32.768kHz 或者内部低频振荡器 12kHz,所以都不足以提供所需的 257~476kHz 频率。

(2) MCLK 不利于低功耗,所以一般所有片内外设的时钟都不会使用 MCLK。

(3) SMCLK 的频率一般从 1~16MHz 不等,需要分频后才能提供给 Flash 时钟。

被选择的时钟源可以通过 FN0~FN5 分频以满足 Flash 工作频率的要求。如果读、写操作期间 f_{FTG} 的频率偏离如上所述的规定,那么写和擦除操作的结果将是不可预知的,或者 Flash 将被迫在可靠工作的极限范围之外工作。如果写或擦除操作期间检测不到时钟信号,操作将被终止,这时 FAIL 标志位被置位,操作的结果同样是不可预知的。当写或者擦除操作正在进行时,用户是不能通过禁用所选择的时钟源以使 MSP430 进入低功耗模式的,时钟源要等到操作完成后才能被禁用。

2) Flash 的写操作

写 Flash 有两种方式,字节/字写入或者块写入,由 WRT 和 BLKWRT 控制位来选择,如表 10-4 所示。

表 10-4 写模式

BLKWRT	WRT	Write Mode
0	1	字节/字写入方式
1	1	块写入方式

两种写入方式都由一系列单独的写指令来完成,但是由于块写入期间电压发生器始终保持开启状态,这使块写入方式的速度比字节/字写入方式快两倍。BUSY 位在写操作期间会被置位,写操作结束后会被清零。如果写操作由 RAM 启动,那么 BUSY=1 期间,CPU

不可以访问 Flash，否则会产生访问冲突，ACCVIFG 被置 1，Flash 的写操作会产生不可预期的结果。

(1) 字节/字写入方式。

字节/字写入过程如图 10-20 所示。

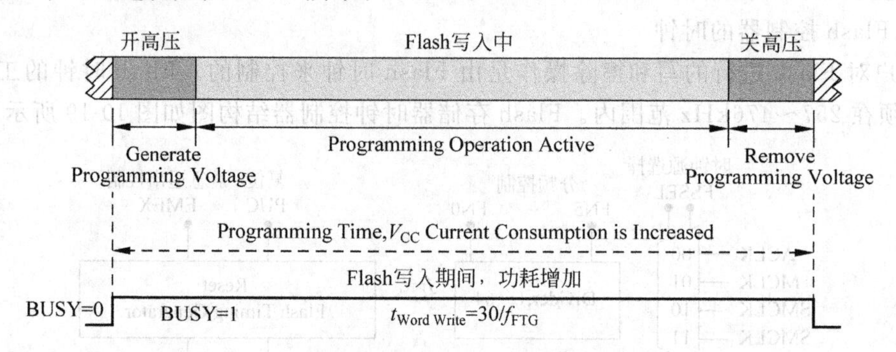

图 10-20　Flash 字节/字写入方式

BUSY＝0 代表 Flash 控制器空闲，BUSY＝1 代表 Flash 控制器忙。只能用 while(FCTL3&BUSY)语句死循环等待 BUSY＝0。

写 Flash 时首先打开编程电压发生器，然后写入 Flash，最后再关掉编程电压发生器，这期间 BUSY 位一直维持高电平。

此方式下，每次可写入 1 个字节(8 位)或 1 个字(16 位)，每次写操作都要开关编程电压发生器。

(2) 块写入方式。Flash 块写入方式如图 10-21 所示。

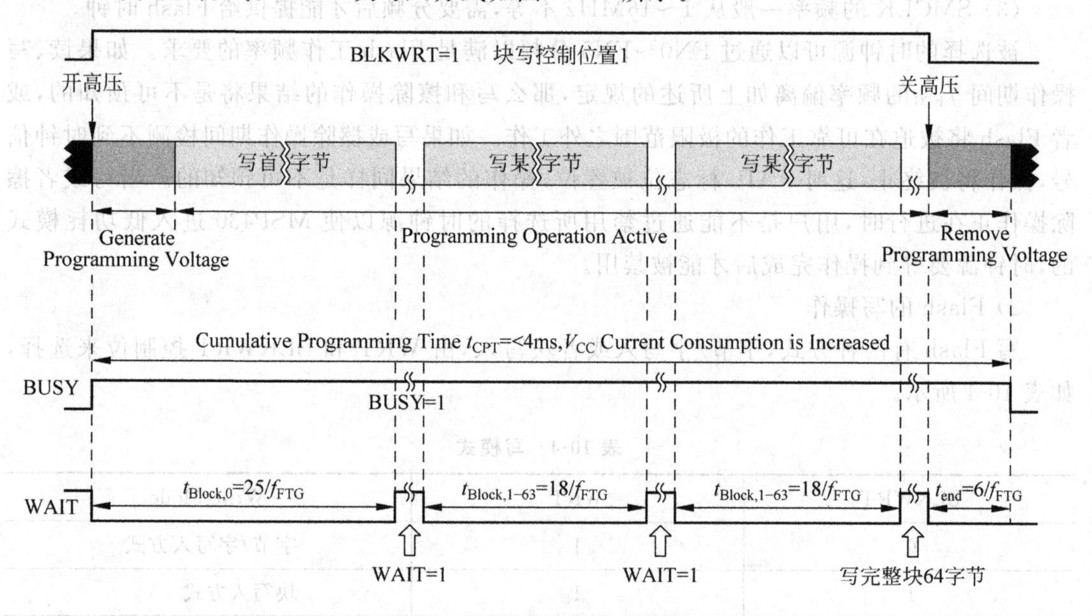

图 10-21　Flash 块写入模式

Flash 块写入模式需将 BLKWRT 控制位置 1。

① 与字节/字写入方式相比，除了 BUSY 用于判断 Flash 工作状态外，还多出一个

WAIT 位。

② 当写完 1 字/字节时，WAIT 位会置 1，表明此时可以写下一字节。

③ 只有写完全部 1 块 64 字节，BUSY 位才会置 0，也就是块写每次最少写 64 字节。

④ 由于只需开关一次编程电压发生器，所以块写操作要快。

3）Flash 的擦除

Flash 位擦除的电平为高电平。每个位可被单独地从 1 复位成 0，但要将其从 0 重新置位成 1 却需要一个擦除周期。Flash 可被擦除的最小单位是段。用户可以通过 ERASE 和 MERAS 位的设置来选择三种擦除模式，如表 10-5 所示。

表 10-5 Flash 控制器的擦除模式

MERAS	ERASE	擦除模式	说明
0	0	不擦除	默认不进行擦除
0	1	单段擦除	此设置最常用
1	0	擦除所有段	会将单片机运行代码擦除，升级时才用
1	1	LCOKA=0：擦主 Flash 区和信息字段； LOCKA=1：仅擦主 Flash 区	最不常用

实际上，任何的擦除操作都是在所要擦除的地址范围内进行的空写操作。空写开启 Flash 时钟信号和擦除操作。在进行空写操作后，BUSY 位即刻被置位并且在擦除周期内一直保持置位状态。BUSY、MERAS 和 ERASE 位在擦除周期结束后被自动清零。擦除周期的时序不依赖于器件上 Flash 的大小。所有的 MSP430F2XX 和 MSP430G2XX 器件擦除的次数是一样的。

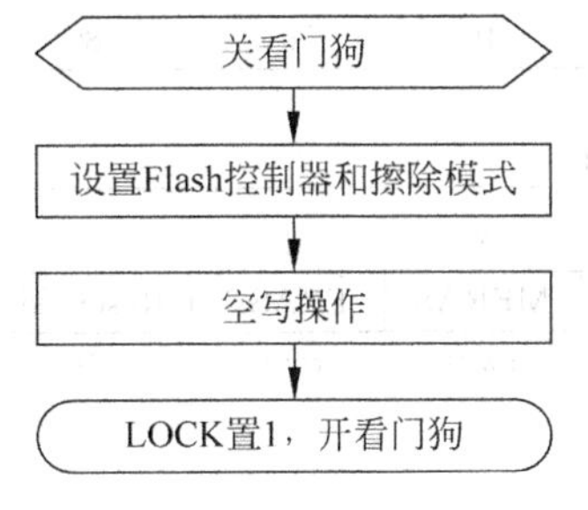

图 10-22 从 Flash 存储器内部启动擦除操作流程图

对一个不在擦除范围内的地址进行的空写操作不会启动擦除周期，它是不会对 Flash 产生影响的，也不会改变标志位。这个错误的空写操作也将被忽略。

（1）从 Flash 存储器内部启动擦除操作。从 Flash 存储器内部启动擦除操作流程图如图 10-22 所示。

任意一个擦除周期都可以从 Flash 内部或者从 RAM 启动。当在一个 Flash 的段上进行擦除操作时，所有的时序是由 Flash 控制器来控制的，CPU 的执行将被延迟。当擦除周期结束时，CPU 用一条跟随着空写操作的指令来恢复代码的执行。当从 Flash 内部启动一个擦除周期，有可能会擦除擦除操作之后要执行的代码，如果发生这种情况的话，那么在擦除周期之后，CPU 要执行的内容将是不可预知的。

（2）从 RAM 启动一个写擦除操作。从 RAM 启动一个写擦除操作的流程图如图 10-23 所示。

任何的擦除周期都可能是从 RAM 开始的。在这种情况下，CPU 的执行是不被延迟的，它仍然可以继续执行 RAM 中的代码，但是必须通过轮询 BUSY 位的状态，确定擦除周期已经结束，CPU 才能重新访问任意的 Flash 地址。如果 Flash 在 BUSY=1 时被访问，将引起访问冲突，这时 ACCVIFG 标志位也将被置位，这样擦除的结果也是不可预知的。

3. Flash 的寄存器

Flash 控制器的主要控制寄存器有 FCTL1/2/3/4，其中 FCTL4 不常用。Flash 控制器的控制位较多，常用的有以下几位。

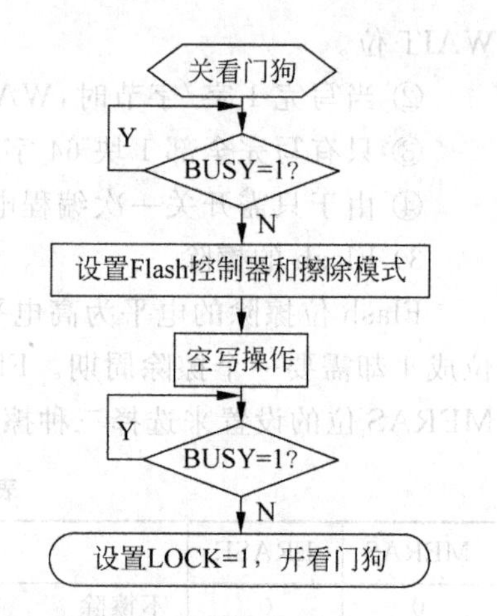

图 10-23　从 RAM 启动一个写擦除操作流程图

(1) BLKWRT 和 WRT 配合：使能写字/字节或块写操作。

(2) MERAS、ERASE 和 LOCKA 配合：决定擦除方式。

(3) FSSELx、FNx 配合：设定 Flash 时钟及分频。

(4) EMEX：写此位可紧急退出 Flash 操作。

(5) LOCK：Flash 擦写锁定，锁定后不允许擦写。

(6) WAIT 和 BUSY：用于 Flash 擦写中判断操作结束。

(7) LOCKA：用于锁定和解锁 Info Flash A 段。该控制位用法特殊，每次置 1 切换锁定和解锁状态，置 0 无意义。

1) FCTL1(Flash 控制寄存器 1)各位定义

FCTL1 各位定义，如图 10-24 所示。

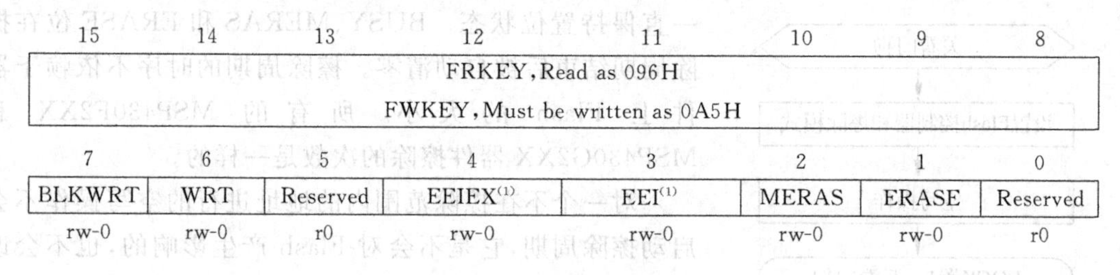

图 10-24　FCTL1 各位定义

注：MSP430X20XX 和 MSP430G2XX 系列单片机中不存在该位。

(1) FRKEY：FCTLx 密码。读出值总是 096H。

(2) FWKEY：写入值必须为 05AH，否则将产生一个上电清除(PUC)信号。

(3) BLKWRT：块写入模式。块写入模式时 WRT 也必须被置位。BLKWRT 在 EMEX 被置位时自动清 0。

0——块写入模式关；1——块写入模式开。

(4) WRT：该位用于选择任意一种写模式。WRT 在 EMEX 被置位时自动清 0。

0——写模式关闭；1——写模式开启。

(5) Reserved：保留位。总是读出 0。

(6) MERAS：全部擦除。该位和 ERASE 值一起被用来选择擦除模式。

(7) ERASE：擦除 EMEX 被置位时，MERAS 和 ERASE 被自动清 0。

(8) Reserved：保留位。总是读为 0。

2) FCTL2(Flash 控制寄存器 2)各位定义

TCTL2 各位定义，如图 10-25 所示。

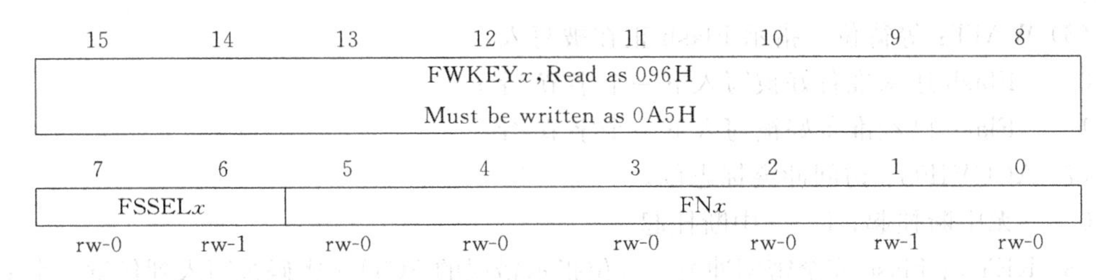

图 10-25 FCTL2 各位定义

(1) FWKEYx：FCTLx 密码。读出值总为 096H。写入值必须为 0A5H，否则将产生一个上电清除(PUC)信号。

(2) FSSELx：Flash 控制器时钟源选择。

00——ACLK；01——MCLK；10——SMCLK；11——SMCLK。

(3) FNx：Flash 控制器时钟分频器。这 6 位为 Flash 控制器时钟选择分频器。分频值为 FNx+1。例如，当 FNx=00H 时，分频值是 1。当 FNx=03FH 时，分频值是 64。

3) FCTL3(Flash 控制寄存器 3)各位定义

FCTL3 各位定义，如图 10-26 所示。

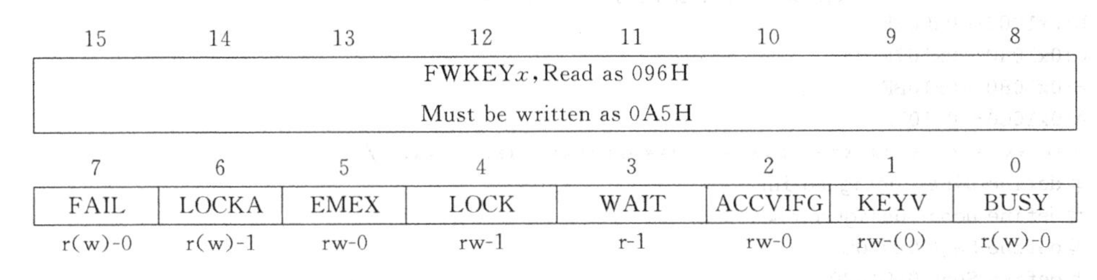

图 10-26 FCTL3 各位定义

(1) FWKEYx：FCTLx 密码。读出值总为 096H。写入值必须为 0A5H 否则将产生一个上电清除(PUC)信号。

(2) FAIL：操作失败位。该位在 f_{FTG} 时钟源失效、Flash 操作在 EEIEX=1 时被中断终止的情况下被置位。FAIL 必须通过软件复位。

0——无失效；1——失效。

(3) LOCKA：Info A 段和信息锁。对该位写 1 将改变 Info A 段和信息锁的状态。写 0 不产生影响。

0——在全部擦除主 Flash 区期间，Info A 段开锁，所有的信息 Flash 区被擦除；

1——在全部擦除主 Flash 区期间，Info A 段锁定，所有的信息 Flash 区受保护无法被擦除。

(4) EMEX：紧急退出位。

(5) LOCK：锁定位。这个位可以使 Flash 开锁以进行写入和擦除操作。LOCK 位可以在一个写字节/字或者擦除操作和操作正常完成期间随时被置位。在写块模式下，如果 LOCK 被置位，且 BLKWRT=WAIT=1 时，那么 BLKWRT 和 WAIT 位将被清 0，块写入模式将正常终止。

0——开锁；1——锁定。

(6) WAIT：等待位。指示 Flash 正在被写入。

0——Flash 还未准备好被写入下一个字节/字；

1——Flash 已经准备好被写入下一个字节/字。

(7) ACCVIFG：访问冲突标志位。

0——无中断挂起；1——中断挂起。

(8) KEYV：Flash 安全密钥冲突。该位指示错误的 FCTLx 密码被写入到任意一个 Flash 控制寄存器中，在被置位时产生一个上电清除(PUC)信号。KEYV 必须通过软件清 0。

0——FCTLx 密码写入正确；1——FCTLx 密码写入不正确。

(9) BUSY：忙位。该位指示 Flash 时序信号发生器的状态。

0——时序信号发生器处于非忙状态；1——时序信号发生器处于忙状态。

下面是关于 Flash 使用的代码样例，其中包括了 Flash 初始化、段擦除、写字节、读字节、写字、读字、改字节和批量写等操作的子程序，读者可以在此基础上作适当修改，以用于不同的应用中或移植到其他系列的 MSP430 单片机中。

```
#include "msp430g2553.h"
/*****************************************************
MSP430G2553 有 4 个数据段，每个数据段有 64B，共 256B
D:0x1000～0x003F
C:0x1040～0x107F
B:0x1080～0x10BF
A:0x10C0～0x10FF
*****************************************************/
#define uint  unsigned int
#define uchar unsigned char
#define SegA 0x010C0
#define SegB 0x01080
#define SegC 0x01040
#define SegD 0x01000
#define SegSize 64
/******************** Flash 初始化 ********************/
void FlashInit()
{
  FCTL2 = FWKEY + FSSEL_2 + FN1;              //选择 SMLCK 作为时钟源，二分频
}
/******************** Flash 检测忙 ********************/
void FlashCheckBusy()
{
  while(BUSY == (FCTL3&BUSY));                //检测是否忙
}
/******************** Flash 段擦除 ********************/
void FlashErase(int SegX)
{
  _DINT();                                    //关闭总中断
  FlashCheckBusy();                           //检测 Flash 是否处于忙状态
  FCTL3 = FWKEY;                              //lock = 0 开锁
  FCTL1 = FWKEY + ERASE;                      //使能段擦除
   *((int *)SegX) = 0x00;                     //段擦除，空写
  FlashCheckBusy();                           //检测 Flash 是否处于忙状态
  FCTL3 = FWKEY|LOCK;                         //上锁
  return;
}
```

```
/ ********************* Flash 写字节 ********************* /
void FlashWriteChar(uint addr,char wdata)
{
  _DINT();                              //关闭总中断
  FlashCheckBusy();                     //检测 Flash 是否处于忙状态
  FCTL3 = FWKEY;                        //lock = 0 开锁
  FCTL1 = FWKEY + WRT;                  //写使能
  * ((uchar * )addr) = wdata;           //将 wdata 存入 addr 变量地址中
  FCTL1 = FWKEY;                        //写关闭
  FCTL3 = FWKEY + LOCK;                 //上锁
  return;
}
/ ********************* Flash 读字节 ********************* /
char FlashReadChar(uint addr)
{
  char rdata;
  rdata = * (char * )addr;              //读取 addr 所指地址的值
  return rdata;
}
/ ********************* Flash 写字 ******************** /
void FlashWriteWord(uint addr,uint wdata)
{
  _DINT();                              //关闭总中断
  FlashCheckBusy();                     //检测忙,若忙,则等待
  FCTL3 = FWKEY;                        //lock = 0 开锁
  FCTL1 = FWKEY + WRT;                  //写使能
  * ((uint * )addr) = wdata;            //向地址 addr 处写入 wdata
  FCTL1 = FWKEY;                        //写关闭
  FCTL3 = FWKEY + LOCK;                 //上锁
  return;
}
/ ********************* Flash 读字 ******************** /
uint FlashReadWord(uint addr)
{
  uint rdata;
  rdata = * (uint * )addr;              //读取变量 addr 地址的值
  return rdata;
}
/ ********************* Flash 修改字节 ******************** /
void FlashModifyChar(uint SegX,char AddrNum,char wdata)
{
  char i,TempArry[SegSize];
  for(i = 0;i < SegSize;i++)            //读入内存
  {
    TempArry[i] = * (uint * )(SegX + i);
  }
  TempArry[AddrNum] = wdata;            //在数组中的某一位置 AddrNum 写入 wdata
  FlashErase(SegX);                     //段擦除
  FCTL3 = FWKEY;                        //lock = 0 开锁
  FCTL1 = FWKEY + WRT;                  //准备写
  for(i = 0;i < SegSize;i++)            //向段中重新写数组
  {
    * (uint * )(SegX + i) = TempArry[i];
  }
  FCTL1 = FWKEY;                        //写关闭
  FCTL3 = FWKEY + LOCK;                 //上锁
}
```

```
/ ******************** Flash批量写 ******************** /
void FlashBurstWrite(int SegX,int * pStr)
{
  int i;
  FlashErase(SegX);                     //段擦除
  FCTL3 = FWKEY;                        //lock = 0,开锁
  FCTL1 = FWKEY + WRT;                  //写使能
  for(i = 0;i < 2 * sizeof(pStr);i++)   //将数组内容写入段中
  {
    * (uchar * )(SegX + i) = * (pStr + i);
  }
  FCTL1 = FWKEY;                        //写关闭
  FCTL3 = FWKEY + LOCK;                 //上锁
}
main()
{
  char ReadChar;
  uint ReadWord;
  int p[ ] = {'a','b','c','d'};
  WDTCTL = WDTPW + WDTHOLD;             //关闭看门狗
  P1DIR = 0xff;                         //P1 口设为输出,闲置的 I/O 不悬空
  P2DIR = 0xff;                         //P2 口设为输出,闲置的 I/O 不悬空
  P1OUT = 0xff;                         //P1 口输出 1
  P2OUT = 0xff;                         //P2 口输出 1
  FlashInit();                          //Flash 初始化
  FlashErase(SegD);
  FlashWriteChar(0x01007,0x12);         //向地址 01008H 写入 12H
  ReadChar = FlashReadChar(0x01007);    //读取地址 01008H 的值
  FlashWriteWord(0x01008,0x3456);       //向地址 01009H 和 0100AH 依次写入 56H 和 34H
  ReadWord = FlashReadWord(0x01008);    //读取从地址 01009H 起的一个字
  FlashWriteChar(0x01017,ReadChar);     //向地址 01018H 写入 12H
  FlashWriteWord(0x01018,ReadWord);     //向地址 01019H 和 0101AH 依次写入 56H 和 34H
  FlashBurstWrite(SegC,p);              //向 SegD 段从地址 0110H 依次写入 a、b、c、d
  FlashModifyChar(SegB,0x02,0xef);      //将地址 0112H 和 0113H 内容改为 e 和 f
  _BIS_SR(CPUOFF);                      //关闭 CPU
}
```

本章小结

本项目利用 ADC 模块内部温度传感器检测周围环境温度,并在液晶显示屏上显示温度值。通过本项目的学习,了解 AD/DA 转换的原理;掌握 MSP430 内部 ADC 模块的内部结构及应用;能够利用 ADC 模块内部温度传感器检测温度。

思考题

请设计一台信号发生器,使之能产生正弦波、方波和三角波信号。要求:输出信号频率在 100Hz～100kHz 范围内可调,负载条件下,输出正弦波信号的电压峰-峰值 V_{opp} 在 0～5V 范围内可调;输出信号波形无明显失真。

项目 11 串行通信

11.1 项目内容

利用串行通信接口设计实现两片 MSP430G2553 单片机之间的串行双机通信。单片机之间的串行通信，当传输距离小于 1.5m 时主要采用 TTL 电平传输；当传输距离在 1.5～15m 时，可以采用 RS-232 通信协议进行数据传输；当距离大于 15m 而小于 1.5km 时，可以采用 RS-485 通信协议进行数据传输。

11.2 必备知识

串行通信接口是处理器与外界进行数据传输最常用的方式之一。串行通信采用一条数据线，将数据一位一位地依次传输，每一位数据占据一个固定的时间长度。与并行通信相比，串行通信速度较慢，但占用更少的 I/O 资源，只需要少数几条线就可以在系统间交换信息，特别适用于计算机与计算机、计算机与外设之间的远距离通信。

串行通信可以分为同步通信和异步通信两种类型。如果带有同步时钟，则称为同步串行通信，如常用的 SPI 和 I^2C 接口就属于同步串行通信接口。如果没有同步时钟，依靠严格的时间间隔来传输每一比特，则称为异步串行通信，如 UART 接口。MSP430 系列单片机有两种串行通信接口，较早的 USART 模块和较新的 USCI 模块。其中，1 系列和 4 系列单片机多为 USART 模块，而 2 系列、5 系列、6 系列和 4 系列较新的型号多配置 USCI 模块。USART 可配置为 UART、SPI 或 I^2C 模式；USCI 中，USCI_Ax 支持 UART、LIN(波特率自检)、IrDA 编解码及 SPI 功能，USCI_Bx 支持 SPI 和 I^2C 功能。

11.2.1 UART 模式

UART(Universal Asynchronous Receiver/Transmitter)，通用异步收发器，一般称为串口。由于不需要时钟线，且为全双工工作，所以 UART 有两根数据线，发送 Tx 和接收 Rx。

在异步通信模式下，MSP430 单片机通过两个引脚，即接收引脚 UCAxRXD 和发送引脚 UCAxTXD 与外界相连。当 UCSYNC 位被清除时，UART 模式被选择。UART 模式的特点如下：

(1) 传输 7 位或 8 位数据，可采用奇校验或偶校验或者无校验。

(2) 两个独立移位寄存器，输入移位寄存器和输出移位寄存器。

(3) 独立的发送和接收缓冲寄存器。

(4) 从低位在前或高位在前的数据发送和接收。

(5) 对多机系统内置有线路空闲/地址位通信协议。

(6) 通过有效的起始位检测将 MSP430 从低功耗唤醒。

(7) 可编程实现分频因子为整数或小数的波特率。

(8) 状态标志检测和抑制错误。

(9) 状态标志检测地址位。

(10) 独立的发送和接收中断能力。

1. USCI 初始化和复位

USCI 可以在 PUC 后或者设置 UCSWRST 位复位。在 PUC 后，UCSWRST 位自动置位，保持 USCI 在复位状态。当 UCSWRST 位置位时，复位 UCAxRXIE，UCAxTXIE，UCAxRXIFG，UCRXERR，UCBRK，UCPE，UCOE，UCFE，UCSTOE 和 UCBTOE 位并置 UCAxTXIFG 位。清除 UCSWRST 位释放 UCSI 的操作。

推荐的 USCI 初始化/重新配置的过程如下：

(1) 设置 UCSWRST；

(2) UCSWRST＝1 时初始化所有的 UCSI 寄存器(包括 UCAxCTL1)；

(3) 配置端口；

(4) 通过软件清除 UCSWRST；

(5) 通过 UCAxRXIE 和(或)UCAxTXIE 允许中断(可选)。

2. UART 的数据帧格式

UART 的数据帧格式如图 11-1 所示。它包括一个起始位、7～8 位可选的数据位、0～1 位可选的地址判别位、0～1 位可选的奇偶判别位和 1～2 位可选的高电平停止位。

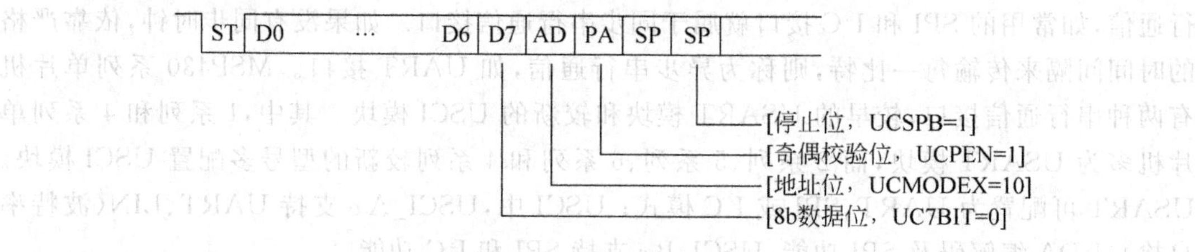

图 11-1 UART 的数据帧格式

起始位 ST 由高电平到低电平的下降沿触发；地址位为 0 表示前面的 7 或 8 位是数据，1 表示是地址，这在多机通信中非常有用；在数据的发送设备上预先计算本次发送数据中 1 的个数是奇数还是偶数，并在奇偶校验位标识出来；数据传输完后，需至少维持高电平 1～2 位才能重新开始下一帧的传输。

3. 异步通信模式

当两个设备异步通信时，多机的模式是协议所要求的。当三个或更多的设备通信时，USCI 支持空闲线路和地址位多机的通信模式。

1）地址位多机模式

当 UCMODEx＝10 时，地址位多机模式被选中，如图 11-2 所示。

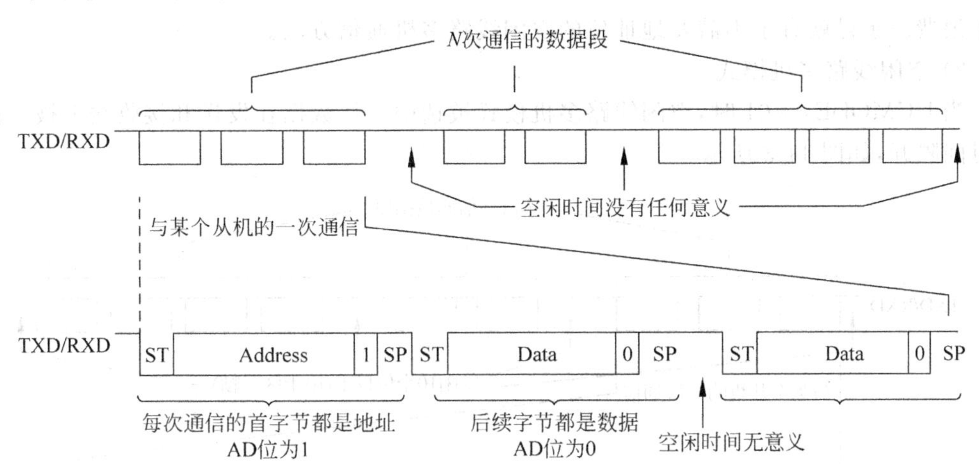

图 11-2　地址位多机模式

每个待处理的字符包含一个额外的用作地址指示的位。字符块的第一个字符带有一个表示该字符为地址的地址位。USCI 的 UCADDR 位在包含地址位的字符中，被传输到 UCAxRXBUF 中时即置位。

在地址位多机模式中，UCDORM 位被用来控制数据接收。当 UCDORM 置位时，地址位为 0 的字符数据被接收器组装起来但不传输到 UCAxRXBUF 中，同时没有中断发生。当接收到一个包含地址位的字符时，该字符被传输到 UCAxRXBUF 中，UCAxRXIFG 被置位，同时当 UCRXEIE＝1 时所有可用错误标志被置位。当 UCRXEIE＝0 时接收一个包含地址位的字符，但存在帧错误和奇偶错误，此时这个字符不会传输到 UCAxRXBUF 中而且 UCAxRXIFG 不会被置位。

如果接收到一个地址，用户软件使地址生效同时复位 UCDORM 去继续接收数据。如果 UCDORM 保持置位，仅仅地址位为 1 的地址字符被接收到。UCDORM 位不会被 USCI 硬件模块自动改变。

当 UCDORM＝0 时，所有已接收的字符将置位中断标志 UCAxRXIFG。如果在接收数据期间清除 UCDORM，接收中断标志将在接收完成之后置位。

在地址位多机模式的地址传输中，字符的地址位被 UCTXADDR 位控制，UCTXADDR 的值装载到字符的地址位后从 UCAxTXBUF 传送到发送移位寄存器中。当开始位发生时 UCTXADDR 被自动清除。

暂停接收的产生：当 UCMODEx＝00，01 或 10 时，当数据位、奇偶位、停止位变低时，接收器监测到一次暂停，当一次暂停被监测到时，UCBRK 位置位。如果暂停中断允许位 UCBRKIE 置位，接收中断标志 UCAxRXIFG 也会置位。这样的话，UCAxRXBUF 的值在所有数据位为 0 后变成 0。

通过设置 UCTXBRK 位来产生暂停，然后写 0 到 UCAxTXBUF 中，UCAxTXBUF 必须准备新的数据（UCAxTXIFG＝1）。这就会发生暂停，同时所有位变低。当开始位产生时，UCTXBRK 自动清除。

使用地址位的方法非常好理解，但是也存在缺陷。如果主机与从机一次要通信很长时间，在这段时间内并不更换从机，但是这期间每一字节后都有一个地址位(一直为0)，就造成了浪费。于是就有了不需要地址位的空闲线路多机通信方法。

2) 空闲线路多机模式

当 UCMODEx=01 时，空闲线路多机模式被选中。块数据在发送和接收线上被一段空闲时间隔开，如图 11-3 所示。

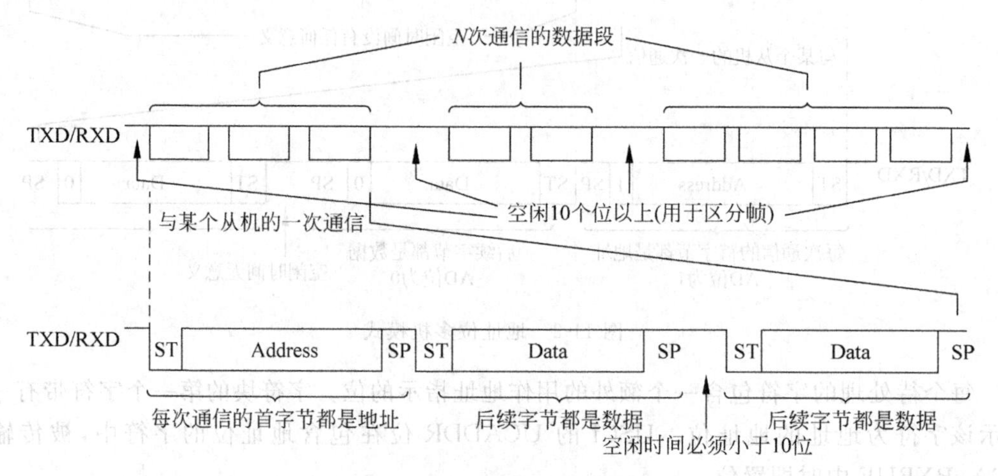

图 11-3 空闲线路多机模式

当 10 个或更多的持续标志在一个或两个停止位之后被接收到时，一条空闲接收线被监测。在接收到一次空闲线之后，波特率发生器被关断，直到下一次开始边沿被监测到。空闲时间段后收到的第一个字符为地址位，UCIDLE 位被用来作为地址标志位，当一次空闲线路被监测到时，UCIDLE 位被置 1。

在空闲线路多机模式中，UCDORM 位被用来控制数据接收。当 UCDORM=1 时，所有的非地址字符被组装但不会传输到 UCAxRXBUF 中，此时中断不会发生。当接收一个地址字符时，这个字符被传输到 UCAxRXBUF 中，UCAxRXIFG 被置位，当 UCRXEIE=1 时任何可用的错误标志被置位。当 UCRXEIE=0 并且一个带有帧错误或奇偶错误的地址字符被接收到时，字符就不会传输到 UCAxRXBUF 中，而且 UCAxRXIFG 不会置位。

如果接收到一个地址，用户需软件确认此地址。同时，为继续接收数据必须复位 UCDORM。如果 UCDORM 保持置位就只能接收到地址字符。在接收字符的过程中一旦 UCDORM 被清除，接收中断标志将在接收完成后被置位，UCDORM 位不会被 USCI 的硬件自动改变。

在空闲线路多机模式进行地址传输，一个精确的空闲周期会通过用来在 UCAxTXD 上产生地址字符确认的 USCI 产生。双缓存 UCTxADDR 标志用来指示是否有 11 位的空闲线之前将下一个字符装载到 UCAxTXBUF 中。当开始位发生时，UCTxADDR 将被自动清除。

以下操作为发送一个空闲帧来展示一个地址字符及其关联的数据。

(1) 置位 UCTxADDR，然后写地址字符到 UCAxTXBUF 中，UCAxTXBUF 必须准备好发送新数据(UCAxTXIFG=1)。这可以产生一个 11 位的空闲周期以及随后的地址字符。UCTxADDR 在地址字符从 UCAxTXBUF 传输到移位寄存器后自动复位。

(2) 写要发送的数据到 UCAxTXBUF 中,UCAxTXBUF 必须准备好发送新数据(UCAxTXIFG=1)。写到 UCAxTXBUF 中的数据传输到移位寄存器中并且一旦移位寄存器准备就绪新数据就开始发送。空闲周期不能超过地址和数据传输的间隙或者数据和数据传输的间隙,否则传输的数据将被误解为地址。

4. 自动波特率检测

当 UCMODEx=11 时,UART 模式的自动波特率检测被选中。对于自动波特率检测,数据帧在一个包含暂停和同步域的同步序列之后。当 11 个或更多的 0 被接收到时检测到暂停。如果暂停时间超过 22 位的传输时间,暂停超时错误标志 UCBTOE 将被置位。暂停的同步域如图 11-4 所示。

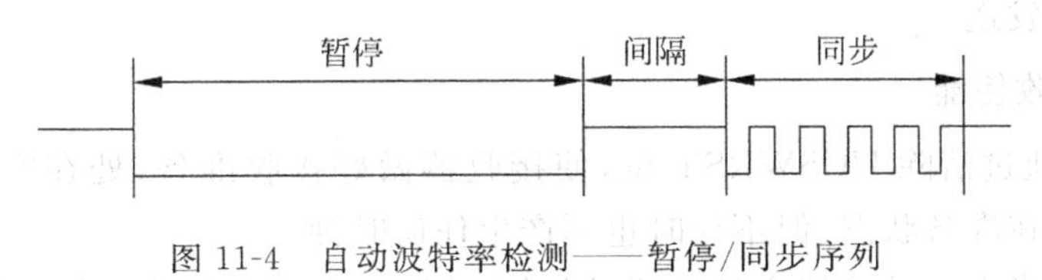

图 11-4 自动波特率检测——暂停/同步序列

为了 LIN 一致,字符格式应该设置为 8 位数据位,LSB 在前,无奇偶校验位,有一位停止位。没有可用的地址位。

在一个字节域内同步域所包含的数据 055H 如图 11-5 所示。

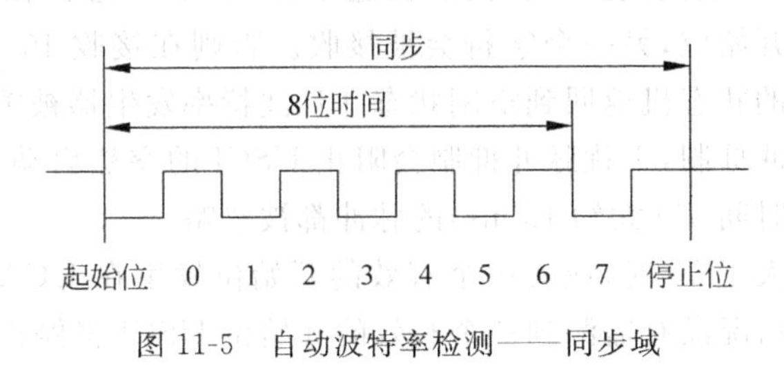

图 11-5 自动波特率检测——同步域

同步的时间范围在第一个下降沿和最后一个下降沿之间。如果自动波特率检测通过置位 UCABDEN 而被允许,发送波特率发生器就可以用来测量。否则,这个模式只被接收而不测量。测量的结果被传送到波特率控制寄存器 UCAxBR0,UCAxBR1 和 UCAxMCTL 中。如果同步域的长度超过了测量时间,同步超时错误标志 UCSTOE 将置位。

在这种模式中 UCDORM 位被用来控制数据接收。当 UCDORM 置位时,所有字符被接收而不传输到 UCAxRXBUF 中去,而且中断不发生。当一个暂停/同步域被检测到时,UCBRK 标志被置位。暂停/同步域后的字符被传送到 UCAxRXBUF 中,同时 UCAxRXIFG 中断标志置位。所有可用的错误标志寄存器也同时被置位。如果 UCBRKIE 位置位,暂停/同步的接收置位 UCAxRXIFG。UCBRK 位通过读接收缓存 UCAxRXBUF 或被用户软件复位。

当一个暂停/同步域被接收时,为继续接收数据,需要用户软件复位 UCDORM。如果 UCDORM 保持置位状态,仅仅在接收下一个暂停/同步域时字符才能被接收。UCDORM 位不会被 USCI 硬件自动更改。

当 UCDORM=0 时所有的接收字符将使接收中断标志 UCAxRXIFG 置位。如果在接收字符的过程中 UCDORM 被清除，接收中断标志在完成接收后将置位。自动波特率检测模式可以应用于具有一些条件限制的全双工通信系统中。

以下为发送一个暂停/同步域的程序流程：

(1) 通过 UMODEx=11 置位 UCTXBRK。

(2) 写 0x55 到 UCAxTXBUF。UCAxTXBUF 必须随时准备接收新数据(UCAxTXIFG=1)。伴随着中断分割符和同步字符将会产生一个 13 位的暂停域。暂停域的长度受 UCDELIMx 位控制。当同步字符从 UCAxTXBUF 传输到移位寄存器中时，UCTXBRK 将自动复位。

(3) 写数据字符到 UCAxTXBUF 中。UCAxTXBUF 必须随时准备接收新数据(UCAxTXIFG=1)。写到 UCAxTXBUF 中的数据传输到移位寄存器中，一旦移位寄存器有新数据就立即发送。

5. USCI 接收使能

USCI 模块通过清除 UCSWRST 位，使接收器做好接收准备，处在空闲状态。接收波特率发生器保持在准备状态，但不计时也不产生任何时钟。

开始位的下降沿启动波特率发生器，同时 UART 状态机监测一个有效的开始位，如果没有监测到有效的开始位 UART 状态机返回到空闲态同时波特率发生器再次被关掉；如果一个有效的开始位被监测到字符就能被接收。

当 UCMODEx=01 空闲线路多机模式被选中，UART 状态机在接收一个字符后检查空闲线。如果监测到开始位，另一个字符会被接收。否则在接收 10 个字符后 UCIDLE 标志置位，同时 UART 的状态机返回到空闲状态并且波特率发生器被关掉。

接收数据干扰脉冲抑制，干扰脉冲抑制会阻止 USCI 的突然启动。在 UCAxRXD 上的任何小于抗尖峰脉冲时间 T_t(大约 150ns)的脉冲都被忽略。

当干扰脉冲时间大于 T_t 时，或者一个有效的开始位发生在 UCAxRXD 上，USCI 开始接收操作。如果多数情况没有监测到一个有效的开始位 USCI 将停止接收字符。

6. USCI 发送使能

USCI 模块通过清除 UCSWRST 位，使接收器做好准备，处在空闲状态。接收波特率发生器保持在准备状态但是不计时，也不产生任何时钟。

一次传输通过写数据到 UCAxTXBUF 中完成初始化。当初始化发生后，波特率发生器被允许。同时，在发送移位寄存器为空后的下一个 BITCLK 周期，UCAxTXBUF 中的数据被移到发送移位寄存器，当新数据被写进 UCAxTXBUF 时，UCAxTXIFG 置位。

先前的数据发送结束时，只要在 UCAxTXBUF 中的新数据有效，发送就会不断进行。在前一个数据发送后如果没有新数据在 UCAxTXBUF 中，发送器返回到空闲态并且波特率发生器被关掉。

7. 在低功耗模式下使用 USCI 模块的 UART 模式

低功耗模式下，USCI 模块支持自动激活 SMCLK 时钟。当 SMCLK 作为`USCI 模块的时钟源时，因为设备处于低功耗模式 SMCLK 未激活，如果有必要，不管时钟源的控制位如何，USCI 模块将自动激活。时钟将保持活动状态直到 USCI 模块返回空闲状态。在 USCI 返回空闲状态后，时钟源的控制将受制于其控制位。自动激活模式不适用于 ACLK。

当 USCI 模块激活一个不活动的时钟源时，整个设备以及使用此时钟源的外围配置的时钟将激活。例如，在 USCI 模块强制激活 SMCLK 时，使用 SMCLK 的定时器将计数。

8. UART 中断

USCI 有一个发送中断向量和一个接收中断向量。

1) USCI 发送中断操作

当串口发送完一个字节，UCA*x*TXBUF 变空，UCA*x*TXIFG 中断标志被发送器置位，这时 UCA*x*TXBUF 准备接收另一个字符。如果中断被允许（UCA*x*TXIE 和 GIE 置位），将产生一个串口发送中断请求。中断响应后，字符被写到 UCA*x*TXBUF 中，UCA*x*TXIFG 将自动复位。

UCA*x*TXIFG 在一个 PUC 后或者当 UCSWRST＝1 时被置位，UCA*x*TXIE 在一个 PUC 后或者当 UCSWRST＝1 时被复位。

2) USCI 接收中断操作

一个字符被接收并装载到 UCA*x*RXBUF 时，UCA*x*RXIFG 中断标志置位。如果中断允许（UCA*x*RXIE 和 GIE 置位）将产生串口接收中断请求。UCA*x*RXIFG 和 UCA*x*RXIE 在一个 PUC 信号后或者 UCSWRST＝1 时将被系统复位。当读 UCA*x*RXBUF 时 UCA*x*RXIFG 将自动复位。

其他的中断控制特性包括：

(1) 当 UCA*x*RXEIE＝0 时，错误字符不会置位 UCA*x*RXIFG。

(2) 当 UCDORM＝1 时，在多处理机模式下非地址字符不会置位 UCA*x*RXIFG，在一般的 UART 模式，没有字符会使 UCA*x*RXIFG 置位。

(3) 当 UCBRKIE＝1 时，一个中断条件将置位 UCBRK 位和 UCA*x*RXIFG 标志。

3) USCI 中断用法

USCI_A*x* 和 USCI_B*x* 使用同一个中断向量。接收中断标志 UCA*x*RXIFG 和 UCB*x*RXIFG 共用同一个中断向量连接，发送中断标志 UCA*x*TXIFG 和 UCB*x*TXIFG 共用另一个中断向量。

9. USCI 寄存器——UART 模式

硬件 USCI 方式可实现串行通信时，允许 7 位或 8 位串行位流以预先编程的速率或外部时钟确定的速率输入、输出给 MSP430 单片机。用户对 USCI 的使用是通过对硬件原理和通信协议的理解，在进行一系列寄存器设置之后，由硬件自动实现数据的输入输出。

USCI*x* 分为 USCI_A*x* 和 USCI_B*x*，其中只有 USCI_A*x* 可配置为 UART，MSP430 单片机中有的型号有两个通信模块 USCI0 和 USCI1，因此它们有两套寄存器，如表 11-1 和表 11-2 所示。

表 11-1 USCI_A0 控制和状态寄存器

寄 存 器	缩写形式	寄存器类型	地 址	初始状态
USCI_A0 控制寄存器 0	UCA0CTL0	可读写	060H	上电复位
USCI_A0 控制寄存器 1	UCA0CTL1	可读写	061H	上电后 001H
USCI_A0 波特率控制寄存器 0	UCA0BR0	可读写	062H	上电复位
USCI_A0 波特率控制寄存器 1	UCA0BR1	可读写	063H	上电复位

续表

寄 存 器	缩 写 形 式	寄存器类型	地 址	初 始 状 态
USCI_A0 模式控制寄存器	UCA0MCTL	可读写	064H	上电复位
USCI_A0 状态寄存器	UCA0STAT	可读写	065H	上电复位
USCI_A0 接收缓冲寄存器	UCA0RXBUF	只读	066H	上电复位
USCI_A0 发送缓冲寄存器	UCA0TXBUF	可读写	067H	上电复位
USCI_A0 自动波特率控制寄存器	UCA0ABCTL	可读写	05DH	上电复位
USCI_A0 IrDA 发送控制寄存器	UCA0IRTCTL	可读写	05EH	上电复位
USCI_A0 IrDA 接收控制寄存器	UCA0IRRCTL	可读写	05FH	上电复位
SFR 中断使能寄存器 2	IE2	可读写	001H	上电复位
SFR 中断标志寄存器 2	IFG2	可读写	003H	上电后 00AH

表 11-2 USCI_A1 控制和状态寄存器

寄 存 器	缩 写 形 式	寄存器类型	地 址	初 始 状 态
USCI_A1 控制寄存器 0	UCA1CTL0	可读写	0D0H	上电复位
USCI_A1 控制寄存器 1	UCA1CTL1	可读写	0D1H	上电后 001H
USCI_A1 波特率控制寄存器 0	UCA1BR0	可读写	0D2H	上电复位
USCI_A1 波特率控制寄存器 1	UCA1BR1	可读写	0D3H	上电复位
USCI_A1 模式控制寄存器	UCA1MCTL	可读写	0D4H	上电复位
USCI_A1 状态寄存器	UCA1STAT	可读写	0D5H	上电复位
USCI_A1 接收缓冲寄存器	UCA1RXBUF	只读	0D6H	上电复位
USCI_A1 发送缓冲寄存器	UCA1TXBUF	可读写	0D7H	上电复位
USCI_A1 自动波特率控制寄存器	UCA1ABCTL	可读写	0CDH	上电复位
USCI_A1 IrDA 发送控制寄存器	UCA1IRTCTL	可读写	0CEH	上电复位
USCI_A1 IrDA 接收控制寄存器	UCA1IRRCTL	可读写	0CFH	上电复位
USCI_A1/B1 中断使能寄存器	UC1IE	可读写	006H	上电复位
USCI_A1/B1 中断标志寄存器	UC1IFG	可读写	007H	上电后 00AH

(1) UCAxCTL0(USCI_Ax 控制寄存器 0)的各位定义，如图 11-6 所示。

7	6	5	4	3	2	1	0
UCPEN	UCPAR	UCMSB	UC7BIT	UCSPB	UCMODEx		UCSYNC
rw-0	rw-0	rw-0	rw-0	rw-0	rw-0	rw-0	rw-0

图 11-6 UCAxCTL0 的各位定义

① UCPEN：校验允许位。

0——校验禁止；

1——校验允许。校验允许时，发送端发送校验，接收端接收该校验。多机模式中，地址位包含校验操作。

② UCPAR：奇偶校验选择位，该位在校验允许时有效。

0——奇校验；1——偶校验。

③ UCMSB：大小端存储方式选择，控制发送和接收寄存器的存储方向。

0——低位在前；1——高位在前。

④ UC7BIT：数据长度，选择 7 位或 8 位数据长度。

0——8 位数据；1——7 位数据。

⑤ UCSPB：停止位选择，选择停止位位数。

0——1 位停止位；1——2 位停止位。

⑥ UCMODEx：USCI 模式。当 UCSYNC = 0 时，UCMODEx 位选择异步通信模式。

00——UART 模式；01——线路空闲多机模式；10——地址多机模式；11——带自动波特率检测的 UART 模式。

⑦ UCSYNC：同步模式使能。

0——异步模式；1——同步模式。

(2) UCAxCTL1(USCI_Ax 控制寄存器 1)的各位定义，如图 11-7 所示。

7	6	5	4	3	2	1	0
UCSSELx		UCRXEIE	UCBRKIE	UCDORM	UCTXADDR	UCTXBRK	UCSWRST
rw-0	rw-0	rw-0	rw-0	rw-0	rw-0	rw-0	rw-1

图 11-7 UCAxCTL1 的各位定义

① UCSSELx：USCI 时钟源选择，这两位选取 BRCLK 的时钟源。

00——UCLK；01——ACLK；10——SMCLK；11——SMCLK。

② UCRXEIE：接收数据错误中断允许。

0——拒收错误字符，UCAxRXIFG 不置位；1——接收错误字符并置位 UCAxRXIFG。

③ UCBRKIE：接收暂停字符中断允许。

0——接收暂停字符，不置位 UCAxRXIFG；1——接收暂停字符，置位 UCAxRXIFG。

④ UCDORM：休眠，令 USCI 进入睡眠状态。

0——不休眠，所有接收字节都置位 UCAxRXIFG；

1——休眠，只有前导为空闲线路的字节才置位 UCAxRXIFG。在带自动波特率检测的 UART 模式下只有同步场和间断的组合才能置位 UCAxRXIFG。

⑤ UCTXADDR：发送地址，如果选择了多机模式，发送的下一帧将被标识为地址。

0——下一帧发送的是数据；1——下一帧发送的是地址。

⑥ UCTXBRK：发送隔断。通过向发送缓冲区写下一字节来产生隔断。在带自动波特率检测的 UART 模式下，必须向 UCAxTXBUF 写 055H 来产生要求的隔断/同步区域。其他情况则要向发送缓冲写 0H。

0——下一帧不是隔断；1——发送的下一帧是隔断或者是隔断/同步。

⑦ UCSWRST：软件复位允许。

0——禁止 USCI 复位释放来允许操作；1——允许 USCI 逻辑保持在复位状态。

(3) UCAxBR0(USCI_Ax 波特率控制寄存器 0)的各位定义，如图 11-8 所示。

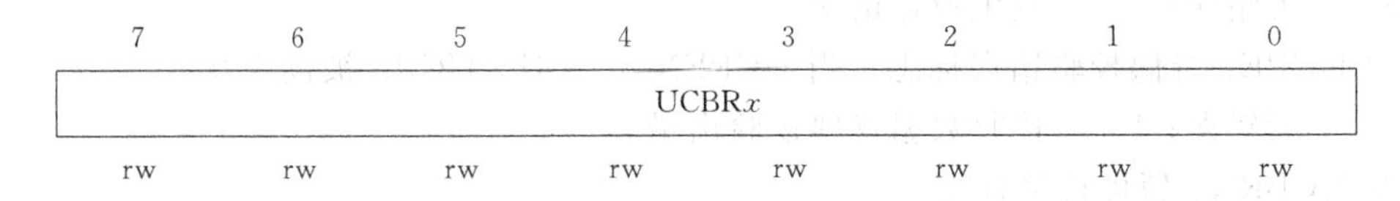

图 11-8 UCAxBR0 的各位定义

(4) UCAxBR1(USCI_Ax 波特率控制寄存器 1)的各位定义,如图 11-9 所示。

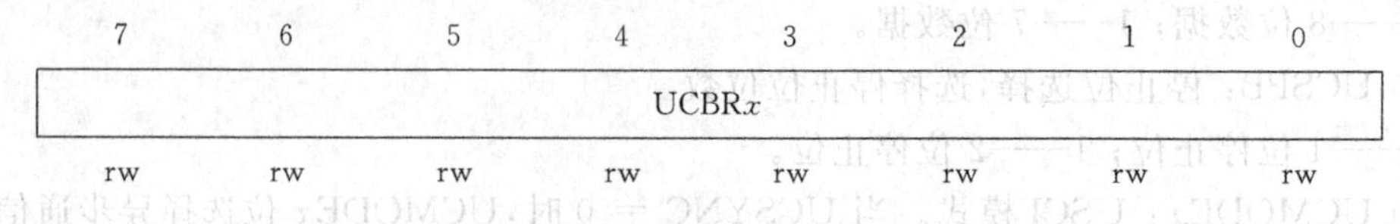

图 11-9 UCAxBR1 的各位定义

UCBRx: 波特率发生器的时钟预分频设置。(UCAxBR0 + UCAxBR1 × 256)这个 16 位的值构成分频系数的值。分频系数的计算方法为

分频系数=[波特率发生器的时钟频率/所需波特率]

其中,"[]"表示取整操作。

(5) UCAxMCTL(USCI_Ax 调制控制寄存器)的各位定义,如图 11-10 所示。

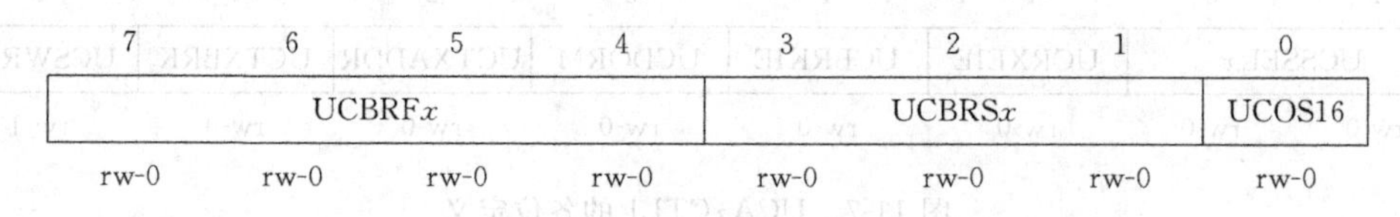

图 11-10 UCAxMCTL 的各位定义

① UCBRFx: 第一调制阶段选择。当 UCOS16 =1 时,这些位决定 BITCLK16 的调制模式。当 UCOS16 = 0 时这些位被忽略。

② UCBRSx: 第二调制阶段选择。这些位决定 BITCLK 的调制模式。

③ UCOS16: 过采样模式使能。

0——禁止; 1——使能。

(6) UCAxSTAT(USCI_Ax 状态寄存器)各位定义,如图 11-11 所示。

7	6	5	4	3	2	1	0
UCLISTEN	UCFE	UCOE	UCPE	UCBRK	UCRXERR	UCADDR UCIDLE	UCBUSY
rw-0	rw-0	rw-0	rw-0	rw-0	rw-0	rw-0	r-0

图 11-11 UCAxSTAT 各位定义

① UCLISTEN: 侦听允许,UCLISTEN 位选择回路模式。

0——禁止; 1——允许,UCAxTXD 被从内部反馈到接收器。

② UCFE: 帧差错标志。

0——无错误; 1——字符在低停止位下被接收。

③ UCOE: 覆盖错误标志。当 UCAxRXBUF 中前一帧数据还未读出新的字节就被写入时,这一位被置位。当 UCxRXBUF 被读后,UCOE 会被软件自动清除,否则,它将无法正常工作。

0——无错误; 1——发生覆盖错误。

④ UCPE: 奇偶校验错误标志。当 UCPEN = 0 时, UCPE 被读为 0。

0——无错误; 1——接收数据奇偶校验出错。

⑤ UCBRK: 暂停检测标志。

0——没有暂停条件; 1——暂停条件发生。

⑥ UCRXERR：接收错误标志位，这一位表明接收数据出现错误。当 UCRXERR = 1 时，一个或更多个错误发生(UCFE，UCPE，UCOE)也被置位。当 UCAxRXBUF 被读取后 UCRXERR 被清除。

0——没有接收错误；1——有接收错误。

⑦ UCADDR：在地址位多机模式下地址被接收。

0——接收内容为数据；1——接收内容为地址。

⑧ UCIDLE：在空闲线路多机模式下的空闲线路检测状态。

0——未检测到空闲线路；1——检测到空闲线路。

⑨ UCBUSY：USCI 忙标志，该位表明是否有发送或接收操作正在进行。

0——USCI 闲置；1——USCI 正在发送或接收。

(7) UCAxRXBUF(USCI_Ax 接收缓冲寄存器)各位定义，如图 11-12 所示。

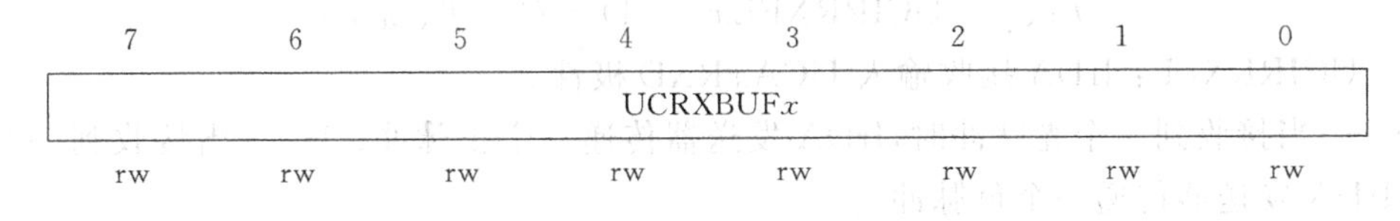

7	6	5	4	3	2	1	0
UCRXBUFx							
rw	rw	rw	rw	rw	rw	rw	rw

图 11-12 UCAxRXBUF 各位定义

UCRXBUFx：接收缓存从接收移位寄存器最后接收的字符，可由用户访问。读取 UCAxRXBUF 会复位接收错误位 UCADDR、UCIDLE 和 UCAxRXIFG。在 7 位数据位模式下，UCAxRXBUF 是低位在前的。

(8) UCAxTXBUF(USCI_Ax 发送缓冲寄存器)各位定义，如图 11-13 所示。

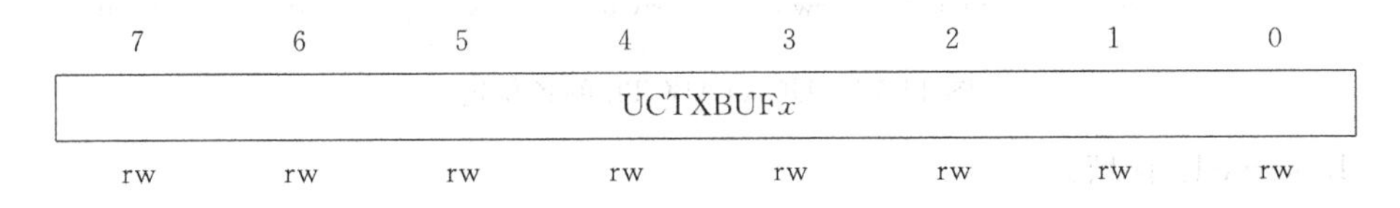

7	6	5	4	3	2	1	0
UCTXBUFx							
rw	rw	rw	rw	rw	rw	rw	rw

图 11-13 UCAxTXBUF 各位定义

UCTXBUFx：发送数据缓存是用户可访问的，它可以保持数据直到数据被传送至发送移位寄存器，然后由 UCAxTXD 传输。对发送缓存进行写操作可以复位 UCAxTXIFG，在 7 位数据模式下 UCAxTXBUF 的 MSB 位没有使用并被复位。

(9) UCAxIRTCTL(USCI_Ax IrDA 发送控制寄存器)各位定义，如图 11-14 所示。

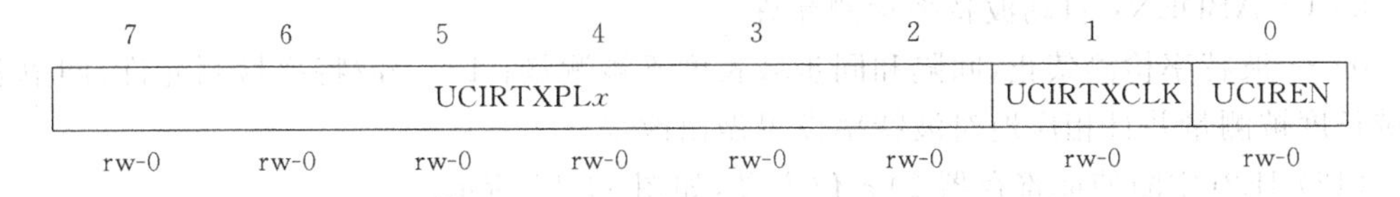

7	6	5	4	3	2	1	0
UCIRTXPLx						UCIRTXCLK	UCIREN
rw-0	rw-0	rw-0	rw-0	rw-0	rw-0	rw-0	rw-0

图 11-14 UCAxIRTCTL(USCI_Ax IrDA 发送控制寄存器)各位定义

① UCIRTXPLx：发送脉冲宽度。脉冲宽度为

$$t_{PULSE} = (UCIRTXPLx + 1) / (2 \times f_{IRTXCLK})$$

② UCIRTXCLK：IrDA 发送脉冲时钟选择。

0——BRCLK；1——当 UCOS16 ＝1 时，为 BITCLK16。否则，为 BRCLK。

③ UCIREN：IrDA 编码/解码使能。

0——IrDA 编码/解码禁止；1——IrDA 编码/解码使能。

(10) UCAxIRRCTL(USCI_Ax IrDA 接收控制寄存器)各位定义，如图 11-15 所示。

7	6	5	4	3	2	1	0
UCIRRXFLx						UCIRRXPL	UCIRRXFE
rw-0	rw-0	rw-0	rw-0	rw-0	rw-0	rw-0	rw-0

图 11-15 UCAxIRRCTL(USCLI_Ax IrDA 接收控制寄存器)各位定义

① UCIRRXFLx：接收脉冲宽度。接收最小脉宽由下式给出：

$$t_{MIN} = (UCIRRXFLx + 4) / (2 \times f_{IRTXCLK})$$

② UCIRRXPL：IrDA 接收输入 UCAxRXD 极性。

0——当接收到一个光脉冲时，IrDA 发送器传递一个正脉冲；1——当接收到一个光脉冲时，IrDA 发送器传递一个负脉冲。

③ UCIRRXFE：IrDA 接收滤波器使能。

0——接收滤波器禁止；1——接收滤波器使能。

(11) UCAxABCTL(USCI_Ax 自动波特率控制寄存器)的各位定义，如图 11-16 所示。

7	6	5	4	3	2	1	0
Reserved		UCDELIMx		UCSTOE	UCBTOE	Reserved	UCABDEN
r-0	r-0	rw-0	rw-0	rw-0	rw-0	r-0	rw-0

图 11-16 UCAxABCTL 的各位定义

① Reserved：保留。

② UCDELIMx：间断/同步字符长度。

00——1 位长度；01——2 位长度；10——3 位长度；11——4 位长度。

③ UCSTOE：同步字段超时错误。

0——无错误；1——同步字段长度超过可测量的时间。

④ UCBTOE：间隔字段超时错误。

0——无错误；1——间隔字段长度超过 22 位次。

⑤ UCABDEN：自动波特率检测允许。

0——波特率检测禁止，间隔和同步域长度不被测量；1——波特率检测允许，间隔和同步域长度被测量并且相应地对波特率设置做出改变。

(12) IE2(中断使能寄存器 2)各位定义，如图 11-17 所示。

7	6	5	4	3	2	1	0
						UCA0TXIE	UCA0RXIE
						rw-0	rw-0

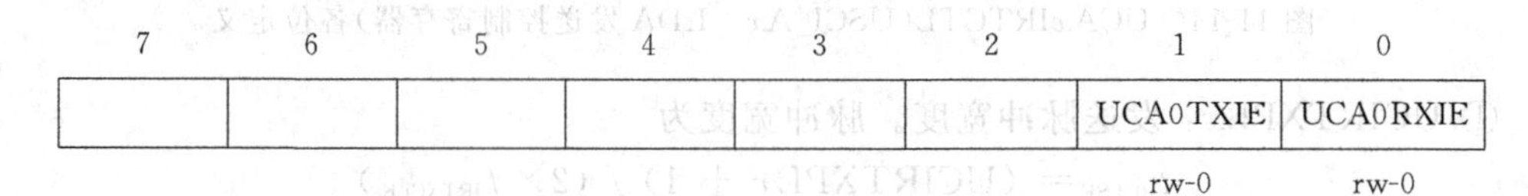

图 11-17 IE2 各位定义

① UCA0TXIE：USCI_A0 发送中断允许。

0——中断禁止；1——中断允许。

② UCA0RXIE：USCI_A0 接收中断允许。

0——中断禁止；1——中断允许。

(13) IFG2(中断标志寄存器 2)各位定义，如图 11-18 所示。

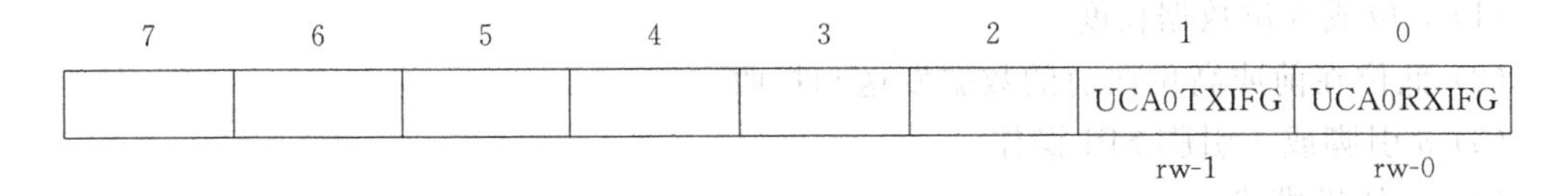

图 11-18 IFG2 各位定义

① UCA0TXIFG：USCI_A0 发送中断标志位，当 UCA0TXBUF 为空时，UCA0TXIFG 被置位。

0——无中断挂起；1——中断挂起。

② UCA0RXIFG：USCI_A0 接收中断标志，当 UCA0RXBUF 接收到一整帧数据时，UCA0RXIFG 将被置位。

0——无中断挂起；1——中断挂起。

(14) UC1IE(USCI_A1 中断使能寄存器)各位定义，如图 11-19 所示。

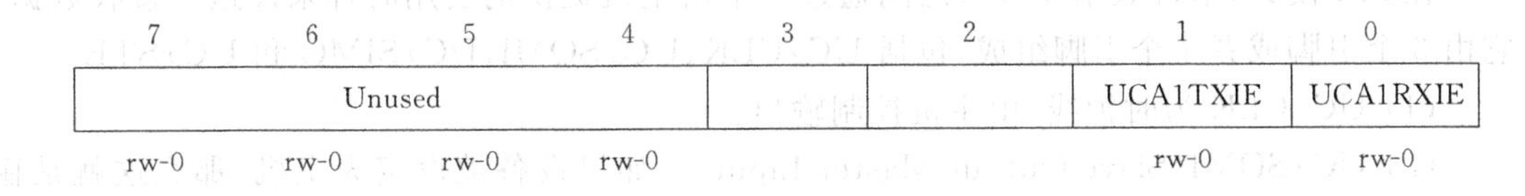

图 11-19 UC1IE 各位定义

① UCA1TXIE：USCI_A1 发送中断允许。

0——中断禁止；1——中断允许。

② UCA1RXIE：USCI_A1 接收中断允许。

0——中断禁止；1——中断允许。

(15) UC1IFG(USCI_A1 中断标志寄存器)各位定义，如图 11-20 所示。

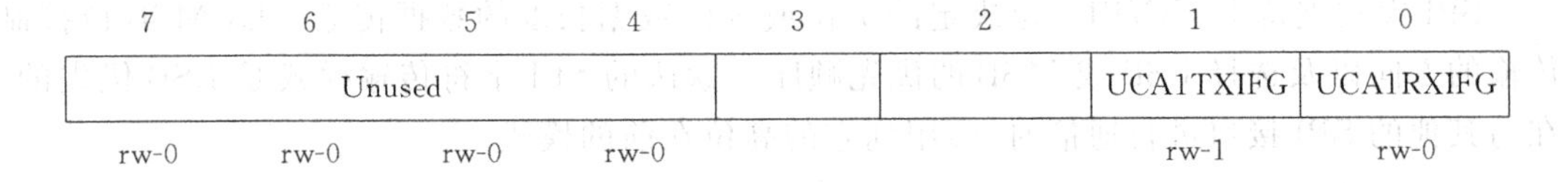

图 11-20 UC1IFG 各位定义

① UCA1TXIFG：USCI_A1 发送中断标志位，当 UCA1TXBUF 为空时，UCA1TXIFG 被置位。

0——无中断挂起；1——中断挂起。

② UCA1RXIFG：USCI_A1 接收中断标志，当 UCA1RXBUF 接收到一整帧数据时，UCA1RXIFG 将被置位。

0——无中断挂起；1——中断挂起。

11.2.2 SPI模式

SPI(Serial Peripheral Interface,串行外设接口)是一种同步全双工通信协议。SPI模式的特点如下：

(1) 7位或8位数据长度。

(2) 低位在前或高位在前的数据发送和接收。

(3) 3引脚或4引脚SPI操作。

(4) 主从机模式。

(5) 两个独立移位寄存器：输入移位寄存器和输出移位寄存器。

(6) 独立的发送和接收缓冲寄存器。

(7) 连续的发送和接收操作。

(8) 可选的时钟极性和相位控制。

(9) 主机模式下可编程的时钟频率。

(10) 接受和发送都有独立的中断能力。

(11) LPM4下的从模式工作。

1. USCI操作——SPI模式

在SPI模式,串行数据在多机之间通过一个由主机提供的公用时钟来发送和接收数据。它由3个引脚或者4个引脚组成,包括UCxCLK、UCxSOMI、UCxSIMO和UCxSTE。

(1) UCxCLK为时钟线,由主机控制输出。

(2) UCxSOMI(Slave Output Master Input)。如果设备被设定为主机,那么这就是输入口。如果设备被设定为从机,这个口就是输出口。这与UART的Tx和Rx方向恒定相区别。

(3) UCxSIMO(Slave Input Master Output)。同样由配置为主或从模式决定是输入还是输出口,也就是器件内部是有读写切换开关的。

(4) UCxSTE(Slave Transmit Enable)。在不同器件中也经常被写作片选CS(Chip Select)和从机选择SS(Slave Select)。

2. SPI的数据帧格式

SPI模式支持由UC7BIT位决定的7位或8位数据长度的数据传输。UCMSB位控制传输的方向以及选择LSB或MSB的优先顺序。默认的SPI字符传输模式是LSB优先的。在与其他的SPI接口进行通信时,会用到它的高位在前的模式。

3. 主机模式

图11-21给出了3引脚或者4引脚配置中USCI作为一个主机的示意图。

当数据移动到数据发送缓冲区UCxTXBUF时,USCI开始数据发送。当TX移位寄存器为空的时候,缓冲区的数据被移动到TX移位寄存器,开始在UCxSIMO口进行数据发送,并且该口同时由UCMSB位的设置决定高位在前还是低位在前模式。在相反的时钟边沿,UCxSOMI端的数据被移位到数据接收寄存器。当字符数据被接收时,被接收的数据就会从RX寄存器移动到数据接收缓冲区UCxRXBUF,而且接收中断标志位UCxRXIFG被置“1”，这就意味着数据的接收和发送工作已经完成。

令发送中断标志位 UCTXIFG=1 意味着数据已经从接收缓冲区被移动到发送移位寄存器，而且数据发送缓冲区已经准备好了发送一组新的数据，但并不意味着数据的发送和接收的工作已经完成了。

在主模式下，为了接收数据到 USCI，数据必须被写到发送缓冲区，因为数据的接收和发送是并行工作的。

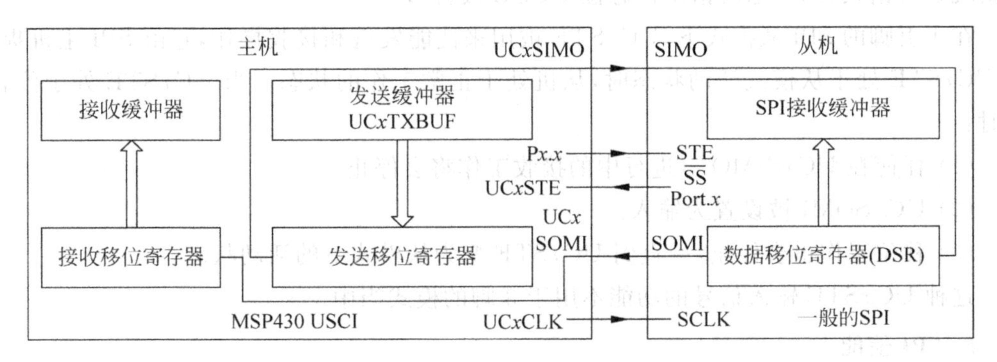

图 11-21 USCI 主机和外部从机

在 4 引脚的主模式中，UCxSTE 被用于防止与其他的主机发生冲突，当 UCxSTE 处于主模式不工作的状态时：

(1) UCxSIMO 和 UCxCLK 被设置为输入，并且不再驱动总线。

(2) 出错位 UCFE 被置“1”，表明出现了需要用户处理的通信整体性的错误。

(3) 内部状态机复位，移位操作被终止。

如果数据被写入到发送缓冲区 UCxTXBUF 而 UCxTSE 却使主机停止工作，那么只要 UCxSTE 回到主机工作状态，刚才的数据就会进行发送。如果一个工作中的数据发送被 UCxSTE 终止了，即不工作的状态，那么当 UCxTSE 回到主机工作的状态时刚才的数据必须被重新写入到数据发送缓冲区。在 3 引脚的主模式中不用 UCxSTE 输入信号。

4. 从机模式

3 线或者 4 线配置中 USCI 作为一个从机使用时如图 11-22 所示。

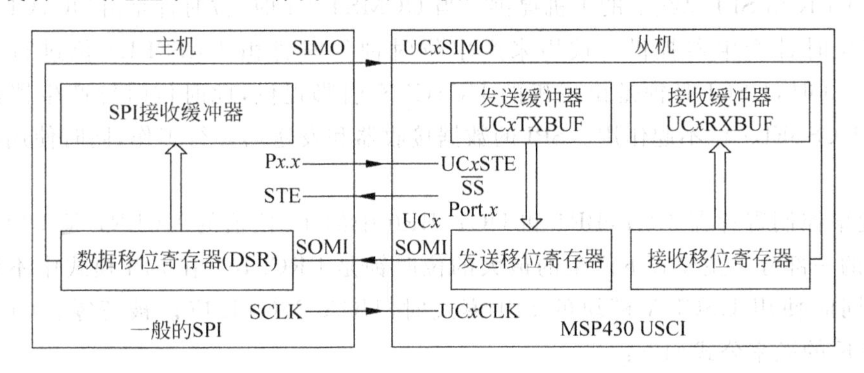

图 11-22 USCI 从机和外部主机

UCxCLK 用于 SPI 的时钟输入而且必须由外部主机提供。数据移动的速率是由这个时钟决定的，而不是由内部的位时钟发生器决定的。

在 SPI 输入时钟被发送到 UCxSOMI 口之前就要把数据写到发送缓冲区 UCxTXBUF,并移动到发送移位寄存器。在相反的时钟边沿,在 UCxSIMO 端的数据要被移动到接收移位寄存器里,并且要在这一组数据被接收时把 UCxSIMO 发出的数据移动到接收缓冲区。当数据由接收移位寄存器移动到接收缓冲区时,接收的中断标志位被置“1”,表明了数据已被接收。当之前传送的数据在新的数据到来之前没有被接收缓冲区读取时,会出现超时错误,同时超时错误标志位 UCOE 被置“1”。

在 4 引脚的 SPI 从模式下,UCxSTE 被用来使能发送和接收操作,它由 SPI 主机提供。当 UCxSTE 处于从模式活动状态时,从机处于正常工作的状态。当 UCxSTE 处于停止状态时:

(1) 任何在 UCxSIMO 口进行中的接收工作将会停止。

(2) UCxSOMI 被设置为输入。

(3) 移位工作也会停止,一直到 UCxSTE 变为从模式下的活动状态。

这种 UCxSTE 输入信号的功能不用于 3 脚的模式当中。

5. SPI 使能

当通过清除 UCSWRST 位来使 USCI 模块工作时,说明它已经做好了数据的接收和发送准备。主模式下位时钟产生器已经准备好了,但不用于计时或者产生任何时钟。从模式下位时钟产生器关闭而由主机来提供时钟。发送或者接收操作提示是由 UCBUSY=1 来指示的。一个 PUC 或者令 UCSWRST=1 将会使 USCI 立刻停止,并且任何正在进行的数据传输都被终止。

(1) 发送使能。在主模式下,向发送数据的缓冲区 UCxTXBUF 写数据会激活位时钟产生器,同时也开启了数据发送。从模式下,当一个主机提供一个时钟时,数据才开始发送,而且在 4 脚模式中,还需要 UCxSTE 处于激活状态。

(2) 接收使能。当发送处于激活状态时,SPI 接收数据。接收和发送的工作同时运行。

6. 串行时钟控制

UCxCLK 由 SPI 总线上的主机提供。当 UCMST=1 时,位时钟是由 UCxCLK 引脚上的 USCI 位时钟产生器提供。被用来产生位时钟的时钟由 UCSSELx 位进行选择。当 UCMST=0 时,USCI 时钟是由主机的 UCxCLK 引脚提供,此时位时钟产生器没有被使用,并且 UCSSELx 位不起作用。SPI 的数据接收器和发送器并行工作,同时使用同一个时钟源。

位速率控制寄存器 UCxxBR1 和 UCxxBR0 中的 16 位值的 UCBRx 是 USCI 时钟源 BRCLK 的一部分。主模式下产生的最大的位时钟是 BRCLK。在 SPI 模式中不使用调制的方法,同时使用 USCI-A 模块的 SPI 模式时,UCAxMCTL 应该被清零。UCAxCLK/UCBxCLK 的频率公式如下:

$$f_{\mathrm{BITCLOCK}} = f_{\mathrm{BRCLK}} / \mathrm{UCBR}x$$

UCxCLK 的极性和相位是通过 USCI 的 UCCKPL 和 UCCKPH 控制位而被独立配置的。每种情况下的时序可由图 11-23 表示。

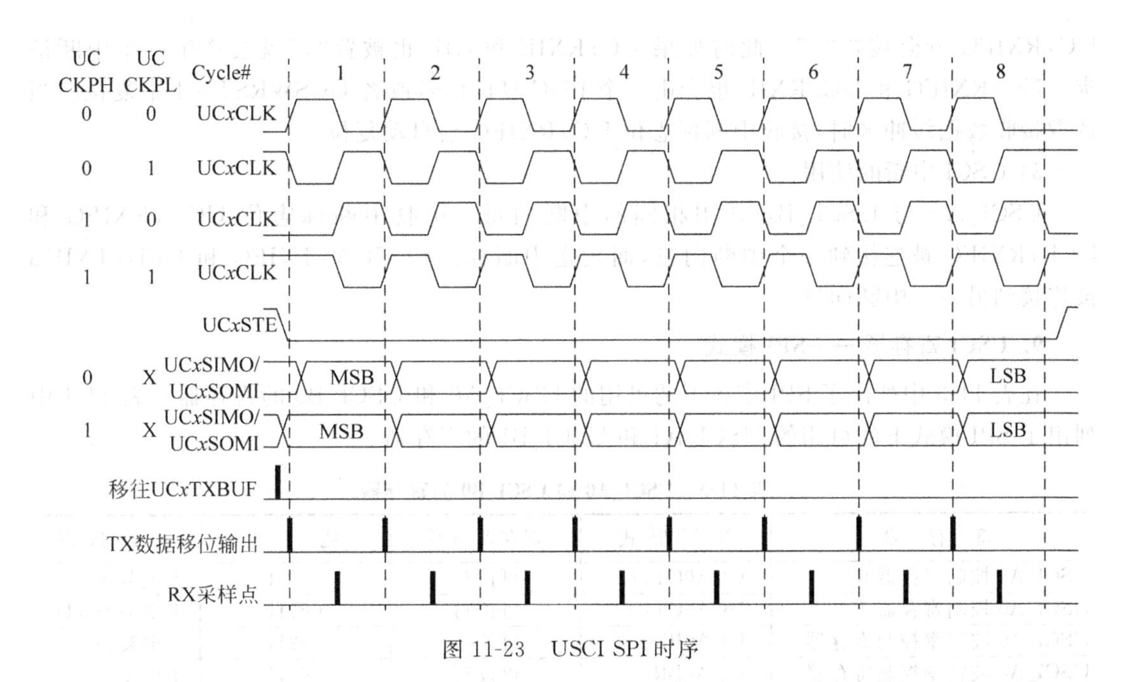

图 11-23 USCI SPI 时序

7. 低功耗模式下的 SPI 模式

低功耗模式下，USCI 模块提供了 SMCLK 的自动时钟激活。当采用 SMCLK 作为 USCI 的时钟源时，如果时钟由于器件工作在一个低功耗模式下而停止工作，USCI 模块在需要的时候就会自动地激活它。时钟会在 USCI 模块回到空闲状态之前一直处于工作状态。当 USCI 模块回到空闲状态后，时钟源的控制还原到其控制位的设置上。ACLK 不提供自动时钟激活。

当 USCI 模式激活了一个不活动的时钟源，该时钟源会变成整个器件的时钟，所有使用时钟的外部器件也会受到影响。

在 SPI 从模式下不需要内部时钟源，因为时钟是由外部的主机提供的。LPM4 下的器件，在所有时钟源都没有工作的情况下，从模式下配置 USCI 是有可能的。接收或者发送的中断信号都可以在任何低功耗模式下激活 CPU。

8. SPI 中断

USCI 有一个用于发送的中断向量和一个用于接收的中断向量。

1) SPI 发送中断

发送中断标志位 UCxTXIFG 是由发送器置“1”的，用来指示发送缓冲区 UCxTXBUF 已经做好了接收下一个字符的准备。如果 UCTXIE 和 GIE 也被置为“1”，就会产生一个中断请求。当字符被写入发送数据缓冲区 UCxTXBUF 后，UCTXIFG 就会自动复位。在一个 PUC 后或者 UCSWRST＝1 时 UCTXIFG 被置“1”，同时 UCxTXIE 被复位。

需要注意的是，当 UCxTXIFG＝0 时，写入发送缓冲区数据可能会导致错误的数据发送。

2) SPI 接收中断

每当接收一个字符并把它加载到数据接收缓冲区 UCxRXBUF 时，中断标志位

UCxRXIFG 就会被置“1”。此时如果 UCxRXIE 和 GIE 也被置“1”就会产生一个中断请求。UCxRXIFG 和 UCxRXIE 也会由一个 PUC 复位信号或者 UCSWRST=1 来复位。当读取接收数据缓冲区时，接收中断标志位 UCxRXIFG 会自动复位。

3）USCI 中断的使用

USCI_Ax 与 USCI_Bx 共用相同的中断向量。接收中断标志位 UCAxRXIFG 和 UCBxRXIFG 被连接到一个中断向量，而发送中断标志位 UCAxTXIFG 和 UCBxTXIFG 被连接到另一个中断向量。

9. USCI 寄存器——SPI 模式

在表 11-3 中列出了 SPI 模式下的可用的 USCI_A0 和 USCI_B0 的寄存器。表 11-4 中列出了 SPI 模式下的可用的 USCI_A1 和 USCI_B1 的寄存器。

表 11-3 USCI_A0 和 USCI_B0 的寄存器

寄 存 器	缩 写 形 式	寄存器类型	地 址	初 始 状 态
USCI_A0 控制寄存器 0	UCA0CTL0	可读写	060H	上电复位
USCI_A0 控制寄存器 1	UCA0CTL1	可读写	061H	上电后 001H
USCI_A0 波特率控制寄存器 0	UCA0BR0	可读写	062H	上电复位
USCI_A0 波特率控制寄存器 1	UCA0BR1	可读写	063H	上电复位
USCI_A0 模式控制寄存器	UCA0MCTL	可读写	064H	上电复位
USCI_A0 状态寄存器	UCA0STAT	可读写	065H	上电复位
USCI_A0 接收缓冲寄存器	UCA0RXBUF	只读	066H	上电复位
USCI_A0 发送缓冲寄存器	UCA0TXBUF	可读写	067H	上电复位
USCI_B0 控制寄存器 0	UCB0CTL0	可读写	068H	上电后 001H
USCI_B0 控制寄存器 1	UCB0CTL1	可读写	069H	上电后 001H
USCI_B0 位速率控制寄存器 0	UCB0BR0	可读写	06AH	上电复位
USCI_B0 位速率控制寄存器 1	UCB0BR1	可读写	06BH	上电复位
USCI_B0 状态寄存器	UCB0STAT	可读写	06DH	上电复位
USCI_B0 接收缓冲寄存器	UCB0RXBUF	只读	06EH	上电复位
USCI_B0 发送缓冲寄存器	UCB0TXBUF	可读写	06FH	上电复位
SFR 中断使能寄存器 2	IE2	可读写	001H	上电复位
SFR 中断标志寄存器 2	IFG2	可读写	003H	上电后 00AH

表 11-4 USCI_A1 和 USCI_B1 的寄存器

寄 存 器	缩 写 形 式	寄存器类型	地 址	初 始 状 态
USCI_A1 控制寄存器 0	UCA1CTL0	可读写	0D0H	上电复位
USCI_A1 控制寄存器 1	UCA1CTL1	可读写	0D1H	上电后 001H
USCI_A1 波特率控制寄存器 0	UCA1BR0	可读写	0D2H	上电复位
USCI_A1 波特率控制寄存器 1	UCA1BR1	可读写	0D3H	上电复位
USCI_A1 模式控制寄存器	UCA1MCTL	可读写	0D4H	上电复位
USCI_A1 状态寄存器	UCA1STAT	可读写	0D5H	上电复位
USCI_A1 接收缓冲寄存器	UCA1RXBUF	只读	0D6H	上电复位
USCI_A1 发送缓冲寄存器	UCA1TXBUF	可读写	0D7H	上电复位
USCI_B1 控制寄存器 0	UCB1CTL0	可读写	0D8H	上电后 001H
USCI_B1 控制寄存器 1	UCB1CTL1	可读写	0D9H	上电后 001H
USCI_B1 位速率控制寄存器 0	UCB1BR0	可读写	0DAH	上电复位
USCI_B1 位速率控制寄存器 1	UCB1BR1	可读写	0DBH	上电复位
USCI_B1 状态寄存器	UCB1STAT	可读写	0DDH	上电复位

续表

寄存器	缩写形式	寄存器类型	地址	初始状态
USCI_B1 接收缓冲寄存器	UCB1RXBUF	只读	0DEH	上电复位
USCI_B1 发送缓冲寄存器	UCB1TXBUF	可读写	0DFH	上电复位
USCI_A1/B1 中断使能寄存器	UC1IE	可读写	006H	上电复位
USCI_A1/B1 中断标志寄存器	UC1IFG	可读写	007H	上电后 00AH

(1) UCAxCTL0(USCI_Ax 控制寄存器 0)和 UCBxCTL0(USCI_Bx 控制寄存器 0)各位定义,如图 11-24 所示。

7	6	5	4	3	2	1	0
UCCKPH	UCCKPL	UCMSB	UC7BIT	UCMST	UCMODEx		UCSYNC=1
rw-0	rw-0	rw-0	rw-0	rw-0	rw-0	rw-0	

图 11-24 UCAxCTL0 和 UCBxCTL0 各位定义

① UCCKPH:时钟相位选择。

0——数据变化是在第一个 UCLK 边沿和捕获在后面的边沿;

1——数据捕获是在第一个 UCLK 边沿和变化在后面的边沿。

② UCCKPL:时钟极性选择。

0——无活动时钟状态为低;1——无活动时钟状态为高。

③ UCMSB:最高有效位选择,控制接收和发送寄存器的方向。

0——LSB 先发;1——MSB 先发。

④ UC7BIT:字符长度,选择 7 位或者 8 位字符长度。

0——8 位数据;1——7 位数据。

⑤ UCMST:主模式选择。

0——从机模式;1——主机模式。

⑥ UCMODEx:USCI 模式,当 UCSYNC=1 时,UCxMODEx 位选择同步模式。

00——3 线 SPI;

01——4 线 SPI(UCxSTE 高有效),当 UCxSTE=1 时从机使能;

10——4 线 SPI(UCxSTE 低有效),当 UCxSTE=0 时从机使能;

11——I^2C 模式。

⑦ UCSYNC:同步模式使能。

0——异步模式;1——同步模式。

(2) UCAxCTL1(USCI_Ax 控制寄存器 1)和 UCBxCTL1(USCI_Bx 控制寄存器 1)各位定义,如图 11-25 所示。

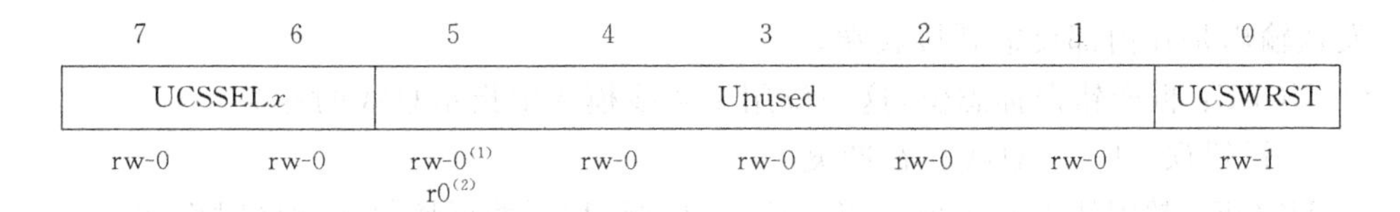

7
6
5
4
3
2
1
0
UCSSELx
Unused
UCSWRST
rw-0
rw-0
rw-0(1)
r0(2)
rw-0
rw-0
rw-0
rw-0
rw-1

图 11-25 UCAxCTL1 和 UCBxCTL1 各位定义

① UCSSELx：USCI 时钟源选择。这些位在主模式下选择 BRCLK 作为时钟源。UXCLK 一直用于从模式下。

00——NA；01——ACLK；10——SMCLK；11——SMCLK。

② Unused：未被使用。

③ UCSWRST：软件复位使能。

0——关闭，USCI 复位释放工作；

1——使能，USCI 逻辑在复位状态。

(3) UCAxBR0(USCI_Ax 位速率控制寄存器 0)和 UCBxBR0(USCI_Bx 位速率控制寄存器 0)各位定义，如图 11-26 所示。

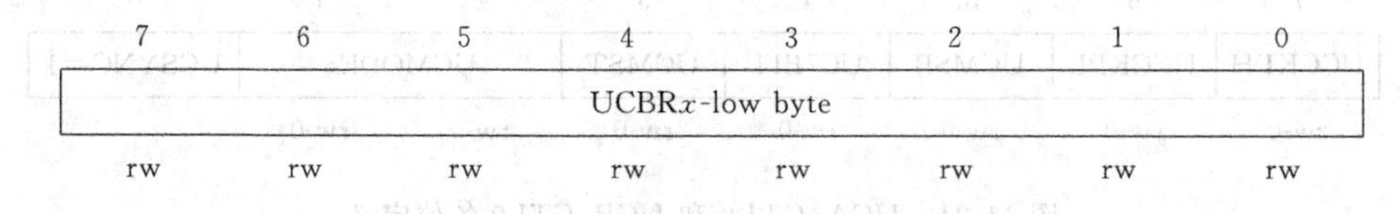

图 11-26　UCAxBR0 和 UCBxBR0 各位定义

(4) UCAxBR1(USCI_Ax 位速率控制寄存器 1)和 UCBxBR1(USCI_Bx 位速率控制寄存器 1)各位定义，如图 11-27 所示。

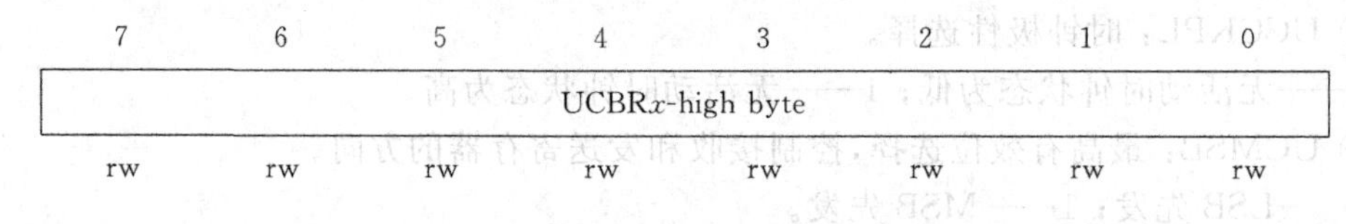

图 11-27　UCAxBR1 和 UCBxBR1 各位定义

UCBRx：位时钟预定标度器，{UCxxBR0 + UCxxBR1 × 256}的 16 位值构成了标度值。

(5) UCAxSTAT(USCI_Ax 状态寄存器)和 UCBxSTAT(USCI_Bx 状态寄存器)各位定义，如图 11-28 所示。

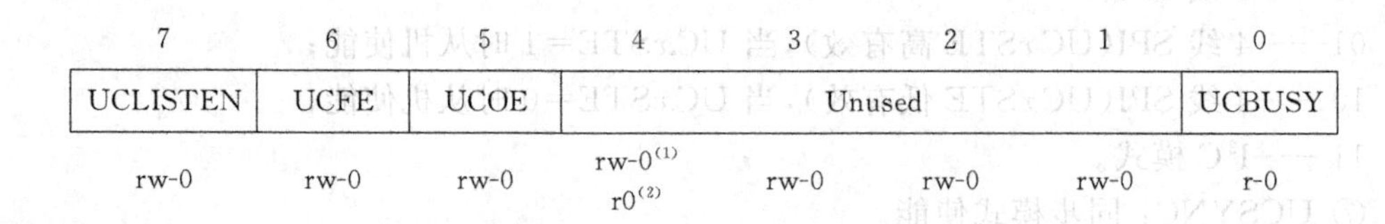

图 11-28　UCAxSTAT 和 UCBxSTAT 各位定义

① UCLISTEN：使能 UCLISTEN 位选择回送模式。

0——关闭；1——使能。

发送输出是在内部反馈到接收端。

② UCFE：框架错误标志位，这一位用于 4 线模式中指示总线的冲突。

0——没错误；1——总线存在冲突。

③ UCOE：超限错误标志位。当一位字符被转移到数据接收缓冲区时而前一位字符还没有进行读取时，这一位此时有效。当接收缓冲区读取字符时 UCOE 会自动清零，而且不

允许软件对其清零，否则将不能正确地工作。

0——没错误；1——存在超限错误。

④ Unused：位 4～1 未被使用。

⑤ UCBUSY：USCI 忙状态，这一位用来指示数据的发送和接收工作是否正在进行。

0——没活动；1——发送或接收中。

(6) UCAxRXBUF(USCI_Ax 的接收缓冲寄存器）和 UCBxRXBUF(USCI_Bx 的接收缓冲寄存器)各位定义，如图 11-29 所示。

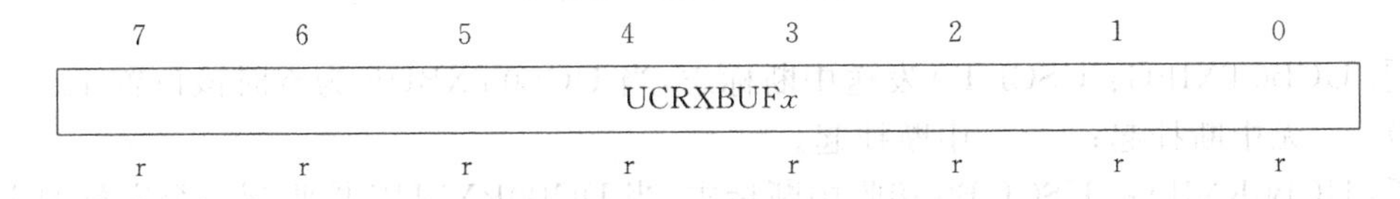

图 11-29　UCAxRXBUF 和 UCBxRXBUF 各位定义

UCRXBUFx：接收数据缓冲区是用户可进入的而且它包括上一次从数据接收移位寄存器接收的字符。读取缓冲区时使接收错误位和 UCxRXIFG 复位。在 7 位数据模式中，接收缓冲区是 LSB 有效而 MSB 一直处于复位状态。

(7) UCAxTXBUF(USCI_Ax 的发送缓冲寄存器）和 UCBxTXBUF(USCI_Bx 的发送缓冲寄存器)各位定义，如图 11-30 所示。

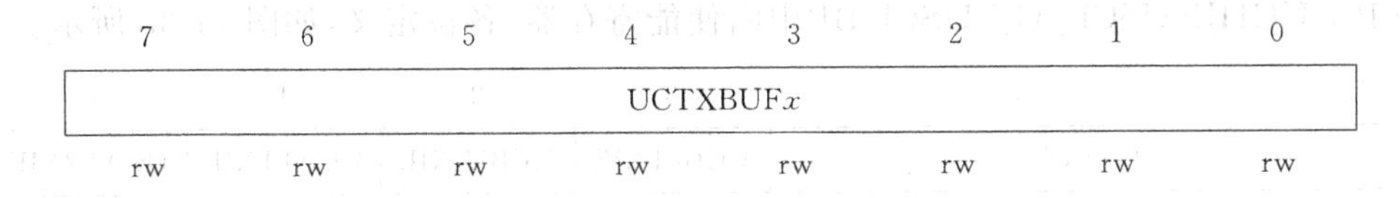

图 11-30　UCAxTXBUF 和 UCBxTXBUF 各位定义

UCTXBUFx：数据发送缓冲区是用户可进入的，而且一直保存着数据，等待数据被移到发送移位寄存器且被发送。向发送缓冲区写数据同时也就清除了发送标志位。在 7 位数据模式中，其 MSB 不被使用而复位。

(8) IE2(中断使能寄存器 2)各位定义，如图 11-31 所示。

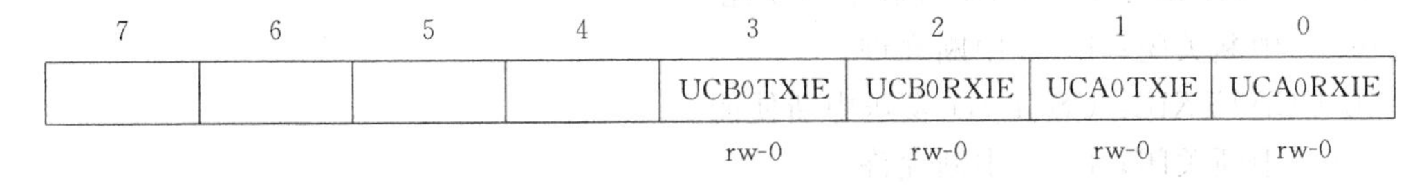

图 11-31　IE2 各位定义

① UCB0TXIE：USCI_B0 发送中断使能。

0——中断关闭；1——中断允许。

② UCB0RXIE：USCI_B0 接收中断使能。

0——中断关闭；1——中断允许。

③ UCA0TXIE：USCI_A0 发送中断使能。

0——中断关闭；1——中断允许。

④ UCA0RXIE：USCI_A0 接收中断使能。

0——中断关闭；1——中断允许。

(9) IFG2(中断标志寄存器 2)各位定义，如图 11-32 所示。

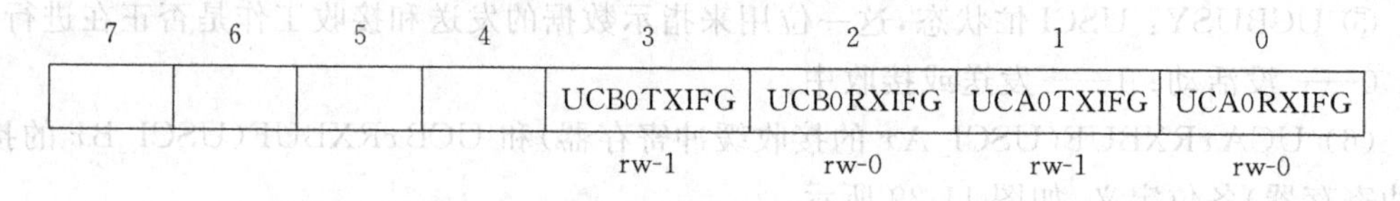

7
6
5
4
3
2
1
0
UCB0TXIFG
UCB0RXIFG
UCA0TXIFG
UCA0RXIFG
rw-1
rw-0
rw-1
rw-0

图 11-32　IFG2 各位定义

① UCB0TXIFG：USCI_B0 发送中断标志，当 UCB0TXBUF 为空时该位置 1。

0——无中断挂起；1——中断挂起。

② UCB0RXIFG：USCI_B0 接收中断标志，当 UCB0RXBUF 接收到一个完整的字符时该位置 1。

0——无中断挂起；1——中断挂起。

③ UCA0TXIFG：USCI_A0 发送中断标志，当 UCA0TXBUF 为空时该位置 1。

0——无中断挂起；1——中断挂起。

④ UCA0RXIFG：USCI_A0 接收中断标志，当 UCA0RXBUF 接收到一个完整的字符时该位置 1。

0——无中断挂起；1——中断挂起。

(10) UC1IE(USCI_A1/ USCI_B1 中断使能寄存器)各位定义，如图 11-33 所示。

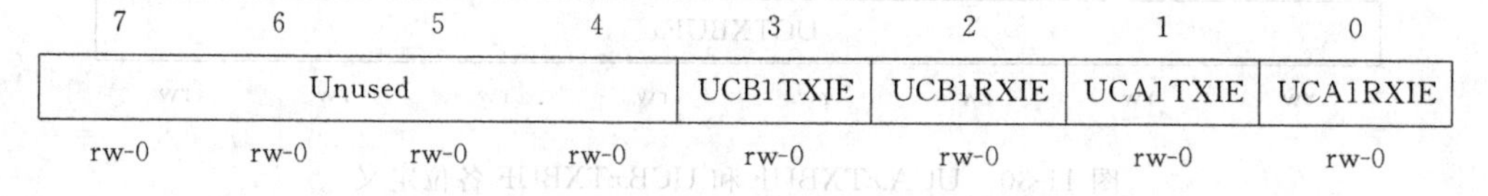

图 11-33　UC1IE 各位定义

① Unused：位 7～4 未使用。

② UCB1TXIE：USCI_B1 发送中断使能。

0——中断关闭；1——中断允许。

③ UCB1RXIE：USCI_B1 接收中断使能。

0——中断关闭；1——中断允许。

④ UCA1TXIE：USCI_A1 发送中断使能。

0——中断关闭；1——中断允许。

⑤ UCA1RXIE：USCI_A1 接收中断使能。

0——中断关闭；1——中断允许。

(11) UC1IFG(USCI_A1/USCI_B1 中断标志寄存器)各位定义，如图 11-34 所示。

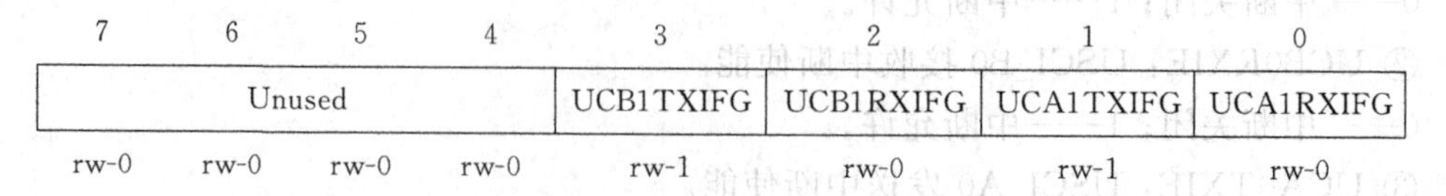

图 11-34　UC1IFG 各位定义

① Unused：位 7～4 未使用。

② UCB1TXIFG：USCI_B1 发送中断标志，当 UCB1TXBUF 为空时该位置 1。

0——无中断挂起；1——中断挂起。

③ UCB1RXIFG：USCI_B1 接收中断标志，当 UCB1RXBUF 接收到一个完整的字符时该位置 1。

0——无中断挂起；1——中断挂起。

④ UCA1TXIFG：USCI_A1 发送中断标志，当 UCA1TXBUF 为空时该位置 1。

0——无中断挂起；1——中断挂起。

⑤ UCA1RXIFG：USCI_A1 接收中断标志，当 UCA1RXBUF 接收到一个完整的字符时该位置 1。

0——无中断挂起；1——中断挂起。

11.3 项目实施

11.3.1 构思——方案选择

在单片机系统 1 和单片机系统 2 之间实现串行双机通信，其中单片机系统 1 作为数据发送端，向单片机系统 2 发送数据。在此，单片机系统 1 产生并发送共阳数码管的字形码 0～F。单片机系统 2 将接收到的数据通过数码管显示出来。

本项目可以利用 MSP430G2553 单片机中的 USCI 模块实现串行通信，USCI 模块可以配置为 UART、SPI 和 I^2C 三种通信模式。

UART 是异步全双工串行通信接口。不需要时钟线，所以 UART 有两根数据线，发送 Tx 和接收 Rx。在异步通信模式下，MSP430 单片机通过两个引脚，即接收引脚 UCAxRXD 和发送引脚 UCAxTXD 与外界相连。

SPI 是一种同步全双工通信接口。在 SPI 模式，串行数据在多机之间通过一个由主机提供的公用时钟来发送和接收数据。它由 3 个引脚或者 4 个引脚组成，包括一个主机控制输出的时钟线。

I^2C 是同步半双工通信接口，有两条总线线路，分别为 SDL 时钟线和 SDA 数据线。

本项目采用 USCI 模块的 UART 模式实现双机通信。

11.3.2 设计——硬件电路设计、软件编程

1. 硬件电路设计

本系统采用 TTL 电平传输，将单片系统 1 的 TXD/P1.2 引脚与单片机系统 2 的 RXD/P1.1 引脚相连，将单片机系统 2 的 P2 口接共阳数码管的 8 个段选线，数码管的位选端直接与高电平相连，使数码管始终处于选通状态。硬件电路如图 11-35 所示。

2. 软件编程

本项目的实现主要包括数据发送和数据接收两部分。流程图如图 11-36 所示。

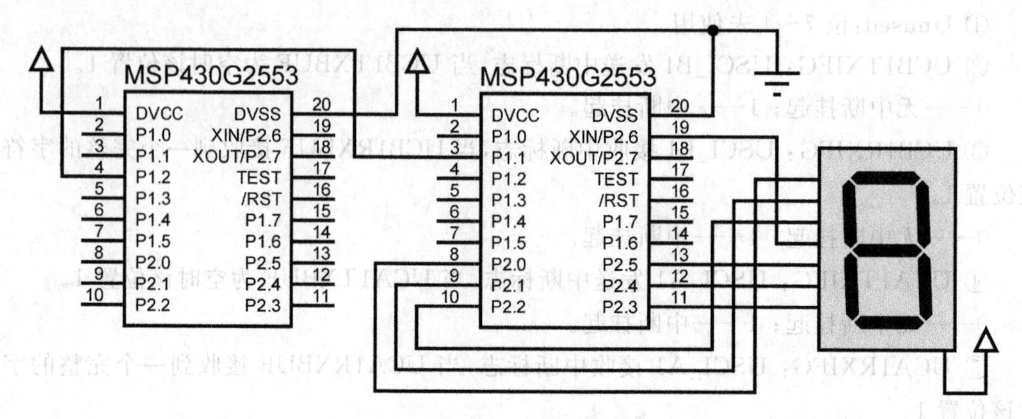

图 11-35　双机串行通信硬件电路图

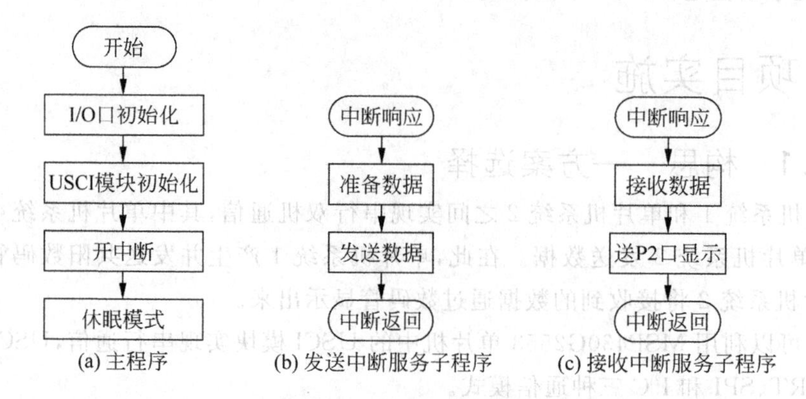

(a) 主程序　(b) 发送中断服务子程序　(c) 接收中断服务子程序

图 11-36　项目流程图

程序代码：

```
#include <msp430g2553.h>
#define uint unsigned int
unsigned char const table[ ] = {0xC0, 0xF9, 0xA4, 0xB0, 0x99, 0x92, 0x82, 0xF8, 0x80, 0x90, 0x88,
0x83,0xC6,0xA1,0x86,0x84};                    //共阳数码管
unsigned char Data = 0x0FF;
void delay_Nms(unsigned int n)                 //延时
{
    unsigned int i;
    unsigned int j;
    for(i = n;i > 0;i--)
        for(j = 100;j > 0;j--)
          _NOP();
}
void uart_init()                               //初始化 USCI 模块
{
UCA0CTL1 | = UCSWRST;                          //(1)默认为 1,可有可无
UCA0CTL1 | = UCSSEL_2;                         //(2)选择时钟源 CLK = SMCLK
UCA0BR0 = 0x6d;                                //(3)设置波特率 1.048576MHz/9600 = 109.23
UCA0BR1 = 0x00;
UCA0MCTL = UCBRS1 + UCBRS0;                    //(4)Modulation UCBRSx = 3
```

```
P1SEL |= BIT1 + BIT2 ;                  //(5)P1.1 = RXD,P1.2 = TXD
P1SEL2 |= BIT1 + BIT2;
UCA0CTL1 &= ~UCSWRST;                   //(6)清除 UCSRST
IE2 |= UCA0RXIE + UCA0TXIE;             //(7)开 TXD,RXD 中断
}
void main(void)
{
WDTCTL = WDTPW + WDTHOLD;               //关闭看门狗
P2SEL& = ~(BIT6 + BIT7);                //P1.6 和 P1.7 用作普通 I/O 口
P2SEL2& = ~(BIT6 + BIT7);
P2DIR = 0xff;                           //P2 方向设为输出
P2OUT = 0;
uart_init();                            //USCI 模块初始化
__bis_SR_register(LPM3_bits + GIE);     //进入低功耗,开总中断
}
#pragma vector = USCIAB0TX_VECTOR       //TXD 中断服务子程序
__interrupt void USCI0TX_ISR(void)
{
    uint TxByte;
    Data++;
    TxByte = table[Data % 16];          //准备要发送数据
    UCA0TXBUF = TxByte;                 //数据存入 USCI_A0 发送缓冲寄存器
    delay_Nms(3000);
}
#pragma vector = USCIAB0RX_VECTOR       //RXD 中断服务子程序
__interrupt void USCI0RX_ISR(void)
{
  P2OUT = UCA0RXBUF;                    //如果接收到数据,P1OUT 等于接收到的数据
}
```

11.3.3 实现——硬件组装、软件调试

1. 元器件汇总

该系统所需元器件清单如表 11-5 所示。

表 11-5 双机通信系统元器件清单

模　　块	元器件名称	参　数	数　量
单片机最小系统模块			2
显示模块	数码管	共阳	1

2. 电路板制作

本项目硬件电路较简单,只需将单片机系统 1 的 TXD 端与单片机系统 2 的 RXD 端相连,并将数码管接至单片机系统 2 的 P2 口即可。

3. 软件调试

根据项目特点,可以利用串口调试工具完成软件的调试工作。

11.3.4 运行——运行测试、结果分析

对硬件和软件部分调试完毕后，观察运行结果。单片机系统 2 中数码管应循环显示字符 0～F，显示结果如图 11-37 所示。

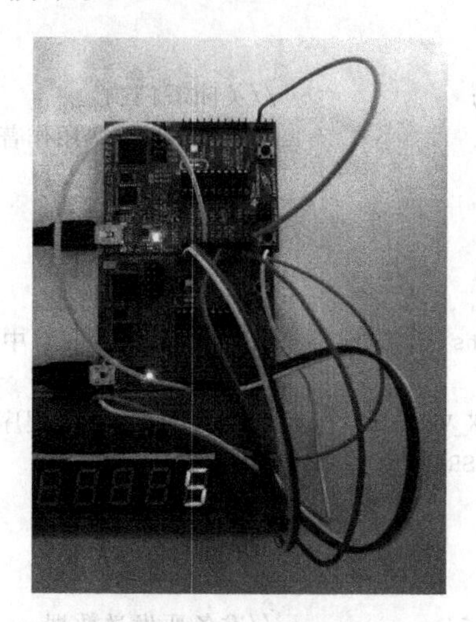

图 11-37 运行结果图

本项目实现的是双机通信，若将以上收发程序下载至一个单片机系统，并将该单片机系统的 TXD 和 RXD 接口直接相连，也可以实现单机通信。

11.4 扩充知识——nRF24L01 射频芯片简介

nRF24L01 是一款新型单片射频收发器件，工作于 2.4～2.5GHz ISM 频段。内置频率合成器、功率放大器、晶体振荡器和调制器等功能模块，并融合了增强型 ShockBurst 技术，其中输出功率和通信频道可通过程序进行配置。nRF24L01 功耗低，在以－6dBm 的功率发射时，工作电流也只有 9mA；接收时，工作电流只有 12.3mA，多种低功率工作模式(掉电模式和空闲模式)使节能设计更方便。nRF24L01 主要特性如下：

(1) GFSK 调制，硬件集成 OSI 链路层。

(2) 具有自动应答和自动再发射功能。

(3) 片内自动生成报头和 CRC 校验码。

(4) 数据传输率为 1Mb/s 或 2Mb/s。

(5) SPI 速率为 0～10Mb/s。

(6) 125 个频道与其他 nRF24 系列射频器件相兼容。

(7) QFN20 引脚 4mm×4mm 封装。

(8) 供电电压为 1.9～3.6V。

11.4.1 引脚功能及描述

nRF24L01 的封装及引脚排列如图 11-38 所示。

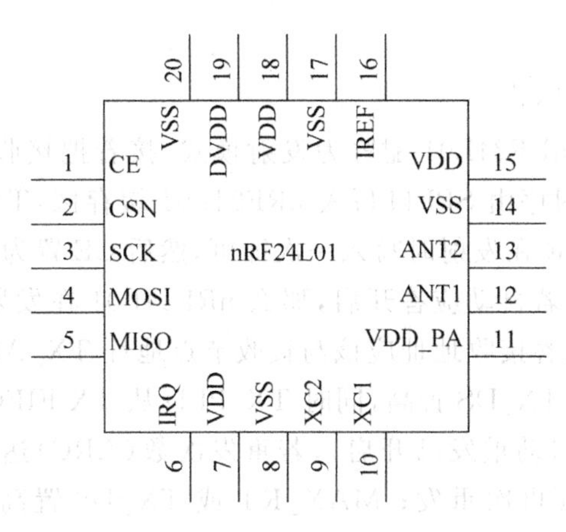

图 11-38 nRF24L01 引脚图

(1) CE：使能发射或接收。

(2) CSN，SCK，MOSI，MISO：SPI 引脚端，微处理器可通过此引脚配置 nRF24L01。

(3) IRQ：中断标志位。

(4) VDD：电源输入端。

(5) VSS：电源地。

(6) XC2，XC1：晶体振荡器引脚。

(7) VDD_PA：为功率放大器供电，输出为 1.8V。

(8) ANT1，ANT2：天线接口。

(9) IREF：参考电流输入。

11.4.2 工作模式

通过配置寄存器可将 nRF24L01 配置为发射、接收、空闲及掉电四种工作模式，如表 11-6 所示。

表 11-6 nRF24L01 工作模式

模　　式	PWR_UP	PRIM_RX	CE	FIFO 寄存器状态
接收模式	1	1	1	—
发射模式	1	0	1	数据在 TX FIFO 寄存器中
发射模式	1	0	1→0	停留在发送模式，直至数据发送完
待机模式 2	1	0	1	TX_FIFO 为空
待机模式 1	1	—	0	无数据传输
掉电	0	—	—	—

待机模式 1 主要用于降低电流损耗，在该模式下晶体振荡器仍然是工作的；待机模式 2 则是在当 FIFO 寄存器为空且 CE=1 时进入此模式；待机模式下，所有配置字仍然保留。在掉电模式下电流损耗最小，同时 nRF24L01 也不工作，但其所有配置寄存器的值仍然保留。

11.4.3 工作原理

发射数据时，首先将nRF24L01配置为发射模式，接着把接收节点地址TX_ADDR和有效数据TX_PLD按照时序由SPI口写入nRF24L01缓存区，TX_PLD必须在CSN为低时连续写入，而TX_ADDR在发射时写入一次即可，然后CE置为高电平并保持至少10μs，延迟130μs后发射数据。若自动应答开启，那么nRF24L01在发射数据后立即进入接收模式，接收应答信号(自动应答接收地址应该与接收节点地址TX_ADDR一致)。如果收到应答，则认为此次通信成功，TX_DS置高，同时TX_PLD从TX FIFO中清除；若未收到应答，则自动重新发射该数据(自动重发已开启)，若重发次数(ARC)达到上限，MAX_RT置高，TX FIFO中数据保留以便再次重发；MAX_RT或TX_DS置高时，使IRQ变低，产生中断，通知MCU。最后发射成功时，若CE为低。则nRF24L01进入空闲模式1；若发送堆栈中有数据且CE为高，则进入下一次发射；若发送堆栈中无数据且CE为高，则进入空闲模式2。

接收数据时，首先将nRF24L01配置为接收模式，接着延迟130μs进入接收状态等待数据的到来。当接收方检测到有效的地址和CRC时，就将数据包存储在RX FIFO中，同时中断标志位RX_DR置高，IRQ变低，产生中断，通知MCU去取数据。若此时自动应答开启，接收方则同时进入发射状态回传应答信号。最后接收成功时，若CE变低，则nRF24L01进入空闲模式1。在写寄存器之前一定要进入待机模式或掉电模式。

11.4.4 配置字

SPI口为同步串行通信接口，最大传输速率为10Mb/s，传输时先传送低位字节，再传送高位字节。但针对单个字节而言，要先送高位再送低位。与SPI相关的指令共有8个，使用时这些控制指令由nRF24L01的MOSI输入。相应的状态和数据信息是从MISO输出给MCU。

nRF24L01所有的配置字都由配置寄存器定义，这些配置寄存器可通过SPI口访问。nRF24L01的配置寄存器共有25个，常用的配置寄存器如表11-7所示。

表11-7 常用配置寄存器

地　址	寄存器名称	功　能
00H	CONFIG	设置nRF24L01工作模式
01H	EN_AA	设置接收通道及自动应答
02H	EN_RXADDR	使能接收通道地址
03H	SETUP_AW	设置地址宽度
04H	SETUP_RETR	设置自动重发数据时间和次数
07H	STATUS	状态寄存器，用来判定工作状态
0A～0FH	RX_ADDR_P0～P5	设置接收通道地址
10H	TX_ADDR	设置接收节点地址
11～16H	RX_PW_P0～P5	设置接收通道的有效数据宽度

本章小结

本项目主要介绍了 MSP 单片机中串行通信接口相关知识，需要掌握串行通信的两种模式（UART 模式和 SPI 模式）的特点及应用；学会串行口工作方式和波特率的设置，及单机或双机的串行通信编程设计；了解串行通信总线标准和常用的无线通信芯片。

思考题

试在同步串行 SPI 模式下，实现双机通信。完成硬件电路设计及软件编程（程序设计可参考 CCS 5.1 中 MSP430ware 的相关例程）。

项目 12 基于 GPSOne 的个人定位终端

12.1 项目内容

设计并实现一个基于 GPSOne 技术的个人定位终端及其相应的软件，借助于 GPS 卫星及 CDMA 蜂窝网实现对个人的远程监控和定位。

12.1.1 主要功能

1. 定位

(1) 可以进行 MPC(移动定位中心)第三方定位，即网络侧发起定位。此功能通过服务器系统平台向电信公司的 MPC 服务器发出定位指令，并接收相应的定位结果。

(2) 可以直接控制终端进行主动定位，即终端侧发起定位。此功能通过服务器系统平台直接向终端发出包含定位指令的短消息，相应的定位结果也通过短消息、TCP/IP 数据包返回到服务器平台，或存储在终端本机。

(3) 支持连续定位和单次定位。

(4) 支持 MS-Based 和 MS-Assist 定位模式。

2. 紧急报警

按下紧急按钮后，终端即可自动向服务器平台发出一条紧急报警的短消息，其中服务器平台的号码是预先设定的。

3. 通信功能

(1) 可以采用短消息与控制方(服务器或手机)实行双向通信。

(2) 可以采用 TCP/IP 协议将定位结果和远程监控等各种信息发回服务器。

4. 管理和设置功能

支持远程管理，可进行各种参数设置。

5. 其他位置服务功能

包括越区报警和超速报警等。

12.1.2 主要技术指标

主要技术指标如表 12-1 所示。

表 12-1 GPSOne 定位终端的主要技术指标

频 率	Band：800MHz/1900MHz
灵敏度	<−104dBm（CDMA）
定位精度	室外<50m，室内<300m
位置查询协议	AnyDATA SMSOX
指示灯	7 个 LED 指示灯
接口	1 个开关按钮、1 个紧急报警按钮、1 个充电接口
电池	电池容量：1020mAh 待机时间：>400h 工作时间：>10h
无 UIM 卡	使用机卡分离版本
工作温度	−30～+60℃
工作电压	电池：(+4.0±10%)V 直流：(+4.5±10%)V
电流消耗	空闲模式(90mA)，睡眠模式(<1mA)，工作模式(约 520mA)
数据速率	最大 153.6kb/s

12.2 必备知识

12.2.1 无线定位技术

无线定位技术总体上可分为基于移动台的定位、基于网络的定位和混合定位技术 3 种。

1. 基于移动台的定位技术

基于移动台的定位技术来自于全球定位系统（GPS）。移动台接收多个（通常为 3～4 个）GPS 卫星发射的信号，根据这些信号中携带的与移动台位置有关的特征信号确定其与各卫星之间的位置关系，再通过某种算法来确定自身的位置。因为在室内及市区有高楼阻挡的情况下不能直接捕获卫星信号，所以，这种方案定位精度不高，且移动台耗电量大，实时性也不好。

2. 基于网络的定位技术

基于网络的定位方案由多个基站（BS）同时检测移动台（MS）发射的信号，通过处理各接收信号中携带的与移动台位置有关的特征信号，计算出移动台的位置。由于受非视距（NLOS）、多径效应、各种干扰噪声和蜂窝结构的影响，这种方法的定位精度得不到保证。虽然各种定位技术（如基于信号到达角度的定位技术、基于信号到达时间差（TDOA）的定位技术）均能在一定程度上改善定位精度，但需要对整个网络的软硬件进行专门的改造，因此投资较大。基于网络的定位技术主要有蜂窝小区标识（CELL-ID）、到达时间/到达时间差/可观测到达时间差（TOA/TDOA/OTDOA）等。

3. 混合定位技术——GPSOne 技术

混合定位技术是在吸取了前两种定位技术优点的基础上而发展起来的，它充分利用GPS和CDMA网络信息的互补性进行定位。在郊区和农村，由于基站密度低，移动台通常只与一个基站保持联系，从而导致基于网络的定位方案无法实现，然而此时GPS接收机可以接收4个甚至4个以上卫星的信号。相反，在建筑物密集的城区和室内，GPS接收机一般接收不到卫星信号，但这时却有多个基站可以检测到移动台的信号。结合上述两种定位方案优点的混合定位技术可以很好地应用于各种不同的环境，同时也可以保证实时性要求。

GPSOne是由美国高通公司提出的一种混合定位技术，它是在WAG(无线辅助全球定位)技术基础上发展起来的。与WAG相比，GPSOne技术定位更加精确，同时可用于室内定位。其定位过程分两步完成：先用AFLT(高级前向链接三边测量)定位，以支持全球定位系统和灵敏度辅助数据计算；然后将基于移动台的测量数据与定位实体数据巧妙地结合起来，排除可能增加的定位误差值。GPS和AFLT混合定位技术有机地结合了基于网络的非GPS技术和基于GPS的网络辅助定位技术的优点，是目前CDMA系统采用的主流技术。对于配置GPS接收机的移动台，可先采用WAG定位，在移动台无法接收到GPS卫星信号的地方(如室内)再采用AFLT技术进行定位，从而提高定位精度，扩大定位范围，并且缩短定位时间。

上述3种定位方案的性能比较如表12-2所示。

表12-2 3种定位方案的比较

性　　能	基于移动台的定位	基于网络的定位	GPSOne定位
精度/m	3～200	50～500	3～50
定位性能	灵敏度较低，任何遮挡都会使定位能力下降或丧失	有严重的局限性，在偏僻地区定位性能差	极好，能够在高度遮挡环境中定位
首次定位所需时间	可变，从30s到15min，取决于呼叫环境	在所有呼叫环境均为几秒钟	在所有呼叫环境均为几秒钟
保密性	保密	不保密	保密
成本	集成度较低，成本较高	成本高	集成度高，成本低

12.2.2 GPSOne定位系统组成

如图12-1所示，整个GPSOne定位系统由CDMA网络设备、信息管理中心服务器和用户端设备3大部分组成。

CDMA网络设备包含移动基站、移动交换机、位置服务节点和CDMA网关设备等。

信息管理中心服务器可以采用任何一个支持CDMA网络L1接口的定位平台作为LBS(基于位置服务)监控平台，用户无须建设任何的应用系统和地理信息系统(GIS)图库。所谓L1接口是指CDMA移动定位中心(MPC)与位置服务客户机(LCS Client)之间的接口。定位平台主要提供移动车辆的实时跟踪定位、车辆报警状态监视、相关地图信息查询、分析统计，以及相应的终端配置和用户管理等服务，为移动目标的跟踪与监管提供先进、有效的现代化技术支持。

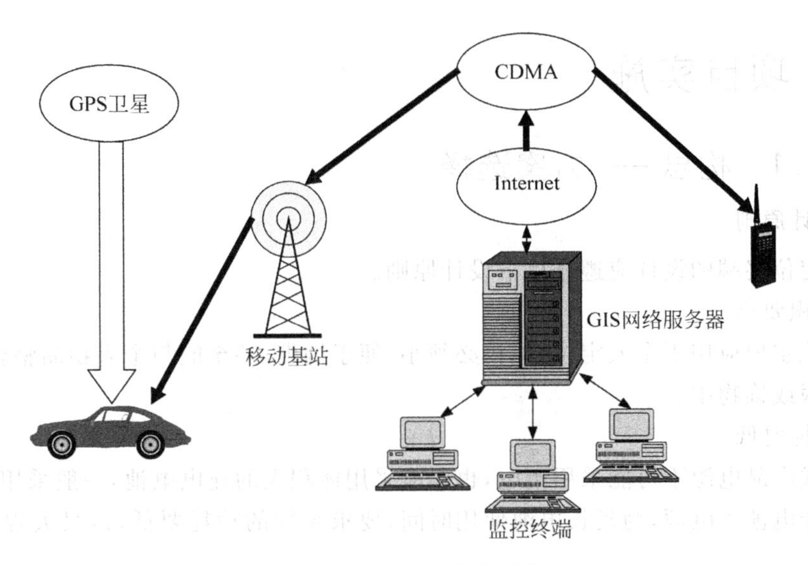

图 12-1 GPSOne 定位系统

用户端设备包括监控终端和移动定位终端。监控终端为与互联网相连的计算机,移动定位终端将在后面重点介绍。

12.2.3 GPSOne 定位的优势

GPSOne 技术利用 CDMA 同步网中前向链路三角定位(AFLT)技术提供的精确时间信息来辅助 GPS 定位。系统首先采用辅助 GPS(A-GPS)定位,在 A-GPS 无法精确定位的情况下再采用 AFLT 技术进行定位。GPSOne 在 CDMA 网络覆盖的地方都能进行定位,解决了传统 GPS 定位在室内、地下室、高楼林立或者峡谷等地段定位困难的问题,与传统的 GPS 定位技术相比具有更强的优势。

1. 适用范围广

系统基础辅助设备的灵敏度比传统 GPS 定位高出 20dB,无论在视野开阔的野外还是高楼林立的市中心,还是在隧道、地铁和建筑物内部深处也能正常工作。

2. 定位精度高

在条件较好的情况下定位精度能达到 5~50m。

3. 定位速度快

完成一次定位只需几秒到几十秒时间。

4. 成本低

具有 GPSOne 功能的芯片已集成到手机芯片组中,手机厂商无须改变设备的外形尺寸即可提供精巧定位功能,而且成本低,只需 2~3 美元。随着芯片制造技术的进步和 GPS 系统本身定位精度的提高及成本的降低,以 GPSOne 为代表的 A-GPS 技术最终将取代传统无线定位技术,成为蜂窝移动通信系统提供定位服务的主要技术手段,有着广阔的应用前景。

12.3 项目实施

12.3.1 构思——方案选择

1. 设计原则

个人定位终端的设计应遵循以下设计原则。

1) 体积要小

该系统主要应用于个人定位,体积必须小,便于携带,甚至能与个人物品整合,缝制在佩戴者的衣服或饰物中。

2) 功耗要低

便携式产品电源不可能采用市电,也不能采用体积大的充电电池,一般采用电能有限的锂电池或干电池等电源,为延长电池使用时间,要求系统的功耗要低,以最大程度地节省电能消耗。

3) 适应性要强

系统要能全天候、全方位工作,无论是在偏僻的山野乡村,高楼林立的城市,还是在地铁隧道都能精确定位。

4) 可靠性要好

5) 成本要低

2. 系统整体结构

系统主要实现GPS定位信息的获取,并通过短信或GPRS模式,返回给所需服务端。也可以通过短信或GPRS方式解析服务端的指令并做出相应处理,改变系统状态,做出相应的反应。GPSOne个人定位系统的总体架构如图12-2所示。

3. 器件选择

基于以上原则,下面对系统主要硬件模块进行选择。

1) 定位模块

DTGS-800是AnyDATA CDMA无线模块中的一种,是目前世界上最小、最薄(33mm(宽)×53mm(长)×2.7mm(高))的CDMA无线数据模块,支持CDMA 2000 1x RTT(Qualcomm MSM6050),高达153.6kb/s的数据传输速率,提供MIDI/MP3,

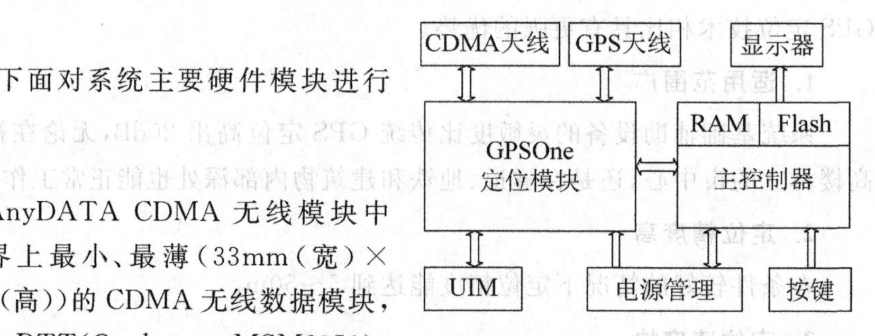

图12-2 GPSOne个人定位终端总体架构

支持机卡分离的R-UIM,可通过AT命令远程控制内置TCP/IP协议,提供SMS(短信服务),为OEM应用特别优化,采用13K QCELP/EVRC语音编码技术,支持电路型数据业务/传真。它与CDMA Phase 2/2+兼容,双频(CDMA900/CDMA1800),标准RS-232数据接口,符合ETSI标准CDMA0707和CDMA0705,且易于升级为GPRS模块。该模块集射频电路和基带于一体,向用户提供标准的AT命令接口,为数据、语音、短消息和传真提供快速、可靠、安全的传输。方便用户的应用开发及设计,成功用于无线公话、无线POS、无线

PDA 和手机等 100 多个领域。该模块的基本性能如表 12-3 所示，完全符合 GPSOne 定位终端的要求。

表 12-3 DTGS-800 模块的基本性能

参　数	描　述
外部通道	码分多址(CDMA)
CDMA 协议	IS-95 A/B，IS-98A，IS-126，IS-637A，IS-707A，IS-2000
数据率	最高 153.6kb/s
收/发频率间隔	45MHz
RF 技术	零中频(Zero Intermediate Frequency)
信道数量	832
工作电压	VBATT_INT：(+4.0±10%)V；VEXT_DC：(+4.5±10%)V
电流消耗	空闲模式(90mA)，睡眠模式(< 1mA)，工作模式(大约 520mA)
工作温度	−30～+60℃
频率稳定性	±300Hz
天线	GSC 连接器，50Ω
尺寸	53mm×33mm×2.7mm
质量	大约 15g
外部接口	RS-232，数字/模拟音频，LCD，键盘，Ringer，外部复位控制，R-UIM，MP3，MIDI，GPIO，USB
用户接口软件	支持 BREW
其他功能	GPSOne 定位

选择 DTGS-800 通信模块作为个人定位终端的主体部分，还因为该模块内部集成了具有 GPSOne 定位功能的芯片，能够采用 GPSOne 解决方案进行定位。而且该模块能够进行嵌入式开发，允许开发者按需要设计模块的功能。该模块既可以用外接电源供电又可以采用电池供电，电池供电(+4.0±10%)V，外接电源供电(+4.5±10%)V，外接电源还具有通过模块内部电源管理芯片给电池充电的功能。它提供的外部接口包括支持 153kb/s 速率传输数据的标准 RS-232 接口、数字音频、外部复位控制、GPIO、USB、LCD 显示、键盘、振铃扩展口和面向中国市场的 R-UIM 接口。该模块与 R-UIM 卡之间主要通过 UIM-DATA 和 UIM-CKL 信号线进行数据通信。

鉴于系统对使用范围、定位精度等方面的要求，选用 DTGS-800 作为定位模块。

使用 DTGS-800 定位前需先开通一张当地 CDMA 网络支持的具有 GPSOne 功能的 R-UIM 卡，插入 DTGS-800 的 UIM 插槽，然后通过主控单片机的串口向 DTGS-800 发送有关 AT 指令，即可实现定位功能，其定位过程如图 12-3 所示。当 DTGS-800 模块接收到“发起定位请求”的命令后，若当前状态允许定位，且一切顺利的话将依次输出以下信息：开始 MPC 拨号、建立 PPP 连接、连接 PDE 和获取位置信息。

上述定位过程需 20～30s，如果定位成功，模块返回如下信息。

+GPS：Latitude(纬度/度)，Longitude(经度/度)，mm/dd/yyyy hh：mm：ss(GPSOne 时间)，Uncertainty Angel(非确定角度)，Uncertainty a(非确定 a 值)，Uncertainty P(非确

定 P 值)，Altitude(海拔/米)，Uncertainty V(非确定 V 值)，Heading(运动方向角/度)，Velocity hor(水平速度)，Velocity ver(垂直速度)。

如果 GPSOne 定位不成功，获得的数据格式为

```
+ GPS: FAIL, state, Reason。
```

通过判断"+GPS:"后是否为"F"确定数据的有效性，如果不为"F"，则数据有效，去掉信息头(+GPS)，逐位把数据写入存储器；如果是"F"，则数据无效，读取 CDMA 网络时间，写入存储器。

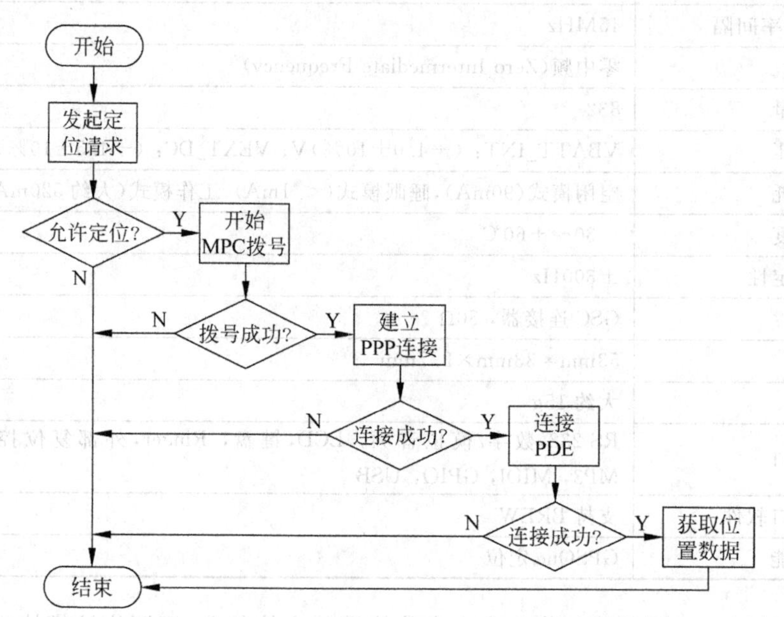

图 12-3 DTGS-800 定位过程

2) 主控制器

考虑到系统对体积、质量和功耗等方面的特殊要求，选择 TI 公司的超低功耗 16 位单片机 MSP430F147 作主控模块。因为该单片机具有以下突出特点。

(1) 超低功耗。MSP430F147 的电源电压只有 1.8～3.6V，电源电流在活动模式只有 225μA(电源电源 2.2V，频率 1MHz)，待机模式下为 0.8μA，掉电模式(RAM 数据保持)下只有 0.1μA，另外还有 5 种省电模式。由于个人定位终端由电池供电，所以 MSP430F147 是最佳选择。

(2) 超强处理能力。MSP430F147 采用精简指令集(RISC)，在 8MHz 工作时指令速度可达 8MIPS。另外，MSP430F147 采用了 16 位多功能硬件乘法器等先进的体系结构，大大增强了数据处理和运算能力。

(3) 丰富的片上资源。MSP430F147 中含有 12 位 A/D 转换器 ADC12、比较器 A、硬件乘法器、两个带有捕获/比较寄存器的 16 位定时器、两个可实现异步或同步的串行通信的接口和看门狗。另外，MSP430F147 采用矢量中断，两个 8 位端口有中断能力，支持十多个中断源，并可以任意嵌套。

(4) 方便有效的开发方式。利用 MSP430F147 单片机本身具有的 JTAG 接口，可以实

现在线编程与调试，可为整个项目的开发提供方便高效的开发环境。

3）电源模块

DTGS-800 模块工作电压范围是 3.6～4.4V，电源适应性较强，可以使用锂电池直接供电。根据前面的功耗和待机时间分析，可选用一块 1020mAh 的锂电池作为主电池。

(1) 电池选型。与其他容量为 1020mAh 的锂电池相比，Nokia 的 BL5C 电池体积小、购买渠道广、价格便宜，而且可作为手机通用电池，可以接 Nokia 或第三方生产的充电器。故系统选用 Nokia 的 BL5C 锂电池。

(2) 电源管理。DTGS-800 模块内部没有集成电源管理和锂电池的充电电路，设计方案中采用 MAX1811 搭建电源管理电路。该电路支持单节锂电池充电，并可保证在充电时负载电路也能正常工作。为使系统能更好地适应用计算 USB 接口充电的情况，还专门针对 USB 充电时的压降及限流问题做了优化。

(3) 充电器。可使用计算机的 USB 接口或电源适配器充电，凡支持 Nokia BL5C 的原装或第三方充电器均可使用(充电电流需小于 400mA)。

4）存储模块

数据存储器使用 MSP430 和定位模块内部的 Flash 和 RAM。为提高系统运行速度，像设置参数等经常需要读写的数据直接存入 Flash 中。但是 MSP430 内部的 Flash 存储空间较小，较大的数据量会在系统空闲时存储于定位模块内部的 Flash 中。控制器下发的命令等需要经常更改的参数直接存储于 RAM 中，当主电池电量不足时才向 Flash 中转存，以免频繁擦写造成电量损耗增加，缩短 Flash 使用寿命。

5）人机交互模块

系统用一个电源开关按键、一个紧急呼叫按键和 7 个状态指示灯进行人机交互，用于指示电源和网络状态。为了避免指示灯耗电过多，采用闪烁的方式。

12.3.2 设计——硬件电路设计、软件编程

1. 硬件电路设计

1）主控制器外围电路

主控制器电路如图 12-4 所示。它包括一片 MSP430F147，外接一个高速晶振和一个低速晶振，在不需要高速处理时，可以将高速晶振关闭，只使用低速晶振，以降低功耗。MSP430F147 有两个异步串行通信接口(USART)，其中一个(DCD、CTS、DTR、RI、RFR/RTS、TXD、RXD 引脚)连接 DTGS-800 的 UART1，另一个(URXD0、UTXD0)与计算机的串口相连，供系统调试时使用。nRST、TMS、TCK、TDI、TDO 引脚连接 JTAG 插座，用于程序下载和在线调试。Key1 和 Key2 引脚分别接“Help”和预留按键。外接的 LED DS4 和 DS5 分别用来指示电池电量不足和 DTGS-800 与 MSP430 之间的通信；BatTest 引脚用于检测电池电量。

2）GPSOne 定位模块外围电路设计

GPSOne 定位模块选用 DTGS-800 芯片，其内部集成了 GPSOne 定位单元，采用 GPSOne 解决方案来进行定位。支持机卡分离的 R-UIM，提供标准 RS-232 数据接口和标准的 AT 命令接口，为数据、语音、短消息和传真提供快速、可靠、安全的传输。该模块可以

用外接电源也可以用电池供电，电池供电电压为(＋4.0±10%)V，外接电源供电电压为(＋4.5±10%)V，外接电源还能通过模块内部的电源管理芯片给电池充电。

GPSNoe 定位模块的外围电路如图 12-5 所示。其中 DCD、CTS、DTR、RI、RFR/RTS、TXD、RXD 接 MSP430F147 的 UART1，是 DTGS-800 与 MSP430F147 进行通信的通道。UIM_DATA、UIM_CLK、UIM_PWR_EN、UIM_RESET 接 UIM 卡。Sgl_SMS、Sgl_IDEL、Sgl_GPS、Sgl_BUSY、Sgl_POWER、Sgl_CHARGE 是系统状态指示信号，分别接 6 个 LED，用于指示有新短信信号、有 CDMA 网络信号、有 GPS 信号、CDMA 网络忙、系统上电和电池充电等状态。BatGauge 接电池测试端，用于检测电池的温度。

3) UIM 模块电路设计

UIM 卡是 CDMA 手机的一种智能卡，其功能类似于 GSM 手机中的 SIM 卡。它支持专用的鉴权加密算法和 OTA (Over The Air)技术，可以通过无线空中接口对卡上的数据进

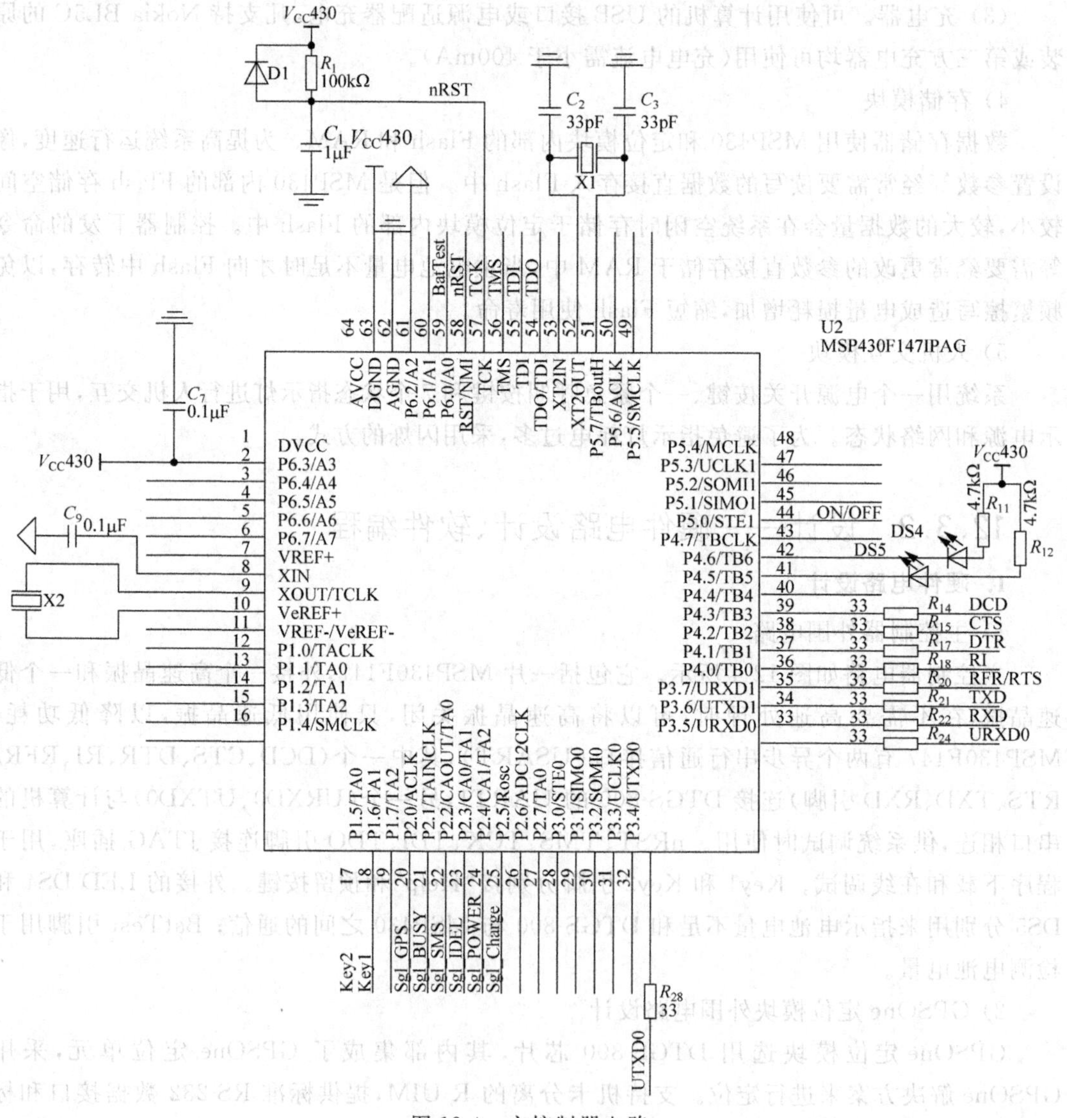

图 12-4　主控制器电路

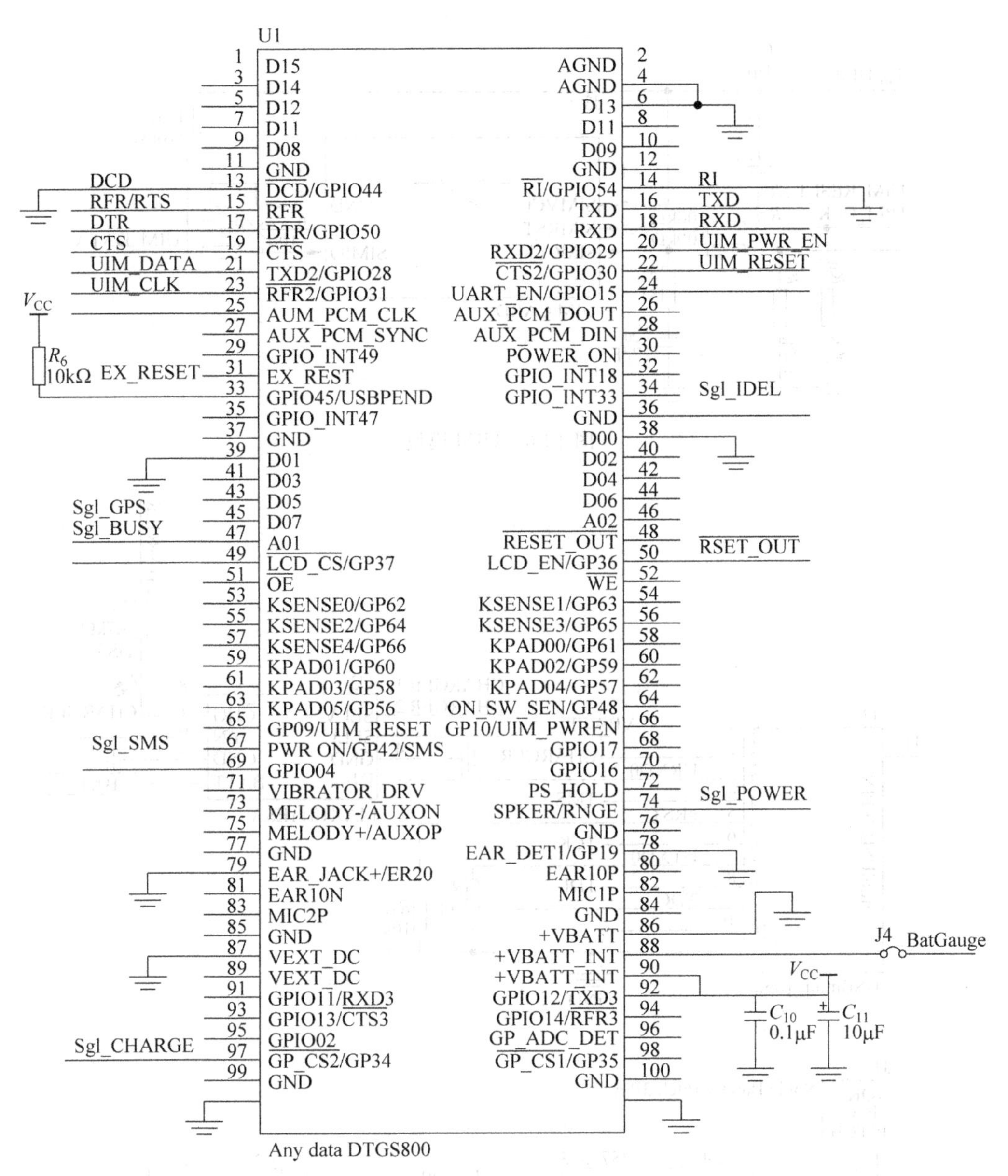

图 12-5 定位电路

行更新和管理。UIM 卡固定在卡座上，通过卡座的 6 个引脚与外部连接，如图 12-6 所示，其中 UIM_RESET 和 UIM_CLK 需通过 100kΩ 电阻下拉，UIM_DATA 需通过 10kΩ 电阻上拉。

4）电源管理模块电路设计

电源管理模块如图 12-7 所示。DTGS-800 模块的 88 脚和 90 脚是专用于电池供电时的电源输入脚。如果希望模块既可用外接电源又可用电池供电，可将外接电源接到 87 脚和 89 脚，电池接到 88 脚和 90 脚。此时，外接电源还能通过模块内部电源管理芯片给电池充电。在模块只用电池供电的情况下，需要给该模块一个 Power On 信号，对该管脚进行第 2 次触发时模块 Power Off。

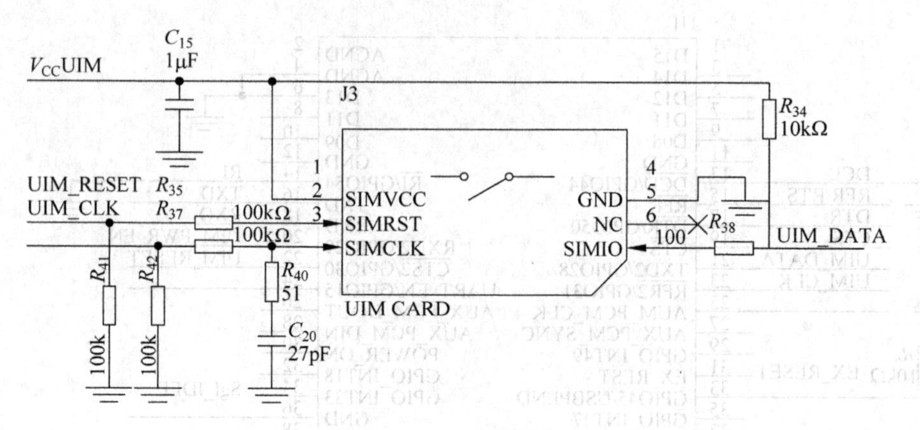

图 12-6 UIM 模块

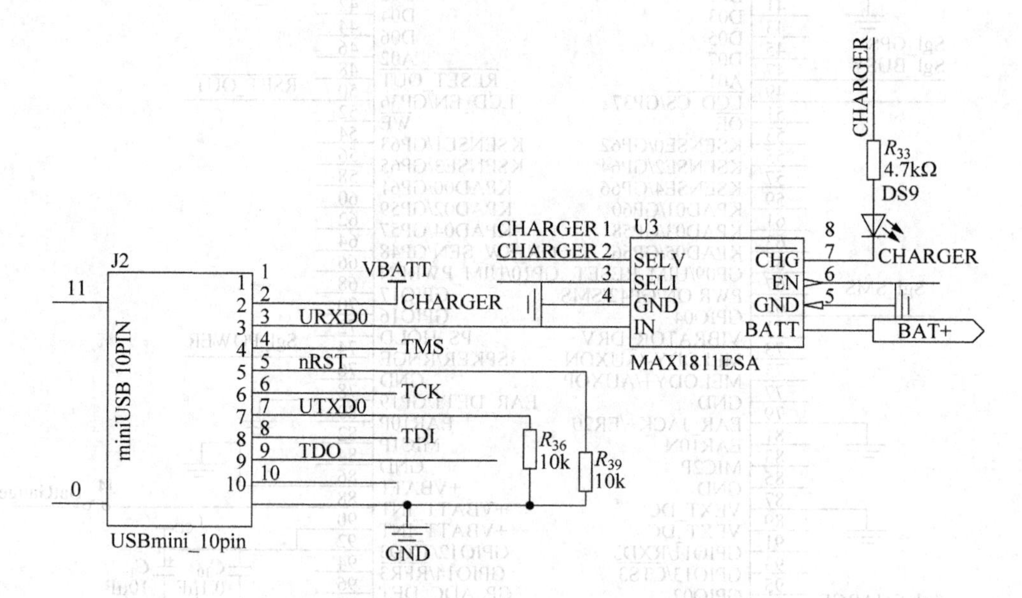

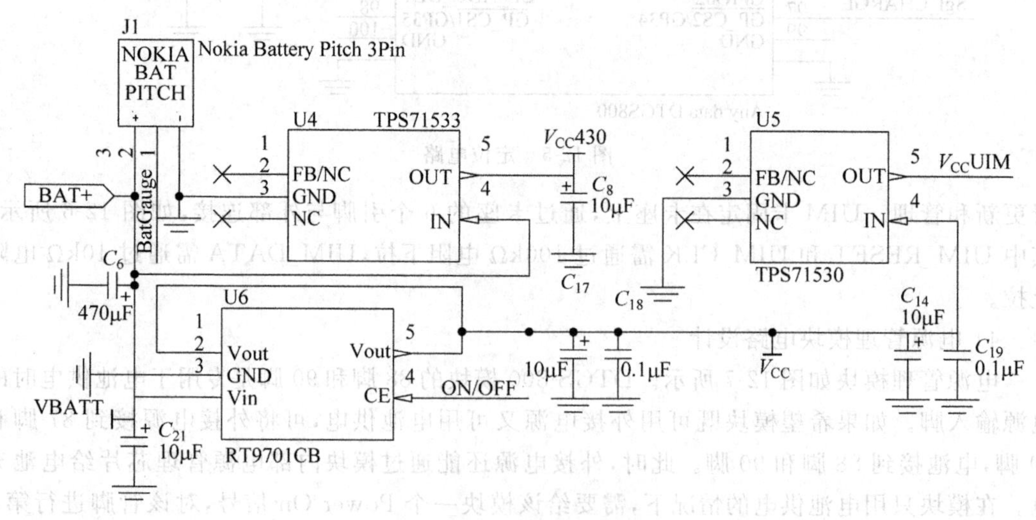

图 12-7 电源管理模块

其余模块比较简单,在此不再赘述。

2. 软件设计

该终端的软件共有主程序模块、按键检测模块、电池检测模块、存储模块和串口通信模块5个模块。

1) 主程序

主程序流程图如图12-8所示。

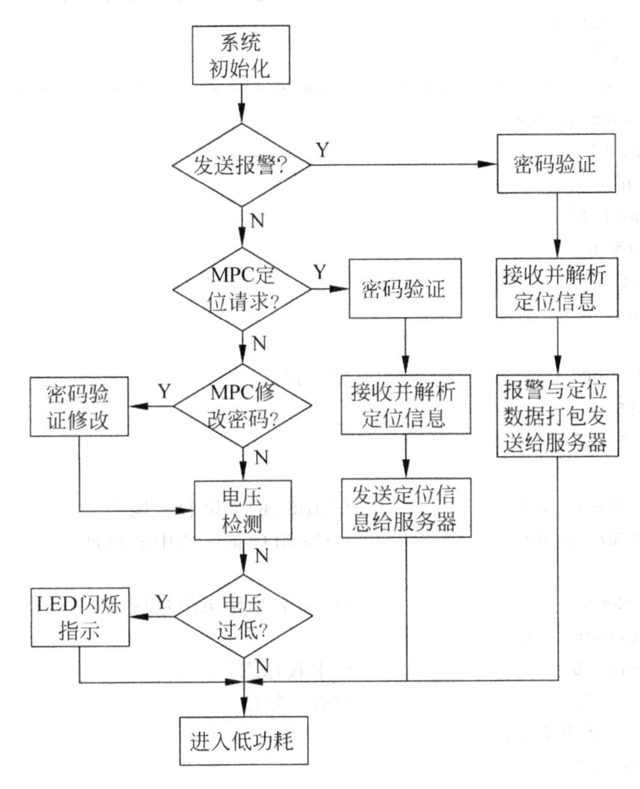

图12-8 主程序流程图

主程序模块负责其他4个模块的初始化和数据处理与存储。它判断接收数据的正确性,从中提取位置和其他有用信息,实现数据的分离和有效数据在片上RAM的临时存储,并将有用信息通过串口发给DTGS-800,DTGS-800再以短信的形式传给第三方。当系统启动时,首先进行初始化,包括看门狗、定时器、电压检测模块(含ADC)、UART、按键检测模块和DTGS-800的初始化。系统初始化完成后,如果没有中断请求则进入低功耗模式,以节约电量。

如果用户发送报警信息,即按下Help键,则产生中断请求,执行中断服务子程序,系统退出低功耗模式,进入Help状态,发起定位请求,接收并解析定位信息,将有用信息和报警信息打包后,以短信的形式发送给HelpNum指定的服务器,发送成功后,系统进入低功耗模式。

如果是第三方发起定位请求,系统则退出低功耗模式,进入"MPC定位"状态,发起定位请求,接收并解析定位信息,将有用信息以短信的形式发送给指定手机或服务器,成功后系统返回低功耗模式。服务器密码及MPC的地址可通过短信以特定的格式进行远程设置。

主程序的源程序如下：

```
/***********************************************************************
文件名:main.c
描述：用于MSP430F147
异步通信
从串口接收数据,分析收到的数据包,然后根据算法进行运算,最后将结果从串口返回,
数据包的结构见xieyi.h。
版本：1.0 2009-03-19
***********************************************************************/
#include <MSP430x14x.h>
#include "xieyi.h"
#include "bao.h"
#include "df_uart.h"
#include "df_key.h"
#include "adc12.h"
#include "flash.h"

#define LOWBAT 2200                              //3.6V
#define PwmHi 15
#define PwmLow 5

#define FLASHA_ADR 0x1080                        //FLASH的A段起始地址
#define FLASHB_ADR 0x1000                        //FLASH中某一段中的地址
//全局变量声明
unsigned int AdcMem = 0;                         //ADC转换结果缓冲区
unsigned int CntTimerA = 0;
unsigned char Help = 0;                          //求救标志
unsigned char Sms = 0;                           //有新短信
unsigned char Rx1Buf[N_Rx1];
unsigned char cRx1Buf = 0;
unsigned char EndRx1Buf = 0;

//函数声明
void InitSys();     //初始化
void InitTimerA(void);

int main( void )
{
    unsigned char * txbuf;
    unsigned char tmp;
    unsigned char need = 0;                      //第三方请求定位
    int i = 0; int j = 0;  int k = 0;

    unsigned char   PhoneNum[11] = "13563174579";
    unsigned char   HelpNum[11] = "13563174579";
                     //修改HelpNum指令AT+SETHN,口令(123456),新HelpNum
    unsigned char   NewHelpNum[11] = "0000000000";
    unsigned char   GpsPW[13] = "313233343536\0";
```

```
                //定位请求密码,修改指令 AT + SETPW,口令(123456),新密码
    unsigned char  NewGpsPW[13] = "000000000000\0";
    unsigned char * pq0 = GpsPW;
    InitSys();                          //初始化

    ///----------- 存储密码 ---------
    pq0 = (unsigned char *)FLASHA_ADR;
    for(i = 0;i<12;i++)
    {
      GpsPW[i] = *pq0;
      pq0++;
    }
    if(GpsPW[0] == (unsigned char )0xFF)
    {
      GpsPW[0] = '3';GpsPW[1] = '1';GpsPW[2] = '3';GpsPW[3] = '2';
      GpsPW[4] = '3';GpsPW[5] = '3';GpsPW[6] = '3';GpsPW[7] = '4';
      GpsPW[8] = '3';GpsPW[9] = '5';GpsPW[10] = '3';GpsPW[11] = '6';
      GpsPW[12] = '\0';
      for(i = 0;GpsPW[i]!= '\0';i++)
      {
        FlashWB(FLASHA_ADR + i,GpsPW[i]);
      }
    }
     //-------- 存储 HelpNum ------
    pq0 = (unsigned char *)FLASHB_ADR;
      for(i = 0;i<11;i++)
      {
        HelpNum[i] = *pq0;
        pq0++;
      }
      if(HelpNum[0] == (unsigned char )0xFF)
      {
        HelpNum[0] = '1';HelpNum[1] = '3';HelpNum[2] = '5';HelpNum[3] = '6';
        HelpNum[4] = '3';HelpNum[5] = '1';HelpNum[6] = '7';HelpNum[7] = '4';
        HelpNum[8] = '5';HelpNum[9] = '7';HelpNum[10] = '9';
        for(i = 0;i<11;i++)
        {
          FlashWB(FLASHB_ADR + i,HelpNum[i]);
        }
      }
start:
  //********************************************
  //write
  //********************************************

    if(Sms == 1)                        //有短信
    {
      for(j = 4000;j>0;j--)
            for(k = j;k>0;k--);
      while(1)
      {
```

```
  i = FindStr(Rx1Buf,"CMGR:");
  if(i!= -1)
     break;
}
WriteString("AT + SMSD\r");        //删除消息
for(j = 500;j > 0;j -- )
     for(k = j;k > 0;k -- );
i = i % N_Rx1;
if((FindStr(Rx1Buf,"41542b47505353545254")!= -1)&&(FindStr(Rx1Buf,GpsPW)!= -1))
                                    //定位
{
    for(;Rx1Buf[i % N_Rx1]!= ',';i++);
    i++;
    j = 0;
    for(;Rx1Buf[i % N_Rx1]!= ',';i++)  //来信号码提取
      PhoneNum[j++] = Rx1Buf[i % N_Rx1];
    i++;
    if(j == 11)
    {
      for(;Rx1Buf[i % N_Rx1]!= ',';i++);
      i++;
      for(;Rx1Buf[i % N_Rx1]!= ',';i++);
      i++;
      for(;Rx1Buf[i % N_Rx1]!= ',';i++);
      i++;

      for(;Rx1Buf[i % N_Rx1]!= '2'||Rx1Buf[i % N_Rx1 + 1]!= 'c';i++);  //AT + GPSSTRT
      i += 2;
      if(Rx1Buf[i % N_Rx1 + 12] == '2'&&Rx1Buf[i % N_Rx1 + 13] == 'c')
      {
        i += 14;
        for(j = 0;j < 11;j++)
        {
          if(Rx1Buf[i % N_Rx1]> = '0'&&Rx1Buf[i % N_Rx1]< = '9')
             tmp = (Rx1Buf[i % N_Rx1]&0x0f) * 16;
          else if(Rx1Buf[i % N_Rx1]> = 'a'&&Rx1Buf[i % N_Rx1]< = 'f')
             tmp = (Rx1Buf[i % N_Rx1] - 87) * 16;

          if(Rx1Buf[(i % N_Rx1) + 1]> = '0'&&Rx1Buf[(i % N_Rx1) + 1]< = '9')
             tmp += (Rx1Buf[(i % N_Rx1) + 1]&0x0f);
          else if(Rx1Buf[(i % N_Rx1) + 1]> = 'a'&&Rx1Buf[(i % N_Rx1) + 1]< = 'f')
             tmp += (Rx1Buf[(i % N_Rx1) + 1] - 87);
          i += 2;
          PhoneNum[j] = tmp;
        }
      }

    WriteString("AT + GPSSTRT\r");         //发起定位请求
    need = 1;
    }
}
```

```
else if((FindStr(Rx1Buf,"41542b5345545057")!= - 1)&&(FindStr(Rx1Buf,GpsPW)!= - 1))
                                        //设置 GpsPW
{
    for(;Rx1Buf[i % N_Rx1]!= ',';i++);
    i++;
    j = 0;
    for(;Rx1Buf[i % N_Rx1]!= ',';i++)      //来信号码提取
      PhoneNum[j++] = Rx1Buf[i % N_Rx1];
    i++;
    for(;Rx1Buf[i % N_Rx1]!= ',';i++);
    i++;
    for(;Rx1Buf[i % N_Rx1]!= ',';i++);
    i++;
    for(;Rx1Buf[i % N_Rx1]!= ',';i++);
    i++;

    for(;Rx1Buf[i % N_Rx1]!= '2'||Rx1Buf[i % N_Rx1 + 1]!= 'c';i++);  //AT + SETPW
    i += 2;
    for(;Rx1Buf[i % N_Rx1]!= '2'||Rx1Buf[i % N_Rx1 + 1]!= 'c';i++);  //GpsPW
    i += 2;
    for(j = 0;j < 12;i++,j++)                                         //New GpsPW
    {
       NewGpsPW[j] = Rx1Buf[i % N_Rx1];
    }

    for(j = 0;j < 12;j++)
    {
      GpsPW[j] = NewGpsPW[j];
    }
    GpsPW[12] = '\0';
    FlashErase(FLASHA_ADR);

    for(j = 0;j < 12&&GpsPW[j]!= '\0';j++)
    {
      FlashWB(FLASHA_ADR + j,GpsPW[j]);
    }
     WriteString("AT + CMGS = 0,");
     WriteBytes(PhoneNum,11);
     WriteString(",13361150562,0,OK");
     WriteString("\r");
}
else if((FindStr(Rx1Buf,"41542b534554484e")!= - 1)&&(FindStr(Rx1Buf,GpsPW)!= - 1))
       //设置 HelpNum
{
    for(;Rx1Buf[i % N_Rx1]!= ',';i++);
    i++;
    j = 0;
    for(;Rx1Buf[i % N_Rx1]!= ',';i++)                                 //来信号码提取
      PhoneNum[j++] = Rx1Buf[i % N_Rx1];
    i++;
    for(;Rx1Buf[i % N_Rx1]!= ',';i++);
```

```
            i++;
            for(;Rx1Buf[i%N_Rx1]!=',';i++);
            i++;
            for(;Rx1Buf[i%N_Rx1]!=',';i++);
            i++;

            for(;Rx1Buf[i%N_Rx1]!='2'||Rx1Buf[i%N_Rx1+1]!='c';i++);  //AT+SETPW
            i+=2;
            for(;Rx1Buf[i%N_Rx1]!='2'||Rx1Buf[i%N_Rx1+1]!='c';i++);  //GpsPW
            i+=2;
            for(j=0;j<11;j++)                                          //New HelpNum
            {
                if(Rx1Buf[i%N_Rx1]>='0'&&Rx1Buf[i%N_Rx1]<='9')
                     tmp=(Rx1Buf[i%N_Rx1]&0x0f)*16;
                else if(Rx1Buf[i%N_Rx1]>='a'&&Rx1Buf[i%N_Rx1]<='f')
                   tmp=(Rx1Buf[i%N_Rx1]-87)*16;

                if(Rx1Buf[(i%N_Rx1)+1]>='0'&&Rx1Buf[(i%N_Rx1)+1]<='9')
                   tmp+=(Rx1Buf[(i%N_Rx1)+1]&0x0f);
                else if(Rx1Buf[(i%N_Rx1)+1]>='a'&&Rx1Buf[(i%N_Rx1)+1]<='f')
                   tmp+=(Rx1Buf[(i%N_Rx1)+1]-87);
                i+=2;
                NewHelpNum[j]=tmp;
            }

            for(j=0;j<11;j++)
            {
               HelpNum[j]=NewHelpNum[j];
            }

            FlashErase(FLASHB_ADR);

            for(j=0;j<11;j++)
            {
               FlashWB(FLASHB_ADR+j,HelpNum[j]);
            }
             WriteString("AT+CMGS=0,");
             WriteBytes(PhoneNum,11);
             WriteString(",13361150562,0,OK");
             WriteString("\r");
        }
      Sms=0;
    }
    else if(Help==1||need==1)              //有Help命令或MPC定位
    {
       while(1)
       {
         i=FindStr(Rx1Buf,"+GPS:");
         if(i!=-1)
            break;
       }
```

```
        if(Rx1Buf[i] == 'F' && Rx1Buf[(i + 1) % N_Rx1] == 'A' && Rx1Buf[(i + 2) % N_Rx1] == 'L' &&
Rx1Buf[(i + 3) % N_Rx1] == 'L')
        {                                   //返回错误的定位信息后的处理
          for(j = 5000;j > 0;j -- )
               for(k = j;k > 0;k -- );
          if(Help)
          {
               WriteString("AT + CMGS = 0,");
               WriteBytes(HelpNum,11);
               WriteString(",13361150562,0,HELP:FALL\r");
          }
          else
          {
               WriteString("AT + CMGS = 0,");
               WriteString(PhoneNum);
               WriteString(",13361150562,0,FALL\r");
          }
          need = 0;
          Help  =  0;
        }
        Else                                //返回正确的定位信息的处理
        {
          for(j = 5000;j > 0;j -- )
               for(k = j;k > 0;k -- );
          if(Help)
          {
               WriteString("AT + CMGS = 0,");
               WriteBytes(HelpNum,11);
               WriteString(",13361150562,0,HELP:Latitude:");
          }
          else
          {
               WriteString("AT + CMGS = 0,");
               WriteBytes(PhoneNum,11);
               WriteString(",13361150562,0,Latitude:");
          }

          while(Rx1Buf[i % N_Rx1]!= ',')
          {
             while((IFG2&UTXIFG1) == 0);    //查询是否发送完毕
             TXBUF1 = Rx1Buf[i % N_Rx1];
             i++;
          }
          i++;
          i = i % N_Rx1;
          WriteString(",Longitude:");
          while(Rx1Buf[i % N_Rx1]!= ',')
          {
             while((IFG2&UTXIFG1) == 0);    //查询是否发送完毕
             TXBUF1 = Rx1Buf[i % N_Rx1];
             i++;
```

```
    }
    i++;
    i = i % N_Rx1;
    WriteString(",Time:");
  while(Rx1Buf[i % N_Rx1]!= ',')
    {
      while((IFG2&UTXIFG1) == 0);    //查询是否发送完毕
      TXBUF1 = Rx1Buf[i % N_Rx1];
      i++;
    }
    i++;
    i = i % N_Rx1;
    WriteString(",Un Angle:");
  while(Rx1Buf[i % N_Rx1]!= ',')
    {
      while((IFG2&UTXIFG1) == 0);  //查询是否发送完毕
      TXBUF1 = Rx1Buf[i % N_Rx1];
      i++;
    }
    i++;
    i = i % N_Rx1;
    WriteString(",Un a:");
    while(Rx1Buf[i % N_Rx1]!= ',')
    {
      while((IFG2&UTXIFG1) == 0);    //查询是否发送完毕
      TXBUF1 = Rx1Buf[i % N_Rx1];
      i++;
    }
    i++;
    i = i % N_Rx1;
    WriteString(",Un p:");
    while(Rx1Buf[i % N_Rx1]!= ',')
    {
      while((IFG2&UTXIFG1) == 0);    //查询是否发送完毕
      TXBUF1 = Rx1Buf[i % N_Rx1];
      i++;
    }
    i++;
    i = i % N_Rx1;
    WriteString(",Altitude:");
    while(Rx1Buf[i % N_Rx1]!= ',')
    {
      while((IFG2&UTXIFG1) == 0);    //查询是否发送完毕
      TXBUF1 = Rx1Buf[i % N_Rx1];
      i++;
    }

    WriteString("\r");
    Help = 0;
    need = 0;
  }
```

```
    }
    LPM1;
    goto start;
}

/*******************************************************************
系统初始化
*******************************************************************/
void InitSys()
{
   unsigned int iq0;
   WDTCTL  =  WDTPW  +  WDTHOLD;              //关闭看门狗
   BCSCTL1  =  0x00;                          //打开 XT2 振荡器
                                              //LFXT1 低频模式
                                              //ACLK 分频系数为 1
                                              //选择最低标称频率
   do
   {
      IFG1 &=  ~OFIFG;                        //清除振荡器失效标志
      for (iq0  =  0xFF; iq0 > 0; iq0 -- );   //延时,等待 XT2 起振
    }
    while ((IFG1 & OFIFG) != 0);              //判断 XT2 是否起振
    BCSCTL2  =  SELM_2  +  SELS;              //MCLK 时钟源为 XT2CLK,分频因子为 1
                                              //SMCLK 时钟源为 XT2CLK,分频因子为 1
                                              //选择内部电阻
                                              //ADC input
    P4DIR| = BIT7;                            //P4.7 输出
    P4OUT | = BIT7;                           //P4.7 初始化为高电平
                                              //对各种模块、中断、外围设备等进行初始化
                                              //InitTimerA();
  //InitAdc12();                              //初始化 AD 转换模块
    UartInit();                               //初始化 UART0 和 UART1
    KeyInit();
    _EINT();                                  //打开全局中断控制,若不需要打开,可以屏蔽本句
}

/*******************************************************************
定时器 A 中断函数
中断源: CC0
*******************************************************************/
#pragma vector = TIMERA0_VECTOR
__interrupt void TimerA0()
{
    //以下填充用户代码
        ADC12CTL0 & = ~(ENC);                 //关闭转换
        if( AdcMem < LOWBAT )
          CntTimerA++;
        ADC12CTL0 | = ENC + ADC12SC;          //开启转换
        CCTL0 & = ~(CCIFG);                   //清中断标志
LPM1_EXIT;                //退出中断后退出低功耗模式.若退出中断后保留低功耗模式,将本句屏蔽
}
```

```
/*************************************************************************
AD转换器中断函数
多中断源：模拟0～7、VeREF+、VREF-/VeREF-、(AVcc-AVss)/2
没有处理ADC12TOV和ADC12OV中断标志
*************************************************************************/
#pragma vector = ADC_VECTOR
__interrupt void Adc()
{
   ADC12CTL0 &= ~(ENC);                    //关闭转换
   AdcMem = ADC12MEM0;                     //读转换结果
   ADC12IFG &= ~(BIT0);                    //清中断标志
   if(AdcMem < LOWBAT)
     {
       if(CntTimerA < PwmLow)
          P4OUT &= ~(BIT7);
       else
         {
           P4OUT |= (BIT7);
           if(CntTimerA > PwmHi)
              CntTimerA = 0;
         }
     }
   else
      {
        P4OUT |= (BIT7);
      }
   LPM1_EXIT;          //退出中断后退出低功耗模式.若退出中断后要保留低功耗模式,将本句屏蔽
}
```

2) 串口通信程序

(1) UART结构。UART(Universal Asynchronous Receiver Transmitter,通用异步收发器)是广泛使用的串行数据传输协议。它是各种设备之间进行通信的关键模块,允许在串行链路上进行全双工的通信。在发送端,先将并行的数据信号转化为串行数据信号,然后按照一定的传输速率发送出去。在接收端,接收到的串行数据信号会转化为并行数据信号,然后再进行相应的处理。

MSP430F147单片机实现串行通信的方式有两种：一是使用通用串行同步/异步通信协议的硬接口USART；二是使用定时器实现串行通信功能的软串口。MSP430F147内部有USART0和USART1两个USART模块,硬件资源丰富,所以无须软串口。本设计在调试过程中用USART0作为单片机与计算机串行通信的接口,USART1用作单片机与DTGS-800模块串行通信的接口。

MSP430F147单片机UART0的发送与接收管脚分别为P3.4(TXD)和P3.5(RXD),USART1的发送与接收管脚分别为P3.6(TXD)和P3.7(RXD)。因为这几个管脚也可作为普通的I/O脚,因此,使用前需要将其设置为UART功能(见UART程序的初始化部分)。

(2) 波特率的产生。在使用UART进行通信时需先用波特率发生器生成需要的波特

率。波特率发生器实际上就是一个分频器，其分频系数可由给定的系统输入时钟频率和需要的波特率算出，从而产生串行通信时数据接收和发送所需的时钟频率(波特率)。MSP430F147单片机的波特率发生器如图12-9所示，它主要由时钟输入选择、预分频器、调整寄存器和波特率寄存器(翻转触发器)组成。

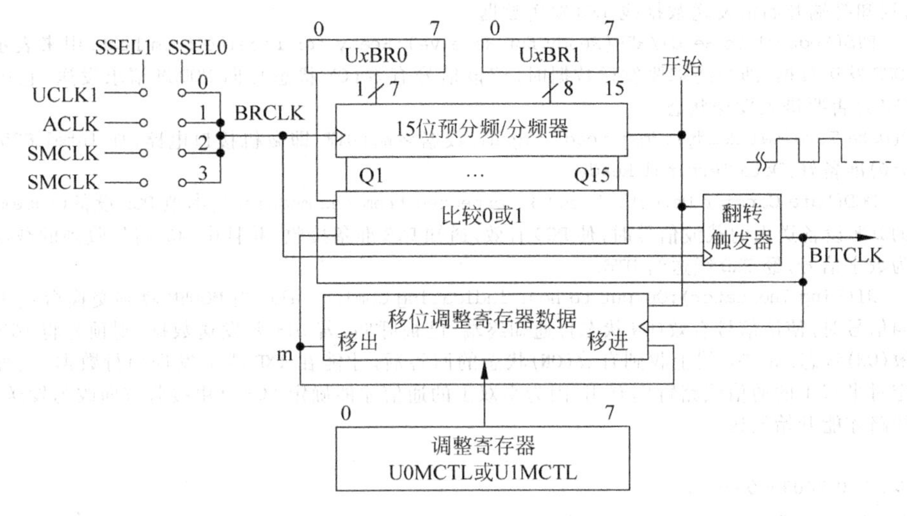

图12-9 波特率发生器框图

波特率发生器模块的时钟信号BRCLK由SSEL1和SSEL0控制，从3个内部时钟(UCLK、ACLK和SMCLK)和1个外部时钟信号中选取。时钟信号BRCLK送入一个15位的分频器，通过一系列的硬件控制，最终产生串行发送和接收数据时用的时钟信号BITCLK。

(3) 波特率的设置与计算。MSP430F147单片机的波特率发生器可以简化为一个分频器和一个调整器。分频系数N由分频器的输入时钟BRCLK的频率和所需波特率决定：

$$N = \text{BRCLK}/\text{波特率} \tag{12-1}$$

式中分频系数N一般不是整数，因此，可先用分频器实现分频系数的整数部分，再用调整器进行调整，使小数部分尽可能准确。这时分频系数N的计算公式为

$$N = \text{U}_{\text{BR}} + (M_7 + M_6 + \cdots + M_0)/8 \tag{12-2}$$

式中，U_{BR}为图12-9中波特率寄存器UxBR1或UxBR0的16位数据值；M_x为调整器寄存器UxMCTL的各数据位。那么波特率就可由下式求得：

$$\text{波特率} = \text{BRCLK}/N = \text{BRCLK}/[(\text{U}_{\text{BR}} + (M_7 + M_6 + \cdots + M_0)/8] \tag{12-3}$$

波特率发生器可以简化为一个分频器和一个调整器。分频器完成整数分频，调整器按位将对应位上的数据(0或1)加到每一次分频时的分频系数(计数器模)上，每8次一个循环，使分频系数的平均值最大限度地接近理论值。编程时只要根据选择的输入时钟频率BRCLK和需要的波特率由式(12-1)和式(12-2)算出分频系数，进而计算出波特率寄存器UxBR0、UxBR1以及调整寄存器UxMCTL的取值，再进行相应的设置即可(详见UART源程序初始化部分)。

UART源程序如下：

```
/*********************************************************************\
文件名:df_uart.c
```

```
描述：UART 异步串行通信程序，使用 USART0
    晶体振荡器 XT2: 8MHz   LFXT1: 32.768kHz
    波特率：115200b/s,8 位数据位,1 位停止位,无校验
    CTS(Clear to Send):Clear to send to the host.用来表示 DCE 准备好接收 DTE 发来的数据，是对
请求发送信号 RTS 的响应信号.当 MODEM 已准备好接收终端传来的数据，并向前发送时，使该信号有
效，通知终端开始沿发送数据线 TXD 发送数据.
    RTS(Request to Send)/RFR(Ready for Receive):Ready for receive from host.用来表示 DTE 请
求 DCE 发送数据，即当终端要发送数据时，使该信号有效(ON 状态)，向 MODEM 请求发送.它用来控制
MODEM 是否要进入发送状态.
DTR(Data Terminal Ready):Host ready signal.数据终端(DTE，即微机接口电路，如 Intel 8250/8251,
16550)准备好，Data Terminal Ready.
    DCD(Data Carrier Detect):Network connected from the module.当本地 DCE 设备(Modem)收到对
方的 DCE 设备送来的载波信号时，使 DCD 有效，通知 DTE 准备接收，并且由 DCE 将接收到的载波信号解
调为数字信号，经 RXD 线送给 DTE.
    RI(Ring Indicator):Output to host indicating coming call.当 MODEM 收到交换台送来的振铃
呼叫信号时，使该信号有效(ON 状态)，通知终端，已被呼叫.若 DTE 要发送数据，则预先将 DTR 线置成
有效(ON)状态，等 CTS 线上收到有效(ON)状态的回答后，才能在 TXD 线上发送串行数据.这种顺序的
规定对半双工的通信线路特别有用，因为半双工的通信才能确定 DCE 已由接收方向改为发送方向，这
时线路才能开始发送.

版本：1.0 2009-03-18
/*********************************************************************/
#include <MSP430x14x.h>
#include "df_uart.h"
#include "bao.h"
#include "xieyi.h"

extern unsigned char Help;              //求救标志
//extern unsigned char Rx1BufHuiche;
extern unsigned char Rx1Buf[N_Rx1];
extern unsigned char cRx1Buf;
extern unsigned char EndRx1Buf;

void UartInit()
{
  //------------------ UART0 初始化 ---------------------------------------
    P3SEL |= BIT4 + BIT5;               //设置管脚为第二功能,P3.4,5 = USART0 TXD/RXD
    P3DIR |= BIT4;                      //P3.4 为输出
    UCTL0 = CHAR + SWRST;               //8 位数据,1 位停止位,无校验,UART 模式
    UTCTL0 = SSEL0;                     //选择 UCLK = ACLK = 32768Hz
    UBR00 = 0x03;                       //设置波特率 9600b/s
    UBR10 = 0x00;
    UMCTL0 = 0x4A;

    UCTL0 &= ~SWRST;
    ME1 |= UTXE0 + URXE0;               //打开模块 USART0 Enable USART0 TXD/RXD
    IE1 |= URXIE0 ;                     //打开 USART0 接收中断

//------------------ UART1 初始化 ----------------------------------------
    P3SEL |= BIT6 + BIT7;               //设置管脚为第二功能,P3.6,7 = USART1 TXD/RXD
    P3DIR |= BIT6;                      //P3.6 Output Direction
```

```
    UCTL1 = CHAR + SWRST;                  //8位数据,1位停止位,无校验,UART模式
    UTCTL1 = SSEL0;                        //选择 UCLK = ACLK = 32768Hz
    UBR01 = 0x03;                          //设置波特率 9600b/s
    UBR11 = 0x00;
    UMCTL1 = 0x4A;
    UCTL1 &= ~SWRST;
    ME2 |= UTXE1 + URXE1;                  //打开模块 USART1 Enable USART1 TXD/RXD
    IE2 |= URXIE1 ;                        //打开 USART1 接收中断
}
/********************************************************************
发送函数,采用查询方式
pBuffer: 指向发送数据缓冲区的指针
********************************************************************/

//向串口输出一个字符(非中断方式)
void WriteByte(unsigned char OutData)
{
        while((IFG2&UTXIFG1) == 0);        //查询是否发送完毕
  TXBUF1 = OutData;
}
  //放一串数据到发送缓冲区,需要定义发送的字节数
void WriteBytes(unsigned char * outplace,unsigned int j)
{   int i;
for(i = 0;i < j;i++)
{
    WriteByte( * outplace);
    outplace++;
}
}
        //发送字符串到串口
void WriteString(unsigned char * pBuffer)
{
for(; * pBuffer!= '\0';pBuffer++)          //遇到停止符 0 结束
   WriteByte( * pBuffer);
}

/********************************************************************
USART0 接收中断函数
********************************************************************/
#pragma vector = USART0RX_VECTOR
__interrupt void Usart0Rx()
{
   while (!(IFG2 & UTXIFG1));              //USART1 TX buffer ready?
   TXBUF1 = RXBUF0;                        //RXBUF0 to TXBUF0
   //TXBUF1 = RXBUF0;                      //RXBUF0 to TXBUF1

  LPM1_EXIT;
}
/********************************************************************
USART1 接收中断函数
********************************************************************/
```

```
#pragma vector= USART1RX_VECTOR
__interrupt void Usart1Rx()
{
    Rx1Buf[cRx1Buf] = RXBUF1;
    cRx1Buf++;
    if(cRx1Buf >= N_Rx1)
        cRx1Buf = 0;
  //}
   while (!(IFG1 & UTXIFG0));                  //USART0 TX buffer ready?
   TXBUF0 = RXBUF1;                            //RXBUF1 to TXBUF0

  LPM1_EXIT;
}

int FindStr(unsigned char * sStr,unsigned char * dStr)
{
    int i = 0;
    int j = 0;
    for(i = 0;i<2 * N_Rx1;i++)
    {
      if(dStr[j] == sStr[i % N_Rx1])
       {
           j++;
           if(dStr[j] == '\0')
               return (i % N_Rx1) + 1;
       }
      else
           j = 0;
    }
    return -1;
}
```

首先选择时钟BRCLK为32768Hz，然后设置波特率为9600b/s。根据波特率计算公式，分频器的分频系数为32768/9600＝3.413。设置分频寄存器的值为3(分频系数的整数部分)，即UBR1＝0，UBR0＝3。用调整寄存器的值来近似小数部分的0.413。调整寄存器为一个8位寄存器，其中每一位分别对应8次分频时的调整情况，如果对应位为“0”，则分频器以分频寄存器的设定值3为分频系数进行分频；如果对应位为“1”，则分频器以分频寄存器的设定值3加1(即4)为分频系数进行分频。根据这个原则，由式(12-2)可知，本例中调整寄存器“1”的位数可以是3或4，但由于3/8＝0.375比4/8＝0.5更接近0.413，故调整寄存器“1”的位数取3，也就是说在8次分频过程中有3次的分频系数在分频寄存器设定值基础上加1，就可以大体上满足分频系数为3.413的要求。因此，调整寄存器中应该有3个1和5个0。调整寄存器内的数据是每8次一循环地重复使用，且低位在先高位在后。因此，调整寄存器的数据可设置为01001010B，即4AH(也可以设置为其他值，但必须为3个1和5个0，而且1的位置要相对分散点)，则分频系数的调整次序为

$$3,4,3,3,4,3,4,3$$

每8次一循环，则分频系数的平均值为

$$(3+4+3+3+4+3+4+3)\div 8 = 3.375$$

它与理论值的误差为

$$(3.413-3.375)\div 3.413\times 100\%=1.11\%$$

这个误差在允许范围之内。

(4) 数据流的接收与发送。数据流的接收与发送是靠一个移位寄存器和缓存器实现的。在接收时，移位寄存器将接收来的数据位流组合满一个字节后，保存到接收缓器存URXBUF中；在发送时，将发送缓存器UTXBUF中的数据一位一位地送到指定端口。发送和接收两个移位寄存器的移位时钟都是波特率发生器产生的BITCLK信号。MSP430F147的接收和发送分别使用两个移位寄存器，可按全双工方式工作。

数据流接收与发送程序如下：

```
#include "bao.h"
#include "xieyi.h"
#include "df_uart.h"

unsigned char NRxBuff = 0;
unsigned char aTxBuff[N_XY_BAO];            //发送数据缓冲区
unsigned char NTxBuff = 0;

unsigned char bWaitRe = 0;         //1: 发送数据包后等待PC返回对数据包的校验结果; 0: 不等待
unsigned char Command = NONE_COMMAND;       //收到的指令
unsigned char SendByte = 0;                 //准备发送的字节数

unsigned char bUartRxErr = 0;               //1: 接收数据出错,如帧错、奇偶校验错等; 0: 没错
/*******************************************************************
数据包校验
采用算术和的方法进行
pbuffer: 指向要校验的数据缓冲区的指针
n_byte: 校验的字节数
pjiao_zhi: 计算出的校验值
返回值: 校验通过为1,校验失败为0
*******************************************************************/
unsigned char JiaoYan(unsigned char *pbuffer,unsigned char n_byte,unsigned char *pjiao_zhi)
{
unsigned char q0,q1 = 0;

for(q0 = 0;q0 < n_byte - 1;q0++)
{
    q1 +=  *pbuffer;
    pbuffer++;
}

 *pjiao_zhi = q1;
if(q1 ==  *pbuffer)
    return 1;
else
    return 0;
}
```

```
/*****************************************************************
向接收缓冲区中增加一个数据
*****************************************************************/
void AddUsData(unsigned char sq0)
{
if(NRxBuff < N_XY_BAO)
{
    aRxBuff[NRxBuff] = sq0;
    NRxBuff++;
}
}
/*****************************************************************
其他模块检测到数据包有错时通知本模块数据通信有错
*****************************************************************/
void SetBaoErr()
{
bUartRxErr = 1;
}
/*****************************************************************
执行指令
*****************************************************************/
unsigned int DoCommand(unsigned char comd)
{
switch(comd)
{
    case ADD_COMMAND:
          //执行 ADD_COMMAND 指令：数据 A + 数据 B
        return (aRxBuff[2] + aRxBuff[3]);
    case SUB_COMMAND:
          //执行 SUB_COMMAND 指令：数据 A - 数据 B
          return (aRxBuff[2] - aRxBuff[3]);
}

        return 0;                    ////

}
```

3）电源管理程序

电池电压检测模块利用在处理完某一个任务后的间隙或以定时的方式检测电池电压是否正常，如果电压偏低，则启动红色指示灯闪烁，提醒用户电池快要用完。电池电压的检测是利用 MSP430F147 单片机内部自带的 12 位模数转换器，将电池电压的检测值通过 A/D 转换变成数字量送入单片机进行处理。

12 位 A/D 转换程序如下：

```
/*****************************************************************
文件名：adc12.c
编写者：张鹍
描述：ADC12 模块程序，用于 MSP430F147.
    MCLK：8MHz    ACLK：32.768kHz
版本：V1.0          2009 - 03 - 18
*****************************************************************/
#include <msp430x14x.h>
```

```
#include "adc12.h"
/**********************************************************************
初始化
**********************************************************************/
void InitAdc12(void)
{
    P6SEL |= BIT0;                      //P6.0 作为 A/D 模拟输入通道
    ADC12CTL0 &= ~(ENC);                //使 A/D 模块处于初始状态
    ADC12CTL0 |= REFON;                 //开启内部参考电压
    ADC12CTL0 |= REF2_5V;               //使用内部 2.5V 参考电压

    ADC12CTL1 |= SHP;                   //采样脉冲由采样定时器产生
    ADC12CTL1 |= CONSEQ_0;              //单通道,单次转换
    ADC12CTL1 |= ADC12SSEL_1;           //ACLK
    ADC12CTL1 |= ADC12DIV_0;            //分频系数为 1

    ADC12MCTL0 = INCH_0;                //输入通道 A0,参考电压为 AVss 和 AVcc

    ADC12CTL0 |= ADC12ON ;              //开启 ADC12
    ADC12CTL0 |= ADC12SC;               //启动转换

    ADC12IE |= 0x01;                    //开 0 通道中断
}
```

首先将 P6.0 口设置为 A/D 转换的模拟量输入端,参考电压使用单片机内部的 2.5V 参考电压,然后采用单通道,单次转换,采样脉冲由采样定时器产生,最后开 0 通道中断,启动 A/D 转换。

4) Flash 的读写与擦除程序

MSP430F147 的 Flash 空间为 32KB 的主存储器+256B 的信息存储器。其中 32KB 的主序存储器分为 64 段,每段 512B。信息存储器分为两段,每段 128B,分别为信息存储器 A 和信息存储器 B。由于 MSP430 的信息存储器作了优化,可以较快的速度写入,可用于存放系统设置(如 Pass Word、Help Number 等)指令。对 Flash 存储器的写入和读出可以按字节或字进行,但擦除必须是整段进行,不能对单个字节擦除,擦除后各位为 1。在 Flash 存储器擦除与写入时不能对其访问。

Flash 存储器读写与擦除程序如下:

```
/**********************************************************************
文件名: flash.c
编写者: 张鹍
描述: 用于 MSP430F147.
    Flash 存储器读写、擦除,时钟源: MCLK,8MHz
版本: 1.0 2005-2-19
**********************************************************************/
#include  <msp430x14x.h>
#include "flash.h"
/**********************************************************************
段擦除
adr: 要擦除的段内的任一地址
```

```
******************************************************************/
void FlashErase(unsigned int adr)
{
    unsigned char * p0;

    FCTL2 = FWKEY + FSSEL_1 + FN3 + FN4;
    FCTL3 = FWKEY;
    while(FlashBusy() == 1)              //等待 Flash 存储器完成操作
    ;
    FCTL1 = FWKEY + ERASE;
    p0 = (unsigned char * )adr;
     * p0 = 0;                           //向段内地址任意写,启动擦除操作
    FCTL1 = FWKEY;
    FCTL3 = FWKEY + LOCK;
    while(FlashBusy() == 1)              //等待 Flash 存储器完成操作
    ;
}

/******************************************************************
测试 Flash 是否忙
返回值: 1: 忙; 0: 不忙
******************************************************************/
unsigned char FlashBusy()
{
if((FCTL3&BUSY) == BUSY)
      return 1;
    else
         return 0;
}

/******************************************************************
字编程
Adr: 要编程的地址。注意: 不是指针类型,应当是偶地址
DataW: 要编程的字
******************************************************************/
void FlashWW(unsigned int Adr,unsigned int DataW)
{
    FCTL1 = FWKEY + WRT;
    FCTL2 = FWKEY + FSSEL_1 + FN3 + FN4;
    FCTL3 = FWKEY;
    while(FlashBusy() == 1)                      //等待 Flash 存储器完成操作
    ;
   * ((unsigned int * )Adr) = DataW;
    FCTL1 = FWKEY;
    FCTL3 = FWKEY + LOCK;
    while(FlashBusy() == 1)                      //等待 Flash 存储器完成操作
    ;
}

/******************************************************************
字节编程
```

```
Adr: 指向要编程的地址。注意: 不是指针类型
DataB: 要编程的字节
*********************************************************************/
void FlashWB(unsigned int Adr,unsigned char DataB)
{
    FCTL1 = FWKEY + WRT;
    FCTL2 = FWKEY + FSSEL_1 + FN3 + FN4;
    FCTL3 = FWKEY;
    while(FlashBusy() == 1)                  //等待 Flash 存储器完成操作
;
    *((unsigned char *)Adr) = DataB;
    FCTL1 = FWKEY;
    FCTL3 = FWKEY + LOCK;
    while(FlashBusy() == 1)                  //等待 Flash 存储器完成操作
    ;
}
```

5）按键检测程序

MSP430F147单片机的I/O端口不仅可以作输入和输出，同时还具有中断功能。每个信号都可作为一个中断源，因此将按键接到MSP430F147单片机I/O端口的一个引脚上便可实现按键输入的检测；当有按键按下时便产生中断，经过软件消除抖动后，进入中断服务子程序。

按键检测程序如下：

```
/*********************************************************************\
文件名:key.c
描述: 用于 MSP430F147
编写者: 张鹍
版本: 1.0 2009-03-19
/*********************************************************************/
#include <MSP430x14x.h>
#include "df_uart.h"

extern unsigned char Help;                  //求救标志
extern unsigned char Sms;                   //有新短信
//extern unsigned char Rx1BufHuiche;
extern unsigned char Rx1Buf[128];
extern unsigned char cRx1Buf;
extern unsigned char EndRx1Buf;

void KeyInit(void)
{
   P1SEL &= ~(BIT5 + BIT6);                 //设置 P1.5,P1.6 管脚为 I/O 脚
   P1DIR &= ~(BIT5 + BIT6);                 //P1.5,P1.6 input direction
   P1IFG &= ~(BIT5 + BIT6);                 //清中断标志
   P1IES &= ~(BIT5 + BIT6);                 //上升沿触发中断
   P1IE |= BIT5 + BIT6;                     //中断使能

   P2SEL &= ~(BIT2);                        //设置 P2.2 管脚为 I/O 脚
   P2DIR &= ~(BIT2);                        //P2.2 input direction
```

```
    P2IFG &= ~(BIT2);                        //清中断标志
    P2IES &= ~(BIT2);                        //上升沿触发中断
    P2IE |= BIT2;                            //中断使能

}

/ ********************************************************************
P1 中断函数
******************************************************************** /
#pragma vector = PORT1_VECTOR
__interrupt void Port1Int()
{
  int i = 0;
  //unsigned char * txbuf;                    //

  if(P1IFG & BIT5)
  {
     P1IFG &=  ~BIT5;                        //清中断标志
     for(i = 100;i > 0;i-- );                //延时
     WriteString("AT + GPSSTRT\r");          //发起定位请求
     Help = 1;

  }
  else if(P1IFG & BIT6)
  {
     P1IFG &=  ~BIT6;                        //清中断标志
     for(i = 100;i > 0;i -- );               //延时
     Sms = 1;
     WriteString("AT + CMGR = 0\r");         //读短消息
  }
  LPM1_EXIT;
}
/ ********************************************************************
P2 中断函数
******************************************************************** /
#pragma vector = PORT2_VECTOR
__interrupt void Port2Int()
{
  int i = 0;
  //unsigned char * txbuf;                    //


  if(P2IFG & BIT2)
  {
     P2IFG &=  ~BIT2;                        //清中断标志
     for(i = 100;i > 0;i -- );               //延时
     Sms = 1;
     WriteString("AT + CMGR = 0\r");         //读短消息
  }

  LPM1_EXIT;
}
```

12.3.3 实现——硬件组装、软件调试

根据系统硬件电路与软件设计方案完成印刷电路板设计与制作、元器件插装与焊接、程序模块调试与系统联调。图 12-10 和图 12-11 分别是系统的 PCB 板和样机。限于篇幅这部分内容不作详述。

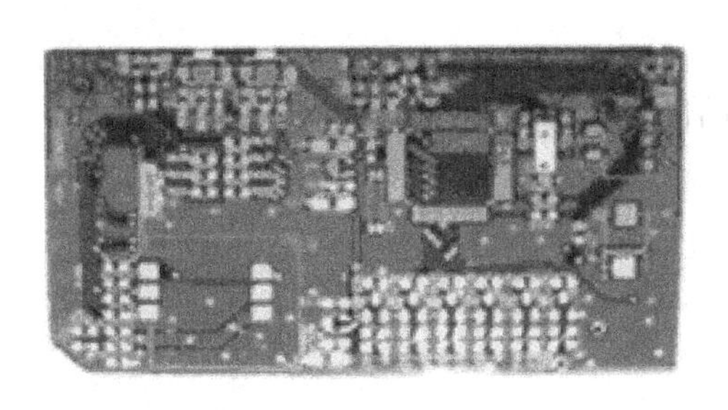

图 12-10 系统 PCB 板

图 12-11 系统样机

12.3.4 运行——运行测试、结果分析

系统测试主要包括功能测试和性能测试两部分。功能测试主要包括定位、报警、参数设置和电池检测等方面的测试。以下是详细的测试步骤和测试结果。

1. 功能测试

1）定位测试

有两种情况可以使终端启动定位：一种是由终端发起的主动定位（如报警）；另一种是由监控中心（MPC）发起的被动定位。两种定位的区别在于发起端不同，但具有相同的定位过程。

主动定位测试。按下 Help 键，定位终端会发起一次定位过程，然后将定位的结果以短信的形式发送给监控中心，监控中心会收到来自该终端的报警信息和位置信息。

被动定位测试。由监控中心发出针对特定终端的定位控制指令，大约经 20s 左右会收到指定终端的位置信息。

请求定位指令的格式为 AT＋GPSSTRT，PassWord（，phone number）。指令区分大小写。PassWord 即定位请求的密码，初始密码为“123456”。括号内参数（phone number）可选，没有 phone number 参数时，定位结果默认返回请求发出方；有 phone number 参数时，定位结果送到 phone number 指定方。

终端接收到此命令后，如果当前状态允许定位请求，则返回“OK”，根据整个定位过程的进展，分别会输出以下信息：

MPC_CALL（开始 MPC 拨号）

MPC_PPP（MPC 拨号成功，建立 PPP 连接）

MPC_CONNECT（PPP 连接成功）

MPC_SUCC（MPC 阶段成功完成）

PDE_CONNECT（连接 PDE）

如果当前不允许定位请求，则返回“ERROR”。

初次定位大约需要 20s,如果定位成功,将返回如下结果：

＋GPS：Latitude，Longitude，MM/DD/YYYY HH：MM：SS，Uncertainty Angle，Uncertainty a，Uncertainty p，Altitude，Uncertainty v，Heading，Velocity hor，Velocity ver

如果定位失败,则返回如下信息：

＋GPS：FAIL,state,Reason

(1) Latitude：纬度,d。

(2) Longitude：经度,d。

(3) MM/DD/YYYY HH:MM:SS：时间信息,格式为月/日/年时/分/秒。

(4) Uncertainty Angle——非确定角度。

(5) Uncertainty a：非确定 a 值。

(6) Uncertainty p：非确定 p 值。

(7) Altitude：海拔,m。

(8) Uncertainty v：非确定 v 值。

(9) Heading：运动方向角,d。

(10) Velocity hor：水平速度,m/s。

(11) Velocity ver：垂直速度,m/s。

(12) state：失败时所处的阶段,有以下几种。

① UID_PW：没有设置用户名及口令。

② START：在发起 MPC 连接之前即失败。

③ MPC：MPC 连接失败,此时可检查 IP、PORT 及用户名口令。

④ MPC_SUCC：MPC 连接成功,但转入 PDE 阶段失败。

⑤ PDE：连接 PDE 失败。

⑥ CANCEL：定位过程被用户终止。

⑦ UNKNOWN：未知失败原因。

(13) Reason：失败原因,有以下几种。

① OPEN_ERR：拨号失败,可能原因是用户名/口令不正确。

② OPEN_TIMEOUT：拨号超时,可能服务器暂时不可用。

③ OPEN_WT_ERR：拨号返回失败,原因未知。

④ CONN_ERR：连接 MPC 服务器失败,可能原因是 MPC 的 IP/PORT 错误。

⑤ CONN_TIMEOUT：连接 MPC 服务器超时。

⑥ CONN_WT_ERR：连接 MPC 返回失败。

⑦ CONN_WT_DISCON：连接 MPC 时,PPP 连接被中断。

⑧ WR_ERR：发送请求数据失败。

⑨ WR_WT_TIMEOUT：等待发送有效信号超时。

⑩ WR_WT_DISCON：发送数据时,PPP 连接被中断。

⑪ RD_WT_TIMEOUT：等待服务器应答超时。

⑫ RD_WT_DISCON：等待服务器应答时,PPP 连接被中断。

⑬ RDHEAD_TIMEOUT：读取回应信息包头超时。

⑭ RDHEAD_DISCON：读取回应信息包头时,PPP 连接被中断。

⑮ RDHEAD_ERR：读取回应信息包头返回失败。

⑯ RDMSG_TIMEOUT：读取回应信息包体超时。

⑰ RDMSG_DISCON：读取回应信息包体时，PPP 连接被中断。

⑱ RDMSG_ERR：读取回应信息包体失败。

⑲ FIX_ERR：连接定位请求失败。

例如：发送“AT＋GPSSTRT，123456”给终端，终端在定位过程中返回给 PC 的信息如下：

OK

MPC_CALL

MPC_PPP

MPC_CONNECT

MPC_SUCC

PDE_CONNECT

＋GPS:31.21162d,121.58478d,05/21/2009,13:58:31,0.0,1024,1024,19m,64,NC,NC，NC 表示系统定位成功，返回的纬度为 31.21162d，经度为 121.58478d，时间为 2009/05/21 13:58:31，没有测到运动的方向及速度，所以对应值为空(NC)。

如果发送“AT＋GPSSTRT，123456，13563174579”给终端，终端定位过程与返回信息与上面相仿，所不同的是将定位结果发送给号码为 13563174579 的用户手机。

2）参数设定功能测试

对于终端的许多参数，例如监控中心号码、定位请求密码等，用户都可以用手机按照规定的格式发送短消息到终端来进行修改和设定。

终端参数设定测试时可使用任何手机，只要格式和密码正确，均可以修改终端的相应参数，例如，终端的原始密码为“123456”，发送内容为“AT＋SETPW，123456，654321”的短信给终端，就可以将终端的操作密码修改为“654321”。如果将报警时发送的目的地址(HelpNumber)改为 1356317457933，则发送“AT＋SETHN，123456(密码)，13563174579(PhoneNumber)”。

在终端参数设定中，每次操作后终端都会将确认信息以短信的形式发回用户使用的手机上，以通知用户当前所执行的操作是否成功。

3）报警功能测试

按下 Help 键后，定位终端会发起一次定位过程，定位过程与主动定位相同，定位结果以短信的形式发送给监控中心，监控中心会收到终端发来的报警信息和定位信息。

4）电池检测测试

测试中，当终端的电池电压小于 3.4V 时，LED 就会闪烁，提醒用户电池电量不足。

2. 性能测试

1）定位精度

定位精度测试分为室内和室外两种情况。测试方法为：分别在室内和室外按 Help 键，主动发起一次定位，记下返回的经度和纬度值，再与测试地点实际的经纬度比较，即可求出定位误差。测试中的实际经纬度根据 Google Earth 地图获得。同一地点反复测试多次，以确定定位的统计误差。通过对多个地点的反复测试，结果表明，该终端室内定位误差在

300m 以内，室外定位误差在 20m 以内，满足设计要求。

2）实时性测试

在不同地点反复发起不同的定位，记录从发起定位到收到定位信息的时间。测试结果表明，系统初始定位时间小于 20s，报警信息能在 1s 内传到控制中心。

3）功耗测试

用电流表测得该终端待机状态时电源电流为 2.53mA，工作状态时为 90mA 左右，所以待机时长为 1020mAh/2.53mA≈403h，正常工作时长为 1020mAh/90mA≈11h。

本章小结

GPSOne 利用 GPS 卫星和 CDMA 网络信号进行混合定位，互相取长补短，提高了定位能力。随着 3G 业务的普及和无线定位技术的发展，GPSOne 定位技术必将获得越来越广泛的应用，基于 GPSOne 技术的定位终端具有广阔的应用前景。

文中对典型的无线定位技术进行了分析和比较，阐述了 GPSOne 定位技术的基本原理和技术特点，在此基础上，根据 GPSOne 个人定位终端的设计要求，给出了一个基于 GPSOne 技术的个人定位终端的设计方案，并通过自行设计的硬件电路和软件，实现了个人定位终端的基本功能。

文中设计的个人定位终端采用国际上最先进的 GPSOne 定位模块 DTGS-800 作为硬件的主体部分，采用低功耗的 16 位单片机 MSP430F147 作为主控制部件，解决了在室内、地下室和隧道等场合 GPS 无法定位的问题，实现了集个人定位、监控和报警于一体的功能，系统体积小、质量轻、功耗低、使用方便，具有较好的应用前景。具体体现在以下几个方面。

(1) 可以进行 MPC 第三方定位(即网络侧发起定位)。

(2) 可以直接控制终端进行主动定位(即终端侧发起定位)。

(3) 支持单次定位和连续定位。

(4) 支持 MS-Based 和 MS-Assist 定位模式。

(5) 能进行各种参数的远程设置。

(6) 具有紧急报警、越区报警和超速报警等功能。

系统初始定位时间在 20s 内，室内定位误差在 300m 内，室外定位误差在 20m 内。报警信息能在 1s 内传到控制中心，越界、超速、电池电量过低等报警灵敏度高，系统可连续工作 10h 以上，待机 400h 以上，运行稳定可靠，可以满足个人定位系统基本的功能需求。

限于时间和自身水平，文中设计实现的个人定位终端还有诸多不足，需要进一步改进与完善，主要包括以下几点。

(1) 系统目前只提供最基本的定位和报警功能，为了增加导航、远程监控与调度等功能，可使用处理能力更强的 32 位微处理器或 ARM 等嵌入式系统，增加 LCD 显示和电话手柄等。

(2) 系统现使用的是外接天线，一旦天线损坏，系统将无法正常工作。为提高系统的可靠性，可以考虑使用内置天线。但是内置天线会使系统的定位效果变差，对此尚待进一步研究。

附录A MSP430G2553 I/O口引脚功能

<table>
<tr><th colspan="4">终端</th><th rowspan="3">I/O</th><th rowspan="3">说明</th></tr>
<tr><th rowspan="2">名称</th><th colspan="3">编号</th></tr>
<tr><th>PW20
N20</th><th>PW28</th><th>RHB32</th></tr>
<tr><td>P1.0/
TA0CLK/
ACLK/
A0
CA0</td><td>2</td><td>2</td><td>31</td><td>I/O</td><td>通用型数字 I/O 引脚
Timer0_A,时钟信号 TACLK 输入
ACLK 信号输出
ADC10 模拟输入 A0
Comparator_A+,CA0 输入</td></tr>
<tr><td>P1.1/
TA0.0/
UCA0RXD/
UCA0SOMI/
A1/
CA1</td><td>3</td><td>3</td><td>1</td><td>I/O</td><td>通用型数字 I/O 引脚
Timer0_A,捕捉：CCI0A 输入,比较：Out0 输出/BSL 发送
UART 模式中 USCI_A0 接收数据输入
SPI 模式中 USCI_A0 受控器数据输出/主控器输入
ADC10 模拟输入 A1①
Comparator_A+,CA1 输入</td></tr>
<tr><td>P1.2/
TA0.1/
UCA0TXD/
UCA0SIMO/
A2/
CA2</td><td>4</td><td>4</td><td>2</td><td>I/O</td><td>通用型数字 I/O 引脚
Timer0_A,捕获：CCI1A 输入,比较：Out1 输出
UART 模式中 USCI_A0 发送数据输出
SPI 模式中 USCI_A0 受控器数据输入/主控器输出
ADC10 模拟输入 A2①
Comparator_A+,CA2 输入</td></tr>
<tr><td>P1.3/
ADC10CLK/
A3/
VREF−/VEREF−/
CA3/
CAOUT</td><td>5</td><td>5</td><td>3</td><td>I/O</td><td>通用型数字 I/O 引脚
ADC10,转换时钟输出①
ADC10 模拟输入 A3①
ADC10 负基准电压①
Comparator_A+,CA3 输入
Comparator_A+,输出</td></tr>
</table>

续表

终端				I/O	说明
名称	编号				
	PW20 N20	PW28	RHB32		
P1.4/ SMCLK/ UCB0STE/ UCA0CLK/ A4/ VREF+/VEREF+/ CA4/ TCK	6	6	4	I/O	通用型数字引脚 SMCLK 信号输出 USCI_B0 受控器发送使能 USCI_A0 时钟输入输出 ADC10 模拟输入 A4① ADC10 正基准电压① Comparator_A+,CA4 输入 用于器件编程及测试的 JTAG 测试时钟、输入终端
P1.5/ TA0.0/ UCB0CLK/ UCA0STE/ A5/ CA5/ TMS	7	7	5	I/O	通用型数字 I/O 引脚 Timer0_A,比较：Out0 输出/ BSL 接收 USCI_B0 时钟输入输出 USCI_A0 受控器发送使能 ADC10 模拟输入 A5① Comparator_A+,CA5 输入 用于器件编程及测试的 JTAG 测试模式选择、输入终端
P1.6/ TA0.1/ A6/ CA6/ UCB0SOMI/ UCB0SCL/ TDI/TCLK	14	22	21	I/O	通用型数字 I/O 引脚 Timer0_A,比较：Out1 输出 ADC10 模拟输入 A6① Comparator_A+,CA6 输入 SPI 模式中 USCI_B0 受控器输出/主控器输入 I^2C 模式中的 USCI_B0 SCL I^2C 时钟 编程及测试期间的 JTAG 测试数据输入或测试时钟输入
P1.7/ A7/ CA7/ CAOUT/ UCB0SIMO/ UCB0SDA/ TDO/TDI	15	23	22	I/O	通用型数字 I/O 引脚 ADC10 模拟输入 A7① Comparator_A+,CA7 输入 Comparator_A+,输出 SPI 模式中的 USCI_B0 受控器输入/主控器输出 I^2C 模式中的 USCI_B0 SDA I^2C 数据输入 编程及测试期间的 JTAG 测试数据输出终端或测试数据输入①
P2.0/ TA1.0	8	10	9	I/O	通用型数字 I/O 引脚 Timer1_A,捕获：CCI0A 输入,比较：Out0 输出
P2.1/ TA1.1	9	11	10	I/O	通用型数字 I/O 引脚 Timer1_A,捕获：CCI1A 输入,比较：Out1 输出

续表

终端				I/O	说明
名称	编号				
	PW20 N20	PW28	RHB32		
P2.2/TA1.1	10	12	11	I/O	通用型数字 I/O 引脚 Timer1_A,捕获：CCI1B 输入,比较：Out1 输出
P2.3/TA1.0	11	16	15	I/O	通用型数字 I/O 引脚 Timer1_A,捕获：CCI0B 输入,比较：Out0 输出
P2.4/TA1.2	12	17	16	I/O	通用型数字 I/O 引脚 Timer1_A,捕获：CCI2A 输入,比较：Out2 输出
P2.5/TA1.2	13	18	17	I/O	通用型数字 I/O 引脚 Timer1_A,捕获：CCI2B 输入,比较：Out2 输出
XIN/P2.6/TA0.1	19	27	26	I/O	晶体振荡器的输入终端 通用型数字 I/O 引脚 Timer0_A,比较：Out1 输出
XOUT/P2.7	18	26	25	I/O	晶体振荡器的输出终端① 通用型数字 I/O 引脚

① TDO 或 TDI 通过 JTAG 指令来选择。

② 如果 XOUT/P2.7 用作一个输入,则在 P2SEL.7 被清除之前将产生过多的电流。这是由于复位之后振荡器输出驱动器连接至该焊盘所致。

附录B MSP430G2553的I/O口功能选择

表B-1 P1.0～P1.3口功能选择

引脚名称	功能	控制位/信号①				
		P1DIR.*x*	P1SEL.*x*	P1SEL2.*x*	ADC10AE.*x* INCH.*x*=1②	CAPD.*y*
P1.0/	P1.*x* (I/O)	I：0；O：1	0	0	0	0
TA0CLK/	TA0.TACLK	0	1	0	0	0
ACLK/	ACLK	1	1	0	0	0
A0(2)/	A0	X	X	X	1 ($y=0$)	0
CA0/	CA0	X	X	X	0	1 ($y=0$)
引脚振荡器	电容感测	X	0	1	0	0
P1.1/	P1.*x* (I/O)	I：0；O：1	0	0	0	0
TA0.0/	TA0.0	1	1	0	0	0
	TA0.CCI0A	0	1	0	0	0
UCA0RXD/	UCA0RXD	来自 USCI	1	1	0	0
UCA0SOMI/	UCA0SOMI	来自 USCI	1	1	0	0
A1(2)/	A1	X	X	X	1 ($y=1$)	0
CA1/	CA1	X	X	X	0	1 ($y=1$)
引脚振荡器	电容感测	X	0	1	0	0
P1.2/	P1.*x* (I/O)	I：0；O：1	0	0	0	0
TA0.1/	TA0.1	1	1	0	0	0
	TA0.CCI1A	0	1	0	0	0
UCA0TXD/	UCA0TXD	来自 USCI	1	1	0	0
UCA0SIMO/	UCA0SIMO	来自 USCI	1	1	0	0
A2(2)/	A2	X	X	X	1 ($y=2$)	0
CA2/	CA2	X	X	X	0	1 ($y=2$)
引脚振荡器	电容感测	X	0	1	0	0
P1.3/	P1.*x* (I/O)	I：0；O：1	0	0	0	0
ADC10CLK(2)/	ADC10CLK	1	1	0	0	0
CAOUT/	CAOUT	1	1	1	0	0
A3(2)/	A3	X	X	X	1 ($y=3$)	0
VREF−②/	VREF−	X	X	X	1	0
VEREF−②/	VEREF−	X	X	X	1	0
CA3/	CA3	X	X	X	0	1 ($y=3$)
引脚振荡器	电容感测	X	0	1	0	0

注：① X=无关。

② 仅限 MSP430G2X53 器件。

表 B-2 P1.4～P1.7 口功能选择

引脚名称	功能	控制位/信号①					
		P1DIR. x	P1SEL. x	P1SEL2. x	ADC10AE. x INCH. x=1②	JTAG 模式	CAPD. y
P1.4/	P1. x (I/O)	I：0；O：1	0	0	0	0	0
SMCLK/	SMCLK	1	1	0	0	0	0
UCB0STE/	UCB0STE	来自 USCI	1	1	0	0	0
UCA0CLK/	UCA0CLK	来自 USCI	1	1	0	0	0
VREF+②/	VREF+	X	X	X	1	0	0
VEREF+②/	VEREF+	X	X	X	1	0	0
A4②/	A4	X	X	X	1 (y = 4)	0	0
CA4	CA4	X	X	X	0	0	1 (y = 4)
TCK/	TCK	X	X	X	0	1	0
引脚振荡器	电容感测	X	0	1	0	0	0
P1.5/	P1. x (I/O)	I：0；O：1	0	0	0	0	0
TA0.0/	TA0.0	1	1	0	0	0	0
UCB0CLK/	UCB0CLK	来自 USCI	1	1	0	0	0
UCA0STE/	UCA0STE	来自 USCI	1	1	0	0	0
A5②/	A5	X	X	X	1 (y = 5)	0	0
CA5	CA5	X	X	X	0	0	1 (y = 5)
TMS	TMS	X	X	X	0	1	0
引脚振荡器	电容感测	X	0	1	0	0	0
P1.6/	P1. x (I/O)	I：0；O：1	0	0	0	0	0
TA0.1/	TA0.1	1	1	0	0	0	0
UCB0SOMI/	UCB0SOMI	来自 USCI	1	1	0	0	0
UCB0SCL/	UCB0SCL	来自 USCI	1	1	0	0	0
A6②/	A6	X	X	X	1 (y = 6)	0	0
CA6	CA6	X	X	X	0	0	1 (y = 6)
TDI/TCLK/	TDI/TCLK	X	X	X	0	1	0
引脚振荡器	电容感测	X	0	1	0	0	0
P1.7/	P1. x (I/O)	I：0；O：1	0	0	0	0	0
UCB0SIMO/	UCB0SIMO	来自 USCI	1	1	0	0	0
UCB0SDA/	UCB0SDA	来自 USCI	1	1	0	0	0
A7②/	A7	X	X	X	1 (y = 7)	0	0
CA7	CA7	X	X	X	0	0	1 (y = 7)
CAOUT	CAOUT	1	1	0	0	0	0
TDO/TDI/	TDO/TDI	X	X	X	0	1	0
引脚振荡器	电容感测	X	0	1	0	0	0

注：① X=无关。

② 仅限 MSP430G2X53 器件。

表 B-3 P2.0～P2.5 口功能选择

引脚名称	功能	控制位/信号①		
		P2DIR. x	P2SEL. x	P2SEL2. x
P2.0/	P2.x (I/O)	I：0；O：1	0	0
TA1.0/	Timer1_A3. CCI0A	0	1	0
	Timer1_A3. TA0	1	1	0
引脚振荡器	电容感测	X	0	1
P2.1/	P2.x (I/O)	I：0；O：1	0	0
TA1.1/	Timer1_A3. CCI1A	0	1	0
	Timer1_A3. TA1	1	1	0
引脚振荡器	电容感测	X	0	1
P2.2/	P2.x (I/O)	I：0；O：1	0	0
TA1.1/	Timer1_A3. CCI1B	0	1	0
	Timer1_A3. TA1	1	1	0
引脚振荡器	电容感测	X	0	1
P2.3/	P2.x (I/O)	I：0；O：1	0	0
TA1.0/	Timer1_A3. CCI0B	0	1	0
	Timer1_A3. TA0	1	1	0
引脚振荡器	电容感测	X	0	1
P2.4/	P2.x (I/O)	I：0；O：1	0	0
TA1.2/	Timer1_A3. CCI2A	0	1	0
	Timer1_A3. TA2	1	1	0
引脚振荡器	电容感测	X	0	1
P2.5/	P2.x (I/O)	I：0；O：1	0	0
TA1.2/	Timer1_A3. CCI2B	0	1	0
	Timer1_A3. TA2	1	1	0
引脚振荡器	电容感测	X	0	1

注：① X=无关。

表 B-4 P2.6～P2.7 口功能选择

引脚名称	功能	控制位/信号①		
		P2DIR. x	P2SEL. 6 P2SEL. 7	P2SEL2. 6 P2SEL2. 7
XIN	XIN	0	1 1	0 0
P2.6	P2.x (I/O)	I：0；O：1	0 X	0 0
TA0.1	Timer0_A3. TA1	1	1 0	0 0
引脚振荡器	电容感测	X	0 X	1 X

续表

引脚名称	功能	控制位/信号[1]		
		P2DIR. x	P2SEL. 6 P2SEL. 7	P2SEL2. 6 P2SEL2. 7
XOUT/	XOUT	1	1 1	0 0
P2. 7/	P2. x (I/O)	I: 0; O: 1	0 X	0 0
引脚振荡器	电容感测	X	0 X	1 X

注：① X＝无关。

参考文献

[1] 谢楷，赵建. MSP430系列单片机系统工程设计与实践. 北京：机械工业出版社，2010.

[2] 魏小龙. MSP430系列单片机接口技术及系统设计实例. 北京：北京航空航天大学出版社，2002.

[3] 胡大可. MSP430系列单片机C语言程序设计与开发. 北京：北京航空航天大学出版社，2001.

[4] 胡大可. MSP430系列超低功耗16位单片机原理与应用. 北京：北京航空航天大学出版社，2001.

[5] 吴玉田. GPS/GSM车辆监控调度系统中车载台的设计. 长春：中国科学院长春光学精密机械与物理研究所，2002.

[6] 周小林，宋文涛. 无线网络定位技术的研究与应用. 计算机工程，2003，24(3)：1-3.

[7] AnyDATA(ShangHai)，Ltd. DTGS-800 Data Sheet. http://www.anydata.com.cn.

[8] 谭锴. GPSOne定位技术研究. 计算机技术与应用，2005，(5)：95-96.

[9] 严斌峰，张智江. CDMA系统中的无线定位技术. 中兴通讯技术，2006，12(1)：46-51.

[10] 李鹏程，谢炜峰. 基于GPSOne的车载定位防盗系统. 科协论坛，2007，(4)(下)：42-43.

[11] 胡瑶荣. 基于FPGA的实时视频采集系统. 电视技术，2005，(2)：81-83.

[12] Shen b, Yang Y, Chen L, et al. Feature matching and improved hough transform in visible measurement. SPIE，2000(6)：2775-2778.

[13] 裴宏，王章瑞，蒋曼芳. 基于CDMA短信息的无线通信系统的实现. 现代电子技术，2006，(7)：18-20.

[14] Jonathan W . Valvano. Embedded Microcomputer Systems：Real Time Interfacing. Boroks/ Cole Publishing Co，2000.

[15] 王正程，鲁绍坤. 嵌入式系统中通信协议的设计与实现. 云南民族学院学报(自然科学版)，2001，10(4)：466-469.

[16] 饶俊，蒋敏志，肖金生. 基于GPSOne的移动定位系统. 武汉理工大学学报(信息与管理工程版)，2006，28(11)：184-187.

[17] 张鹍，赵成林，董晓舟. 一种基于GPSOne技术的个人定位终端. 电子设计工程，2010，18(5)：87-89.

[18] 李忠国，蔡海云. 单片机测量与控制基础实例教程. 北京：人民邮电出版社，2011.

[19] MSP430X2XX Family User's Guide. Texas Instruments Incorporated. 2012.

[20] MSP430G2X53/MSP430G2X13 datasheet. Texas Instruments Incorporated. 2012.

[21] 林锐. 高质量程序设计指南——C++/C语言. 北京：电子工业出版社，2013.

[22] 傅强，杨艳. LaunchPad口袋实验平台——MSP-EXP430G2篇. 2013.

[23] 西安电子科技大学MSP430实验室. MSP-EXP430Launchpad实验指南. 2012.

[24] 求是科技. 8051系列单片机C程序设计完全手册. 1版. 北京：人民邮电出版社，2006.